永北地区中深层砂砾岩油藏开发技术

DEVELOPMENT TECHNOLOGY OF INTERMEDIATE AND DEEP GLUTENITE RESERVOIR IN YONGBEI AREA

曹 刚 著

内容提要

本书是作者近几年来在胜利油田永北地区砂砾岩油藏有关岩体描述和开发对策方面研究成果的系统总结，紧密联系矿场实际，详细介绍了永北地区砂砾岩油藏的沉积模式、储层分布特征，分析了砂砾岩油藏的产能特征及影响因素，利用测试资料和生产动态资料建立了井间连通性的判定方法，并对砂砾岩油藏的井网部署方法进行了研究。

本书具有较强的实用性和可操作性，可供从事砂砾岩油藏地质研究、油藏工程研究、现场动态分析和开发方案编制等工作的研究人员参考，也可供相关专业师生借鉴、参考。

Preface | 前言

胜利油田永北地区砂砾岩油藏资源丰富，岩性复杂，储层非均质性强、横向变化快，有效储层识别困难，开发难度较大。目前已投入开发的砂砾岩油藏普遍存在注水效果差、压降大、采油速度慢、采收率低等问题。因此，针对胜利油田永北地区砂砾岩油藏的储层地质特征，建立储层描述有效方法，确定合理的开发技术政策界限，对改善此类油藏水驱开发效果、提高水驱采收率具有重要意义。

近年来，作者在砂砾岩油藏有关岩体描述和开发技术方面开展了大量的研究工作，本书对这些研究成果进行了系统总结，从而为同类油田的开发提供参考和借鉴。

全书共分7章。第1章对砂砾岩油藏地质概况进行了介绍，以永北地区砂砾岩油藏为例，介绍其地层特征、构造特征、沉积特征。第2章综合利用测井、录井、地震、动态等资料，对砂砾岩体的岩相、沉积特征、展布特征等方面的研究进行了介绍，砂砾岩体沉积模式研究是后续储层各项研究的基础。第3章以测井系列及取心资料较全的永1块为例，详细阐述了有效储层评价的方法及结果。第4章充分吸收前人研究成果，结合有效储层评价结果，应用测井、地震等资料，采用实验室分析、计算机建模等多种研究手法，对有效储层物性影响因素、连通体分布、砂砾岩储层地质建模方法等进行了详细研究及阐述。第5章以盐家地区已投产的典型区块为典型单元，针对典型区块储层地质特征及井网、井型、开发方式等，分析了各单元、各单井产能及影响因素，确定不同开发方式下产量变化规律。第6章以永1块砂砾岩油藏的储层地质特征为基础，充分利用动态监测资料和生产数据，建立了适用于永1块砂砾岩油藏的井间连通性动态评价方法，揭示了永1块油藏井间的连通关系。第7章研究适用于永1块砂砾岩油藏的注采井网配置优化方法，确定永1块砂砾岩油藏的合理井距及注采井网配置，为制定高效开发方案提供了依据。

在本书编写过程中，得到了胜利油田勘探开发研究院有关领导和同事的大力支持，中国石油大学(北京)和中国石油大学(华东)的有关师生对本书的编写做了大量的研究工作，胜利油田勘探开发研究院海外油田研究中心的同事对本书出版也给予了极大的帮助，在此表示衷心的感谢。

由于笔者水平有限，书中的有些论点和认识难免存在不妥之处，恳请读者批评、指正。

作　者

2016年3月

Contents | 目录

第1章

永北地区砂砾岩油藏地质概况

随着能源需求的日益增长、油气勘探开发技术的不断发展，砂砾岩储层的研究越来越受到人们的重视，并逐渐成为油气勘探开发的新领域。近年来，国内新疆克拉玛依油田、河南双河油田、辽河油田西部凹陷、大庆油田徐家围子地区、胜利油田盐家油田和罗家油田，美国帕克斯普林斯(Park Springs)油田、麦克阿瑟河油田均在砂砾岩储层中获得技术突破，并见到了可观的工业油气流，因而砂砾岩储层也成为重要的油气开发领域。

目前砂砾岩储层开发也存在一定的问题：砂砾岩体物性差、储层横向变化快，其内部非均质性强；对砂砾岩有效储层进行识别和评价的难度较大，对其连通关系难以进行清晰描述，导致开发生产过程中层间干扰严重，井网适应性差，开发效果差异大。为此，选取永北地区典型区块砂砾岩储层开展储层表征与建模工作，其重点是建立砂砾岩体沉积模式，总结砂砾岩体垂向及横向展布规律，选择及创新适合砂砾岩油藏的测井评价技术和方法，利用多种手段揭示砂砾岩有效储层发育分布规律，以便有针对性地实施开发措施，对提高永北地区砂砾岩油藏开发效益具有较大的实际意义，同时对砂砾岩储层沉积学的发展也具有较大的理论意义。

1.1 永北地区砂砾岩油藏地质概况

永北地区砂砾岩油藏位于东营凹陷北部陡坡带东北部，北靠陈家庄凸起，南接东营凹陷中央隆起带，东抵青坨子凸起，西邻盐家油田(图1-1)。永北地区砂砾岩体发育于古近系沙河街组沙四段，主要为在基底断陷体制控制作用下形成的扇三角洲沉积及近岸水下扇沉积，岩性以中粗砂岩、含砾砂岩、砾质砂岩及砾岩为主，成分复杂，储层厚度大，物性差，非均质性强。

永1块砂砾岩体位于永安镇油田东北部，含油层位为沙四段，含油面积 6.4 km^2，地质储量 1 782×10⁴ t,属中产中丰度油藏,构造上位于济阳坳陷东营凹陷东北边缘,北为陈家庄凸起,南为东营凹陷中央隆起带,东靠青坨子凸起,西邻东商村洼陷。永 1 块沙四段砂砾岩体呈背斜形态,构造相对简单,岩性以砂砾岩为主,成分复杂,储层厚度大,物性差。

盐 227-永 920 块位于东营市垦利县境内,处于盐家油田东部,区域构造位于东营凹陷北部陡坡带东端、盐 18 古冲沟西侧翼,属于近岸水下扇沉积,主力含油层系为沙四段砂砾岩。该区构造相对简单,呈鼻状形态,地层西南低北东高,地层倾角 8°～20°,地层北薄南厚,呈楔形。总体来说,盐 227 块-永 920 块沙四段砂砾岩体油藏是发育鼻状构造背景上的特低孔渗、高砂地比、非均质性强的构造-岩性砂砾岩油藏。

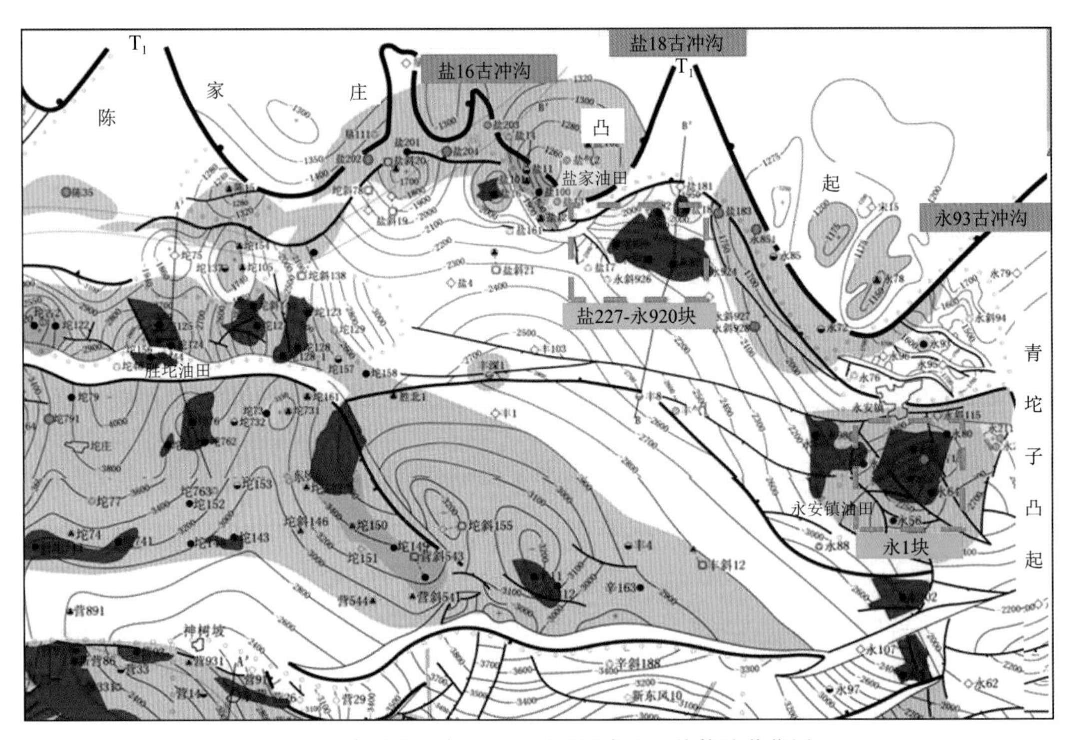

图 1-1　永北地区永 1 块及盐 227-永 920 块构造井位图

1.1.1　地层概况

永北地区已由古生物、地化、岩性和地震资料等确认其缺失孔店组(Ek),因而自古近纪以来,主要发育沙河街组(Es)、东营组(Ed)、馆陶组(Ng)、明华镇组(Nm)、平原组(Qp)等(表 1-1)。永北地区的砂砾岩体主要分布在沙河街组沙四段。

永 1 块沙四段砂砾岩体埋深 1 950～3 020 m,厚度小于 1 000 m,以砾岩、砾质砂岩、含砾砂岩为主,夹泥质砂岩和泥岩互层,横向厚度变化大,岩性复杂,呈现多期粗碎屑沉积物的堆积,与上覆地层呈角度不整合接触。

盐 227-永 920 块沙四段砂砾岩体埋深 3 000～4 200 m,厚度 600～850 m,岩性以粗砾岩、细砾岩、砾质砂岩、含砾砂岩为主,夹砂质泥岩和泥岩。

表1-1 永北地区地层发育简表

系	组		厚度/m	岩 性	埋深/m
第四系	平原组				
新近系	明化镇组				
	馆陶组				
古近系	东营组		100～800	下部以泥岩、泥质粉砂岩为主；中部为粉砂岩、细砂岩及含砾砂岩；上部以泥质粉砂岩为主	—
	沙河街组	沙一段	50～250	上部以中砂岩夹暗色泥岩薄层为主，下部为含螺灰岩，含有大量的生物化石	—
		沙二段	150～250	粉砂岩、泥质粉砂岩与细砂岩互层，纵向上为向上变粗的粒序变化，属浅水湖泊—三角洲前缘相沉积，但该段在局部地区缺失	—
		沙三段	>650	以暗色泥岩为主，夹多层油页岩，含泥质灰岩	—
		沙四段	600～1 000	以粗砾岩、细砾岩、砾质砂岩、含砾砂岩为主，夹砂质泥岩和泥岩互层	3 000～4 200
前震旦系	—			花岗质片麻岩，其中有分布不均的裂缝孔隙，沿孔隙常有油气显示	—

1.1.2 构造特征

总体上，东营凹陷北部陡坡带控盆断层的演化经历了三个阶段：古近纪早期(基本上对应于孔店组沉积时期)控盆断层以板式断层为特征，古近纪中期(沙四段到沙三段沉积早期)控盆断层以铲式断层为特征，古近纪晚期(沙二段到东营组沉积时期)控盆断层以坡坪式断层为特征。这三个演化阶段分别对应于断陷盆地的三个发展阶段，即旋转半地堑、滚动半地堑和复式半地堑。

在以上构造运动的控制下，永北地区构造总体表现为南北分带，东西沟、梁相间的特征。从西至东主要发育盐16、盐18和永93古冲沟(图1-2)，其中盐16古冲沟控制了盐22块和盐222块沙四段砂砾岩体的发育；盐18古冲沟作为盐227块和永920块的物源，控制了这两个地区砂砾岩体的发育；永93控制了永1块沙四段砂砾岩体的发育。

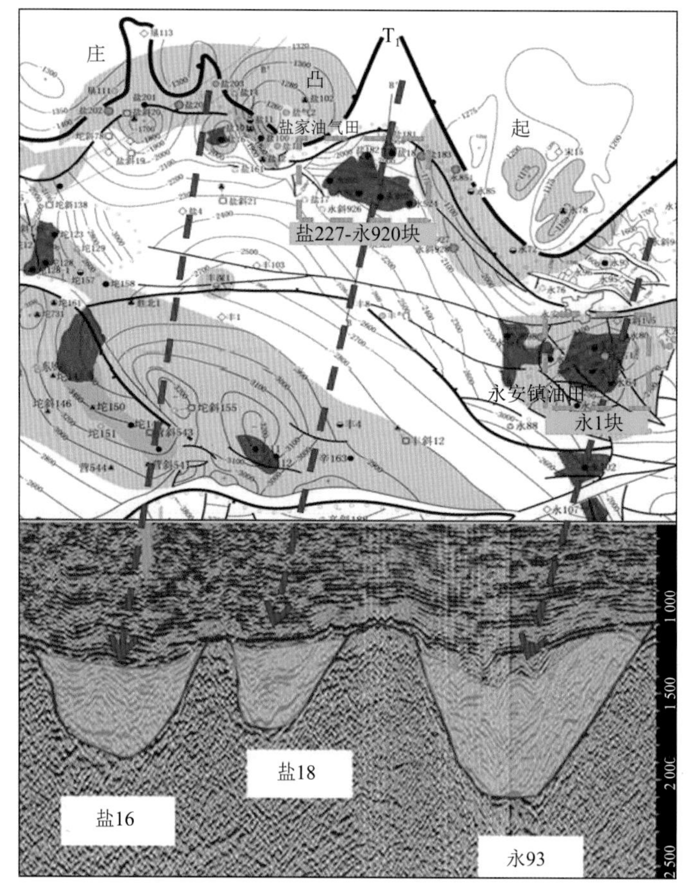

图 1-2 盐 16、盐 18、永 93 古冲沟位置示意图

1.1.3 沉积特征

永北地区沙四段沉积由古冲沟控制，总体来说离物源近，洪水携带的搬运物由冲沟冲出后堆积下来，形成了该区沙四段扇三角洲、近岸水下扇朵叶体广泛发育的沉积特征。其中扇三角洲主要发育在永 1 块，而近岸水下扇主要发育在盐 22、盐 227、永 920 地区。

扇三角洲是指古水流出山口后直接进入湖区堆积形成的部分位于水上、部分位于水下的沉积体，它形成于水进时期并以粒度递变及反韵律为特征。扇三角洲可划分为扇三角洲平原、扇三角洲前缘及前扇三角洲 3 个亚相及相应微相。永北扇三角洲平原以发育 1 条主水道为特征，宽 300～700 m；扇三角洲前缘沉积类型复杂，沉积厚度最大，颗粒粗细变化明显，它又分为辫状水道及水道前缘两个微相，其中辫状水道是扇三角洲前缘沉积的骨架，水道数目各个时期不等，一般发育 3～5 条水道；前扇三角洲属于沉积最细粒的部分，一般为粉砂岩、泥岩互层，水平层理。

近岸水下扇是指古水流出山口后直接进入湖区堆积形成的水下沉积体，它形成于水退条件下并以粒度递变及垂向正韵律为特征。在沙三下亚段沉积时期，气候潮湿，在基底持续沉降的条件下，可容空间增大，形成欠补偿的大面积半深湖—深湖沉积。由于边界断层的持续活动，断裂下降盘地层持续下陷，沙四段沉积时期的浅湖区已经成为深湖区。同时，凸起上大量物源下卸，直接进入湖中，形成大量砂砾岩体的堆积。近岸水下扇发育在断陷湖盆中控盆边界断层的下降盘，延伸进入半深湖—深湖相中。这种砂砾岩体或直接夹于生油岩之中，或通过断层与生油岩构成输导系统，是断陷盆地陡坡带中一类重要的油气储集体。近岸水下扇发育的基本条件是物源区地势高、坡降陡，可划分出内扇、中扇、外扇 3 层结构。近岸水下扇在地震剖面上表现为楔形。

1.1.4　开发现状

永北地区砂砾岩油藏永 1 块沙四段砂砾岩体自 1965 年永 1 井钻遇沙四段砂砾岩体，经试油获得 23 t 工业油流后，1987 年 13 口井钻遇沙四段砂砾岩体，1988 年详探部署完钻 7 口井，1989 年 7 月全面投入开发，部署新井 24 口，此后从未开展过开发调整(图 1-3)。该单元从发现到目前大致经历了 4 个开发阶段，包括弹性开采阶段(1965—1989 年)、整体压裂开发阶段(1989—1990 年)、注水开发阶段(1990—2007 年)和低速开发阶段(2007 年至今)。截至目前投油井 23 口，开油井 18 口，日液能力 111 m^3，日液水平 109 m^3，日油能力 57 t，平均单井日液能力 5.8 m^3，平均单井日油能力 3.0 t，综合含水 48.6%，平均动液面1 578 m，累积产油量 71.3×10^4 t，采出程度 6.5%，采油速度 0.19%；投产水井 11 口，开水井 7 口，日注能力 39 m^3，平均单井日注能力 5 m^3，月注采比 0.4，累积注采比 1.0，累积注水量 145.4×10^4 m^3，地层总压降为 12 MPa。

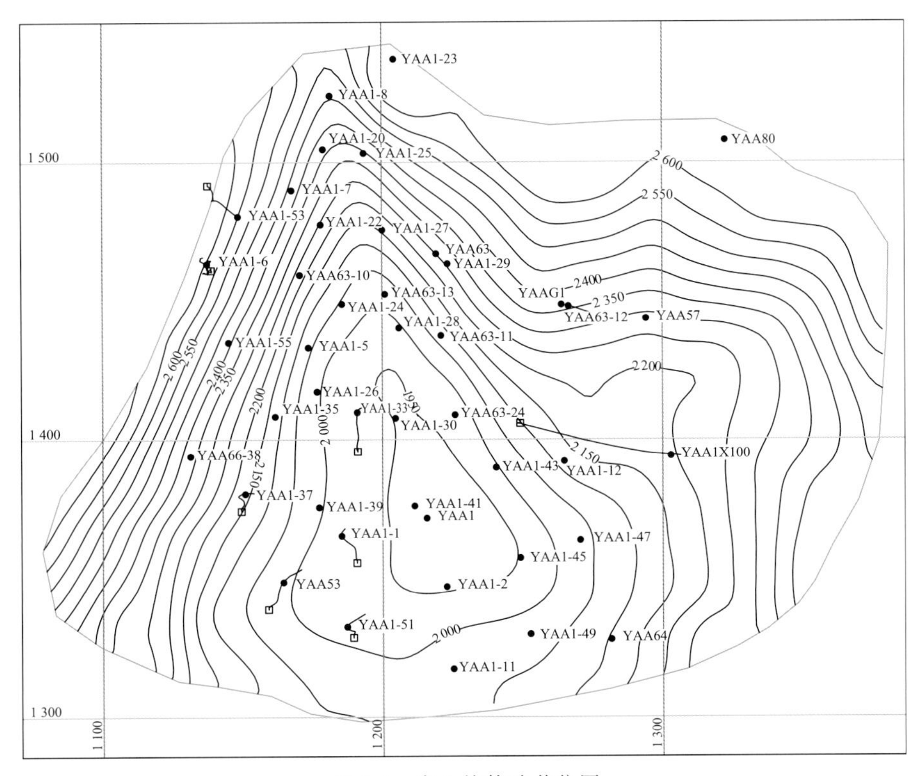

图 1-3　永 1 块构造井位图

盐 227 块位于东营凹陷北带，含油层位为沙四段，地质储量 339×10^4 t，一直未动用，只有 YJN227、YJN227-1、YJN227X2 共 3 口直井，2012—2013 年以“井工厂”方式完钻 YJN227-1HF～YJN227-9HF 共 9 口水平井(图 1-4)，进行长井段整体压裂投产，已有初步效果。

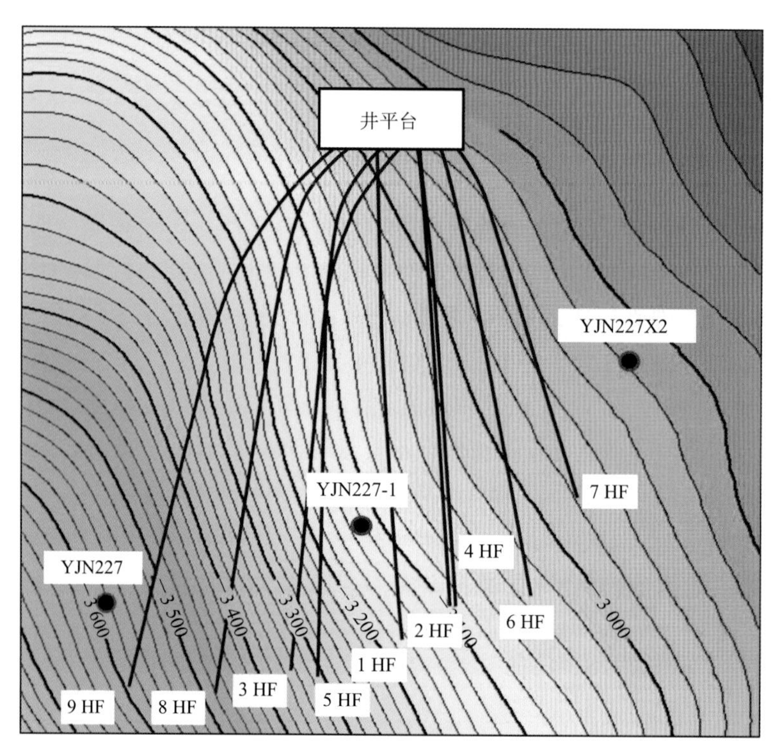

图 1-4　盐 227 块构造井位图

(图中 YJN227-1HF～YJN227-9HF 简写为 1HF～9HF)

1.2　砂砾岩油藏地质研究现状

砂砾岩油藏是指以砾岩、砾质砂岩等粗碎屑岩储层为主的油藏，是我国具有重要特色的油藏类型之一。从国内外的勘探开发情况来看，砂砾岩油藏在海相和陆相均有发现，但陆相更多。目前国内的砂砾岩油藏在大庆油田徐家围子地区、辽河油田西部凹陷、华北油田廊固凹陷、大港油田滩海地区、胜利油田东营凹陷、车镇凹陷和沾化凹陷等地区均有分布。

国外的砂砾岩油气勘探开发除进行野外露头研究和沉积物理模拟实验外，极少涉及断陷湖盆陡坡带强烈断陷区砂砾岩发育区开发，这主要是受成本和收益时效的限制。国外已投入开发的砂砾岩油藏数量少且规模小。据不完全统计，在所有已开发的油藏中，砂砾岩油藏仅占 2%。

1.2.1　砂砾岩体沉积过程及期次划分

砂砾岩体主要发育在断陷湖盆陡坡带，具有近源、快速堆积的特征，由多期扇体叠置而成，纵向上沉积厚度变化大，岩相变化快，岩石结构成熟度和成分成熟度都很低，储层非均质性极强，缺乏正常碎屑岩沉积的泥岩夹层，给后期油藏开发时的砂组对比造成很大困难。同时，其岩性组成复杂，因此在识别油、气、水层及孔隙度、渗透率测井解释方面存在较大困难。

随着高分辨率的三维地震、成像测井和核磁共振测井技术的应用，国内在砂砾岩体沉积过程、成因背景及储层预测等方面取得了许多突破。

在断陷湖盆发展的不同历史时期和不同位置，由于古构造特征、湖平面升降变化及古气候等条件的不同，砂砾岩体的沉积类型、形态、展布规模、岩性和物性会有所不同，受上述因素的控制，在陡坡带不同部位分别发育了不同成因类型的砂砾岩体，主要包括冲积扇、近岸水下扇、扇三角洲、陡坡带深水浊积扇和近岸砂体前缘滑塌浊积扇，各种成因的砂砾岩体的岩性组合、沉积构造、测井相和地震相特征均有较大差异。以东营凹陷为例，其北部陡坡带表现为断阶外侧（临近凸起处）斜坡以冲积扇、扇三角洲砂砾岩扇体为主；断阶上则主要发育扇三角洲及近岸水下扇砂砾岩体，局部发育冲积扇砂砾岩体；断阶的内侧（临近深洼陷处）主要发育近岸水下扇及浊积扇砂砾岩体。

截至目前，不少国内外学者利用沉积物理模拟实验对砂砾岩体的沉积过程进行了研究，对认识砂砾岩体的形成机制及分布规律起到了较好的效果。Paul 在模拟陆上颗粒负载重力流入海实验时发现：当池内水体的相对密度比注入液体小时，混合液体进入水中后形成湍流云团，随后云团发生重力滑塌，进而形成水下重力流并沿池底前进；当其相对密度大时，地表流直接形成水下流，随着相对密度的减小，流体变慢变厚。G. Shanmugam 在进行水下砂岩碎屑流实验后，证实了低黏土含量砂岩碎屑流的观点，并观察了砂岩碎屑流的沉积过程。Mohri 等通过实验观察了斜坡和山脊的地形变化对浊流沉积的影响，结果表明沉积优先发生在山脊的上游一侧。张春生等在不同坡度的底坡上进行了涌流型浊流的模拟实验，结果发现：涌流型浊流的悬浮云是悬伸而向前凸出的，浊流的主体比头部运动速度快，运动过程中表现出波浪式前进、后波超前波的特征；流体厚度及速度与搬运距离和底坡成正比；流体密度在其底部较大，顶部较小。

不少学者也对砂砾岩体的成因类型做过研究。赵志超等提出要综合考虑沉积相、测井相及地震相标志，运用“三相”综合的方法划分砂砾岩体的成因类型。王宝言等认为在划分砂砾岩体成因类型时沉积相标志是基础，再结合测井相、地震相做到“三相统一”时就可以合理划分砂砾岩体类型。综合前人对断陷湖盆砂砾岩体成因类型的分析总结可以看出，砂砾岩体因成因的不同在沉积相、测井相和地震相等特征方面存在较大差异。

砂砾岩体缺乏稳定的泥岩隔层，具有单层厚度大、横向区域性对比困难的特点，同时也缺乏古生物化石，其测井曲线旋回特征不明显。用传统的岩电关系划分砂砾岩沉积期次存在较强的主观性，并不能实现真正意义上的井间等时对比，因而对砂砾岩沉积期次的划分一直是沉积学上的难点。对此，前人已尝试过多种方法，包括依据岩心观察和成像测井图像、利用地震时频分析等技术以及常规的自然伽马测井、自然伽马能谱测井等。但这些方法都有其难以避免的缺点，主要表现在：

（1）依据岩心观察和成像测井图像划沉积分期次是最直接、最准确的方法，但由于成本较高，且资料十分有限，因而只能对少量探井和探井的部分井段进行划分；

（2）地震时频分析等技术的基础是地震信号分辨率，由于中深层砂砾岩等复杂岩性的分辨率较低，故采用该技术划分沉积期次不能满足油气勘探开发的需求；

（3）常规的自然伽马测井和自然伽马能谱测井只适用于少数特定的地区，局限性太大，对大多数地区不适用且应用效果差。

于建国、姜秀清在东营凹陷北部陡坡带砂砾岩体内幕研究中认为，砂砾岩体一般为多期次、多次沉积的复合体，其内部结构和油水关系非常复杂，可以对地震剖面进行频率-时间谱扫描和水平频率-时间谱扫描，进而详细解剖砂砾岩体的内部构造并划分其沉积旋回，并可根据沉积旋回来判断砂砾岩体的发育期次和物源供给情况。

袁庆在利津油田沙四上亚段利853砂砾岩扇体内幕研究中提出，利用高分辨率层序地层学在地层记录中识别代表多级次基准面旋回的多级次地层旋回，并且进行高分辨率等时地层对比，建立高分辨率地层对比格架，从而将砂砾岩体的划分精细到每一期的砂砾岩沉积。

在宏观构造格架和地震层序解释的基础上，Fischer图解法将传统的一维岩石柱状图通过高频沉积旋回划分重绘在以旋回数为横轴的二维图解上，根据可容空间变化的周期性来划分地层。测井曲线小波变换时频分析通过恢复砂砾岩体沉积基准面，结合Fischer图解法，可以针对地层划分比较困难、缺乏古生物标志及标志层的砂砾岩地层进行沉积期次细分及井间对比，这种方法相对其他方法来说主观因素较小，客观因素强烈，具有较强的实用性。

1.2.2 砂砾岩储层预测及分类方法

砂砾岩储层的预测一直是砂砾岩油气藏研究的核心问题，具体方法主要涉及以下几个方面：

（1）综合利用取心、测井、录井以及地震资料，采用三维可视化技术和三维地震水平切片等技术，对砂砾岩体的测井相、地震相、时间频率特征、波形特征等进行半定量分析，总结出适合于砂砾岩扇体的地震描述技术，从而对砂砾岩储层进行预测与目标评价。由于砂砾岩储层的电性特征一般表现为高电阻率、高密度、低声波时差，砂砾岩体低孔、低渗，且随沉积相带而异，只有大于地震勘探纵向和横向极限分辨率的砂砾岩体的地震反射特征才较为明显，且纵、横测线上的特征具有明显差异。

（2）由于砂砾岩储层粒度较粗，分选性差，地震属性表现为振幅较低、频率较高、相干系数杂乱等特点，因而应充分利用地震波传播速度、振幅、频率、相干性等地震属性信息进行砂体预测、沉积相划分和油气检测。

(3) 在应用三维可视化技术、地震属性技术和相干分析技术对砂砾岩扇体的时空展布进行研究的基础上，采用经高分辨率处理的纯波带地震数据，根据地震速度与岩性的关系、时间与深度的关系，利用地震非线性反演方法，在测井实测的岩性约束下反演得到精确储层厚度，计算出目的层砂砾岩体厚度在平面的变化，寻找出沉积厚度大、分布稳定的砂砾岩储层，从而形成砂砾岩储层预测及描述技术序列。

(4) 孙海宁、王洪宝等针对砂砾岩储层地震反演和解释的难点问题，利用随机地震反演技术对砂砾岩储层进行反演，再结合极值滤波解释技术对砂砾岩储层进行有效描述。

(5) 裂缝是控制特殊岩性油藏开发效果的关键性因素之一，徐朝晖、徐怀民等针对常规测井资料难以识别和评价砂砾岩储层裂缝这一难题，提出并建立了裂缝的砂砾岩储层常规测井资料识别模式。

目前对砂砾岩储层概念的认识还不完全一致，未形成一套统一的针对低渗透储层的分类和评价标准。近年来，许多专家学者都对储层分类作了讨论，其总的趋势是从定性到定量，从宏观到微观。

1.2.3 砂砾岩储层测井评价方法

岩相是测井解释的基础，目前国内外采用的岩相分析方法较多。总体来说，砂砾岩储层测井资料岩相解释经历了从定性到半定量到定量的阶段。

(1) 常规测井曲线识别。砂砾岩储层在常规测井曲线上特征明显，砾岩电阻率和补偿密度声波值高，自然伽马、声波时差和补偿中子值低；砂砾岩的自然伽马、电阻率、补偿声波、声波时差和补偿中子值都较高；泥岩电阻率、补偿密度值低，自然伽马、声波时差和补偿中子值高。

(2) 声波时差-自然伽马交会图法识别。以双河油田核三段为代表，通过提取常规测井曲线特征值，建立声波时差-自然伽马交会图，研究对比不同岩性在交会图上的分布，建立定性识别砾岩、砂砾岩和泥岩的标准。

(3) 补偿声波-补偿密度、补偿中子-补偿密度以及 M-N 值交会法识别。以东营凹陷北部陡坡带为代表，通过提取常规测井曲线特征值，建立补偿声波-补偿密度、补偿中子-补偿密度以及 M-N 值交会图，研究对比不同岩性在交会图上的分布，建立识别砾岩、砂砾岩和泥岩的标准。

(4) 微电阻率扫描成像测井。建立砂砾岩在FMI图像上的识别模式：砾岩呈现为高阻白色块状特征，砂砾岩呈现为白色与暗色基质斑块状特征相混杂，泥岩呈现为黑色均匀块状特征。

(5) 核磁共振成像测井。根据核磁共振成像测井在砂砾岩储层中的不同响应特征，建立砂砾岩中流体识别模式：砾岩中核磁共振测井 T_2 截止值右边信号强度较弱，表明含有很少的可动流体；砾质砂岩中核磁共振测井 T_2 截止值左边信号强度较弱，而右边信号强度较大，表明含有较多的可动流体；泥岩中核磁共振测井 T_2 截止值左边信号强度较大，表明含有较多的束缚水。通过核磁共振成像测井，成功识别了胜利油田东营凹陷、车镇凹陷砂砾岩储层和其中的流体分布。

(6) 定量识别技术。以岩相分析程序定量地识别各种岩性组合是人们始终关注的课题,目前主要的定量分析方法有关联分析方法、模糊聚类算法、灰色系统理论、神经网络方法、多元统计方法等。

砂砾岩储层测井评价内容如下:

(1) 划分砂砾岩储集层。

测井解释的首要问题是储集层的划分。由于储集层具有孔隙性和渗透性,在测井曲线上表现出特有的反映,可以根据这些测井特征来划分出渗透性地层并判别地层孔隙中流体的性质。划分砂砾岩渗透层的主要方法有自然电位测井、微电极测井、孔隙度测井、井径测井、核磁共振测井等。特别是核磁共振测井的引入,对利用测井划分砂砾岩的渗透层具有很大的作用。由于每种方法只是从某一个侧面显示砂砾岩储层的渗透性,井下情况又比较复杂,所以提倡多种测井信息综合解释。

(2) 确定砂砾岩储层孔隙度。

砂砾岩储层测井孔隙度的计算得益于孔隙度测井系列的逐步完善和广泛应用。目前,主要借助于三孔隙度测井资料,利用经典公式求取孔隙度。另外,核磁共振测井技术的发展为计算砂砾岩储层孔隙度提供了更丰富的信息。此外,关于砂砾岩储层孔隙度的其他计算方法还有以下几种:基于体积模型的测井解释方法和多矿物测井最优化解释方法;用岩心分析孔隙度与测井响应值建立一元或多元回归方程;非参数统计法,如神经网络等。

(3) 估算砂砾岩储层渗透率。

近年来,测井分析人员进一步研究了岩石渗透率的测井响应特征,提出渗透率不仅取决于岩石孔隙度的大小,而且与孔隙的几何形状有十分密切的关系,同时还指出砂砾岩粒间孔隙结构与组成岩石骨架颗粒的粒度分布也有十分密切的关系,继而建立了用孔隙度和束缚水饱和度计算渗透率,用孔隙度和粒度中值计算渗透率的方程。另外,也可利用神经网络等方法求取渗透率。对于砂砾岩储层,岩石矿物颗粒粒径变化范围极大,孔隙结构非常复杂,加大了解决这个问题的难度。

(4) 含油饱和度解释。

在半个多世纪的测井地质学研究中,利用电法测井资料解释含油饱和度基本上仍徘徊在阿尔奇根据实验资料建立的解释方程中,即以电阻率(或电导率)和孔隙度信息为主,以岩电实验参数为辅,间接评价含油饱和度。用非电阻率信息解释含油饱和度的方法在国内外也有所研究,如用碳氧比测井信息,但这类方法由于受到测井方法的限制,其实际应用较少。

1.2.4 砂砾岩储层流体测井识别方法

近年来,对于复杂储层流体识别的研究方法有以下方面:

(1) 刘国强、谭廷栋提出了弹性模量识别储层流体的方法;

（2）张丽艳、陈钢花等对含砾砂岩这种复杂储层进行了含油性解释方法研究，利用测井相分析方法研究了针对复杂砂砾岩储层的流体识别方法，提高了储层解释精度；

（3）张宇晓进行了核磁共振测井在低孔、低渗油气层识别中的应用研究，该应用是对核磁新技术的拓展，并且为低孔、低渗储层的评价开拓了新的技术路线；

（4）吴海燕进行了东营凹陷滩坝砂岩储层的测井响应特征研究，储层流体识别常规测井中主要依赖的是电阻率测井曲线，针对研究区的低孔、低渗特征，分析了复杂储层电性变化的原因，为流体识别奠定了基础；

（5）蒋龙生等提出了利用测井与地质录井资料的匹配建立油气水判别模型的方法，将测井信息与地质录井资料有效地结合在一起，建立了适合本研究区的测录井模式，达到了综合识别油气水的目的。

国外的流体性质识别技术发展较国内先进，不仅硬件仪器的发展及配备领先，而且评价技术方法也较国内领先。斯伦贝谢研发的三相流成像测井仪能够用于水平井的流体判别；哈里伯顿研制的测井数据处理软件系统（LOG-IQ 系统）也属于成像测井系列，能够精确地进行油气水解释。美国 Texas 研究的针对低孔、低渗储层气层评价的方法在试验井中取得了令人满意的效果，并具有较强的适用性；D. N. Meehan 应用数学统计的方法，结合地质资料，建立了低孔、低渗储层评价模型，此方法提高了低孔、低渗储层的评价能力。

1.2.5　砂砾岩油藏研究发展趋势

砂砾岩储层在研究初期未引起人们的重视，但随着石油工业技术的发展，该类储层形成的油气藏逐渐引起勘探人员的关注。虽然经过不断的生产实践，利用成像测井和核磁共振测井等新技术在砂砾岩储层评价、油气水层定性判别、构造和沉积相分析等方面都有了进展，但对其精细刻画仍存在一系列技术难题，如沉积期次划分、储层预测、含油气性的测井解释等都存在许多亟待解决的难题，需要不断探索并总结经验，充分利用新技术、新方法取得砂砾岩油气藏勘探的更大突破。

根据国内外砂砾岩油藏的研究现状，从发展趋势来看，砂砾岩油藏勘探开发需在以下几个方面进行技术攻关：

（1）不断提高油藏描述的精度，在砂砾岩体沉积旋回划分的基础上再进行时间单元的划分研究；

（2）探索适合于砂砾岩储层流体识别的模式，提高油水层判别精度；

（3）在注水开发中针对砂砾岩体具有严重非均质性的特点，探索创新性有效的非均质性表征技术，提高注采效果。

第2章

沙四段砂砾岩体沉积模式

沉积相控制了储层的性质及展布特征，因此对砂砾岩体沉积模式的研究是后续储层各项研究的基础。砂砾岩体岩性复杂，横向变化快，内部分层界限不明晰，因此需要利用测井、录井、地震、动态等资料，对研究区砂砾岩体的岩相、沉积特征、展布特征等进行综合研究。

2.1 砂砾岩岩相识别

砂砾岩储层岩石类型多样、孔隙结构复杂，且不同岩石类型垂向变化快，储层评价时难以选取准确的统一的骨架参数，因此需要在纵向上对储层进行细分类，以最大限度地减弱储层非均质性的影响。

选取研究区内有代表性、各类资料齐全的井作为关键井，对关键井进行测井响应特征分析。利用岩心刻度成像、核磁共振等分辨率较高的测井信息，再用成像、核磁资料标定常规测井资料，分析不同类型的岩相或岩相组合在常规测井信息上的响应特征，为建立有效的岩相测井识别模式奠定基础。

2.1.1 岩相类型

1）钻井取心观察岩相分类

对研究区取心井岩心进行观察，发现的岩性有9种，分别为中粗砾岩、细砾岩、含砾砂岩、中粗砂岩、细粉砂岩、泥质砂岩、炭质泥岩、杂色泥岩和泥岩；胶结物主要为灰质胶结，少量泥质胶结。根据不同岩性的沉积层理及成因类型，划分出11种岩相，具体划分如表2-1所示。

表 2-1　岩相类型及特征

岩　类	岩相类型	沉积特征
砾岩相	G1 相：杂基支撑无序砾岩相	混杂结构，分选磨圆差，块状构造
	G2 相：颗粒支撑细砾岩相	细砾为主，粒序层理
	G3 相：颗粒支撑中粗砾岩相	中粗砾为主，粒序层理
砂岩相	S1 相：粒序层理含砾块状砂岩相	正粒序，底部冲刷或明显接触
	S2 相：块状砂岩相	细砂为主，分选好
	S3 相：平行层理泥质砂岩相	细粒为主，分选好，平行层理
	S4 相：交错层理细粉砂岩相	小型交错层理、波状层理，薄层状
泥岩相	M1 相：波状层理砂质泥岩相	砂泥互层，水平-缓波状层理
	M2 相：水平层理炭质泥岩相	黑色，水平层理
	M3 相：块状杂色泥岩相	杂色，块状
	M4 相：水平层理暗色泥岩相	灰—灰黑色，水平-缓波状层理

2）基于电测响应可识别的岩相类型

由于受测井系列分辨能力限制，加之不同岩相测井响应之间存在相似性，因此难以完全实现描述岩心所有岩相的判别。基于电测响应及岩心资料，可将储层分为细粒沉积岩相（泥岩、粉砂岩）、砂岩相（细—粗砂岩）、含砾砂岩相、细砾岩相、中粗砾岩相 5 种类型。5 种岩相类型在测井响应上存在一定程度差异（表 2-2），可通过电测响应实现连续性划分。

表 2-2　岩相类型及电测响应

岩相类型＼测井方法	井　径	自然伽马	电阻率	声波时差	密　度	中　子
水平层理泥岩相	扩　径	高　值	低　值	高　值	低　值	高　值
交错层理粉砂岩相	—	低　值	低　值	低　值	—	—
粒序层理含砾砂岩相	—	低　值	中　值	低—中值	高—中值	中—低值
块状细砾岩相	—	高/低值	高　值	低　值	高　值	高　值
块状中粗砾岩相	—	高/低值	高　值	低　值	高　值	高　值

2.1.2　基于电成像测井资料的岩相识别

采用电成像测井资料比采用常规测井资料进行储层特征描述更为直观可靠，能有效表征特殊岩性、裂缝、溶孔等非均质性储层，是常规测井资料无法比拟的。YAA1X63 井 1 905～2 870 m 段使用 EXCELL-2000 仪器进行地层微电阻率扫描成像测井；采用岩心刻度成像测井方法，辅以常规测井资料进行岩相的判别与解释。

1）电成像测井资料质量控制与处理

测井数据的质量是决定测井储层评价效果的核心因素。首先进行不同极板数据质量分析，然后在此基础上进行电成像数据处理，生成静态平衡图像及动态加强图像。研究表明，YAA1X63 电成像数据中 3 号极板数据质量存在问题。如图 2-1 所示，第 3 道为 3 号极板数据的成像效果，与其他极板相比，其像素基本一致，图像无法体现砾石特征。因此，进行数据处理和解释时剔除了该极板数据。

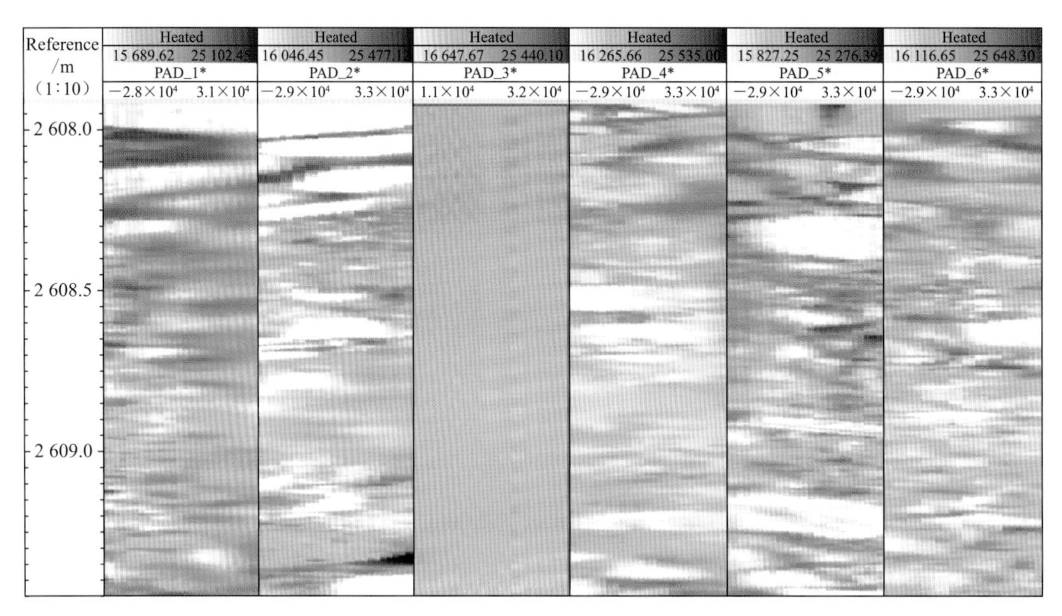

图 2-1　YAA1X63 井电成像测井数据预处理图像

2）基于电成像测井资料的砾石含量计算

微电阻率扫描成像测井图像是地层电阻率在空间的数字化表征，以不同色调（像素值）体现储层本身的电阻率差异，并且由于其探测范围小，因此分辨率较高。其图像中的色调代表不同的岩相类型，如泥岩、粉砂岩等细粒沉积相为黑色或暗色，砂岩相为亮色条带，砾岩相为白色斑点或暗色斑点。

以静态成像数据为基础，通过岩心刻度，确定不同的像素特征值代表的不同岩相类型，即可在一个窗口内，利用同色调面积叠加确定不同岩相类型的含量，其关键在于不同岩相色调的截止值。

根据 YAA1X63 井电成像资料，确定其具有砾石、砂质、粉砂质和泥质 4 种储层组分，其截止值分别为 17 300，21 500，23 500和 35 000，由此计算出 4 种组分的含量。图 2-2 为计算的 YAA1X63 井砾石含量计算图（2 850～2 860 m），BIN1～4 分别为砾石、砂质、粉砂质和泥质含量。

3）不同岩相典型电成像图版

井壁微电阻率成像（FMI）数据经处理后提供两种图像，即静态平衡图像及动态加强图像。FMI 成像图常用的色板为黑-棕-黄-白，并分为 42 个颜色级别，代表电阻率由低到高的变化，因此其色彩细微变化反映的是岩性和物性的变化。不同色调组成的测井图像构成的形态又可分为块状、线状、斑状及杂乱等不同形态。图像色调及形态的组合均从不同侧面反映出某种岩相在成像图上的直观映射特征。

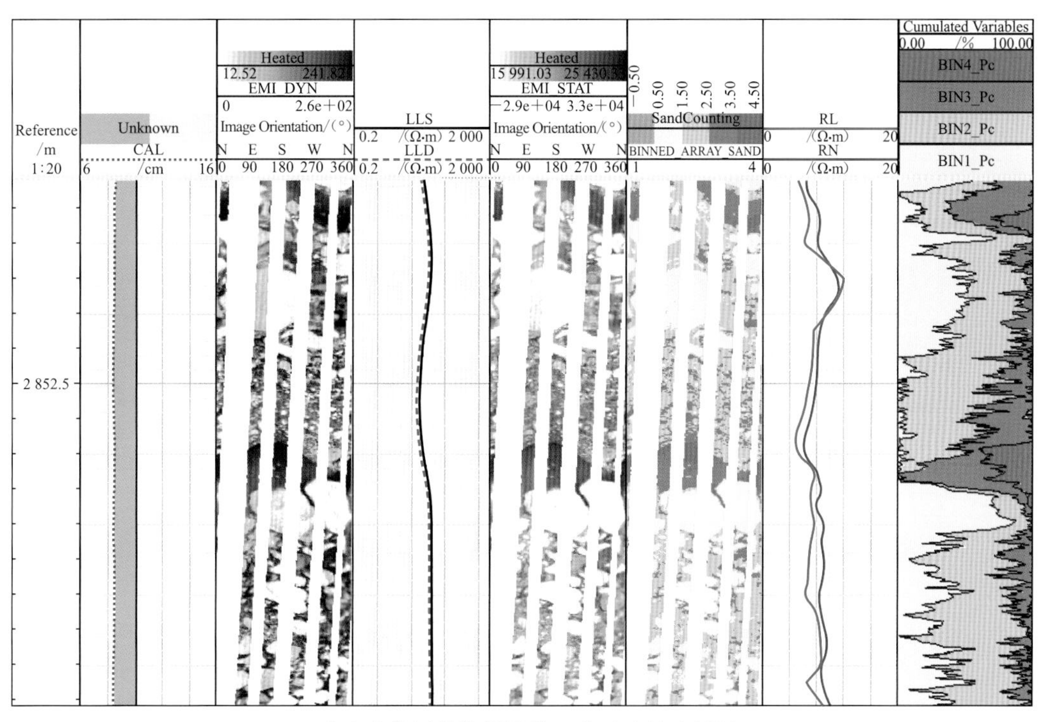

图 2-2　YAA1X63 井电成像测井资料计算组分及含量成果图(2 850～2 860 m)

以岩心观察与描述为基础，通过对岩心与图像数据刻度，根据电成像测井图像的颜色、形态，在岩心和成像图可清楚对比分辨的情况下，建立永 1 块砂砾岩储层 5 种岩相的分类鉴别标准及图版(表 2-3)。

表 2-3　永 1 块砂砾岩储层电成像资料岩相分类及特征

岩相类型	静态平衡图像	动态加强图像
水平层理泥岩相	黑色背景，存在不规则暗色条纹	黑色背景，亮色条纹组合
交错层理粉砂岩相	暗色条带	亮色条带
粒序层理含砾砂岩相	亮色背景下低密度白色斑点	亮色背景，见低密度亮斑
块状细砾岩相	亮色背景下见高密度斑点，或暗色背景下见明显封闭性线性边界	不规则亮色团块，或黑色与亮色相间高密度斑点
块状中粗砾岩相	亮色背景，高密度白色较大直径团块	暗色背景，高密度亮色团块

(1) 细粒沉积岩相。

细粒沉积岩相包括泥岩和粉砂岩两种岩相类型。

泥岩在电成像图上呈暗色，显示发育水平层理，厚度稳定，互相平行，每组纹层的产状几乎完全一致，纹层之间由颜色深浅来显示。如图 2-3 所示，2 040.0～2 041.7 m 段为泥岩，电阻率(R4，R25，RN)数值较低，声波时差(AC)、中子(CNL)、密度(DEN)三孔隙度曲线分开。

粉砂岩电成像图上呈均匀分布暗色条带。如图 2-4 所示，2 235.6～2 235.8 m 为粉砂岩段，微电极曲线有一定的幅度差，电阻率数值较低。

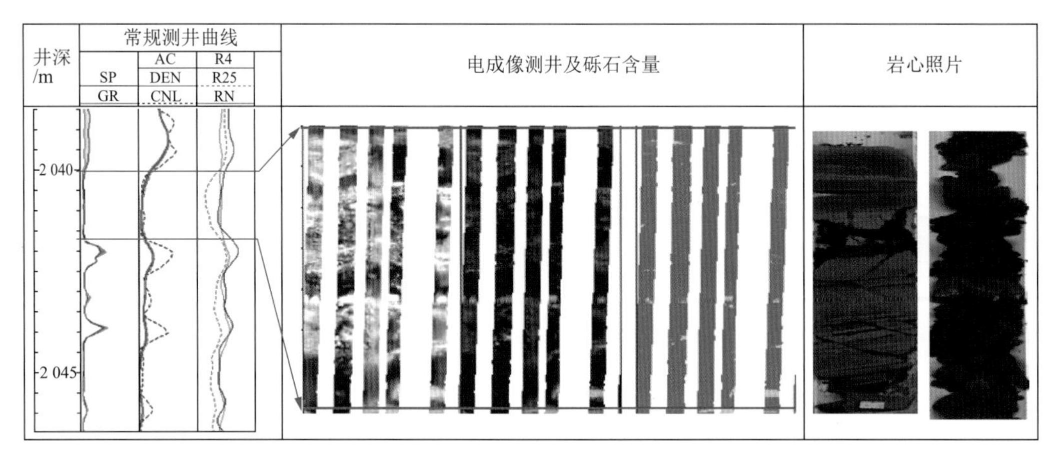

图 2-3　泥岩段电成像及常规测井响应图(2 040.0～2 041.7 m)

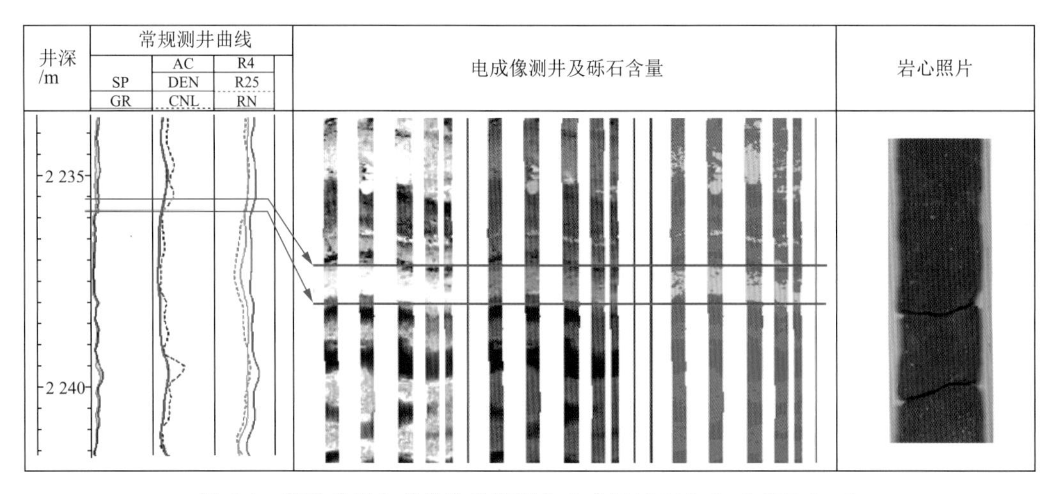

图 2-4　粉砂岩段电成像及常规测井响应图(2 235.6～2 235.8 m)

(2) 砂岩相。

砂岩中含砾小于 5%，电成像图上基本分辨不出砾石，多呈层状分布且厚度小，亮度介于亮度较高的致密岩性和颜色较暗的泥岩之间，有时因含较多灰质成分，亮度增强，可见水平层理。如图 2-5 所示，2 041.8～2 042.3 m 段为砂岩，声波时差、中子、密度三孔隙度曲线基本重合，电阻率除了随含油级别升高而增大外，岩性越细，电阻率越低。

(3) 含砾砂岩相。

砂岩中含砾 5%～25%，电成像图呈块状模式，在亮度中等的背景下，砾石颗粒呈分散的亮色斑点状，甚至分辨不出砾石，少见呈亮色斑块状的大直径砾石，扇根、扇中和扇端均有发育，是砂砾岩体的主要含油岩性。如图 2-6 所示，2 242.7～2 243.6 m 段为含砾砂岩，声波时差、中子、密度三孔隙度曲线基本重合，油层、水层电阻率比砂岩相应含油级别的电阻率高。

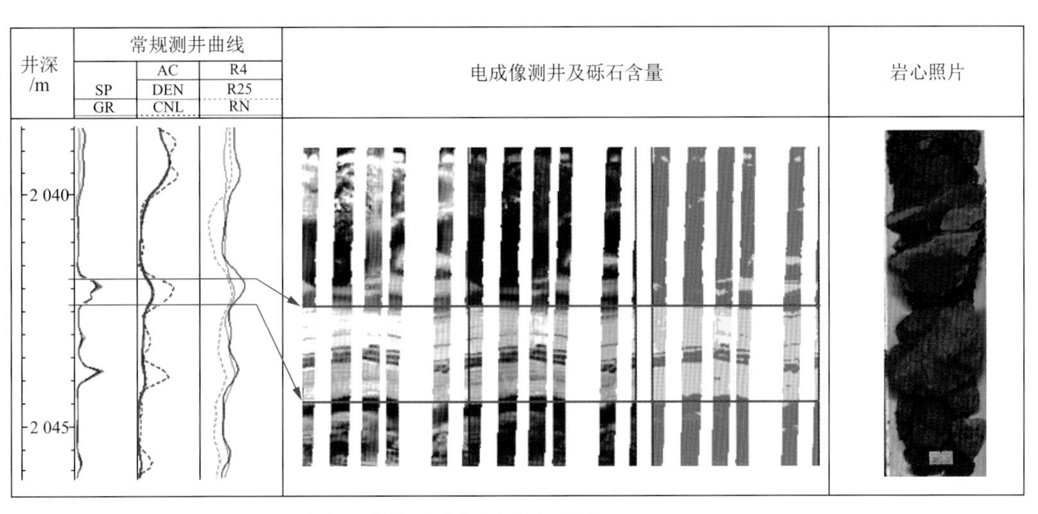

图2-5　砂岩段成像及常规测井响应图(2 041.8～2 042.3 m)

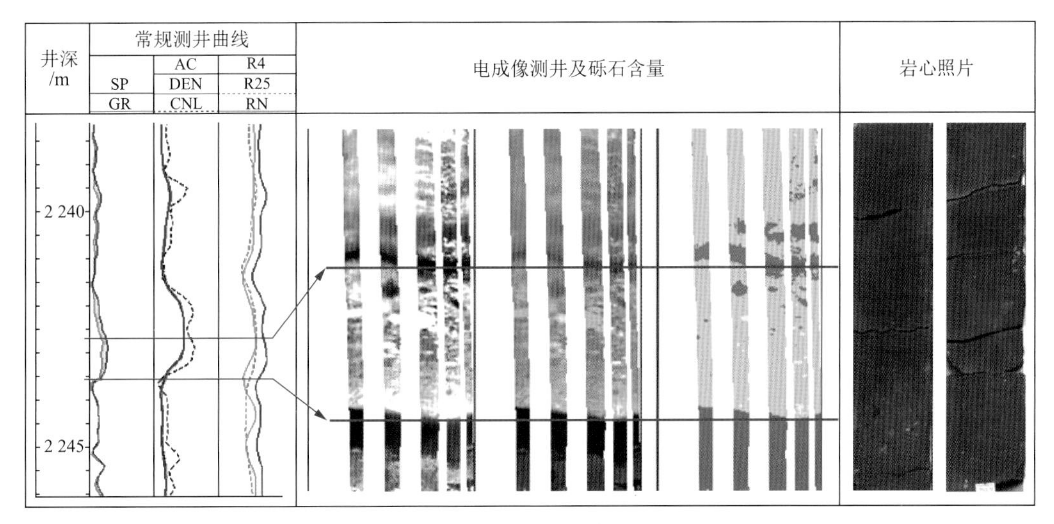

图2-6　含砾砂岩段成像及常规测井响应图(2 242.7～2 243.6 m)

(4) 细砾岩相。

细砾岩在电成像图上显示为密度较大的亮色小斑点,或大密度不规则暗纹。如图2-7所示,2 239.5～2 239.95 m为细砾岩相,电阻率数值较高,声波时差、中子测井数值较小。

(5) 中粗砾岩相。

中粗砾岩在电成像图上显示为大密度单一亮色斑点分布,颗粒清晰可辨,但粒径变化较大。如图2-8所示,2 625.6～2 626.9 m为中粗砾岩相,电阻率数值高,声波时差、中子测井数值小。

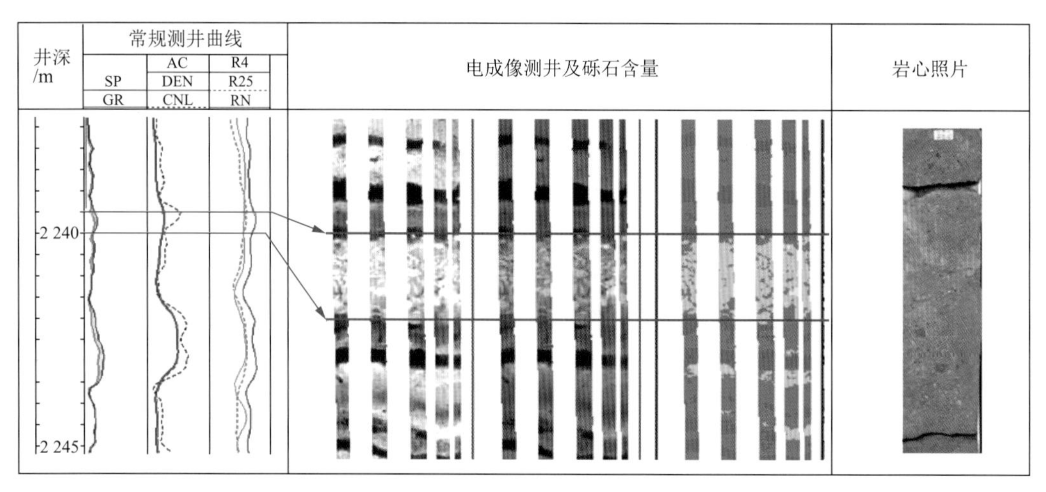

图 2-7　细砾岩段成像及常规测井响应图(2 239.5～2 239.95 m)

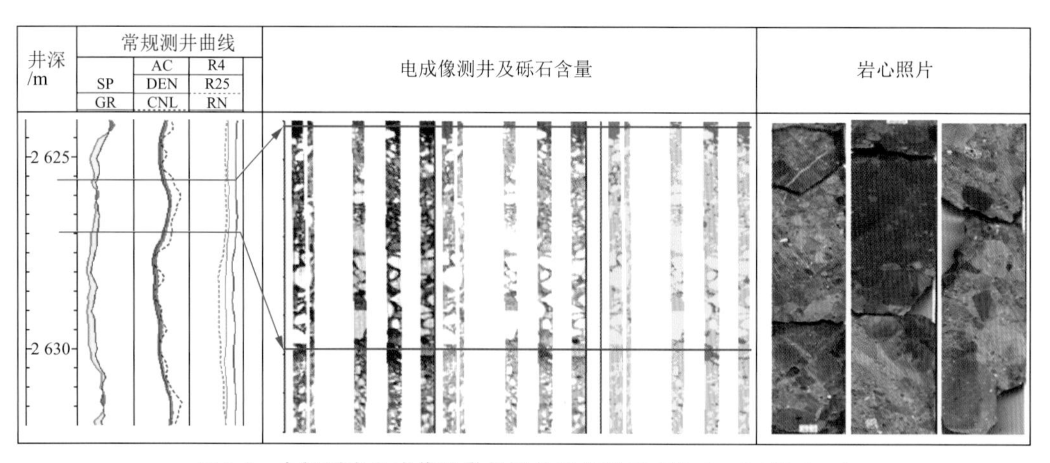

图 2-8　中粗砾岩段成像及常规测井响应图(2 625.6～2 626.9 m)

4) YAA1X63 井电成像测井岩相解释

在定量砾石含量计算基础上,结合不同岩相典型电成像图版,对 YAA1X63 井的电成像测井资料进行分析和处理,完成岩相类型识别,解释 5 种岩相相对含量如图 2-9 所示。

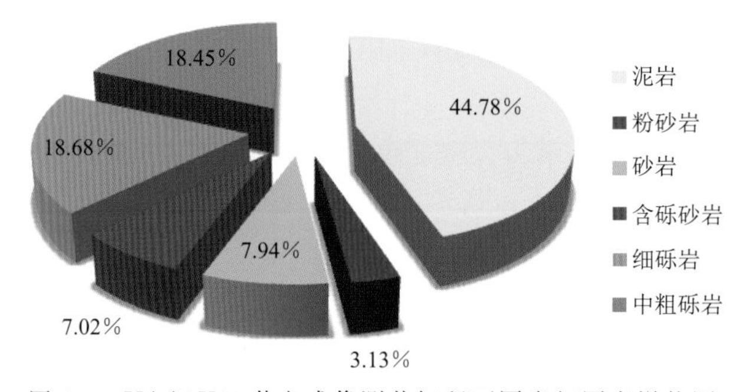

图 2-9　YAA1X63 井电成像测井解释不同岩相厚度饼状图

岩心观察结果与电成像测井解释岩相类型对比分析表明,符合率达到 93.6%。

2.1.3　基于常规测井资料的岩相识别

利用常规测井资料识别岩相时，由于岩相类型多、单层厚度薄、垂向变化快，且砾石结构复杂，电测响应受控因素多，使得岩相划分面临多重困难，因此采用多种方法进行研究。根据研究区块的储层及测井曲线特点，将储层在垂向上的岩相自下而上分为 3 段：下部主要为细砾岩相及中粗砾岩相，夹薄层含砾砂岩相和砂岩相；中部为细砾岩相、含砾砂岩相及砂岩相互层，夹薄层中粗砾岩相；上部为砂岩相，夹薄层含砾砂岩相。

1）测井系列对岩相敏感性分析

对于岩心描述及成像测井解释结果中大于 0.6 m 的岩相层，采用岩心和成像刻度常规测井方法分析不同测井系列对岩相的敏感性及其截止值。

如图 2-10～图 2-12 所示，根据不同岩相对应不同测井系列测井响应频率分布特征，可以发现，研究区砂砾岩储层对岩相敏感的测井系列主要为微电极、电阻率、密度和声波时差。

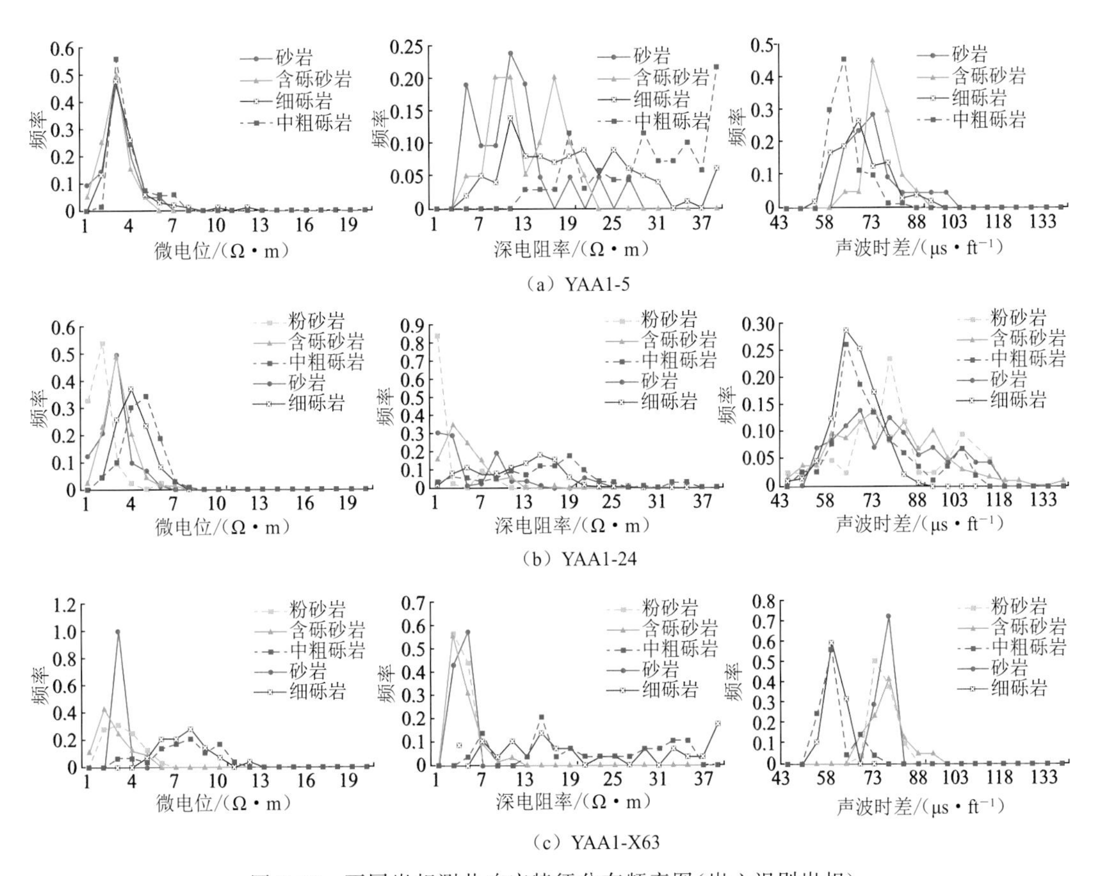

图 2-10　不同岩相测井响应特征分布频率图(岩心识别岩相)

(1 ft=0.304 8 m)

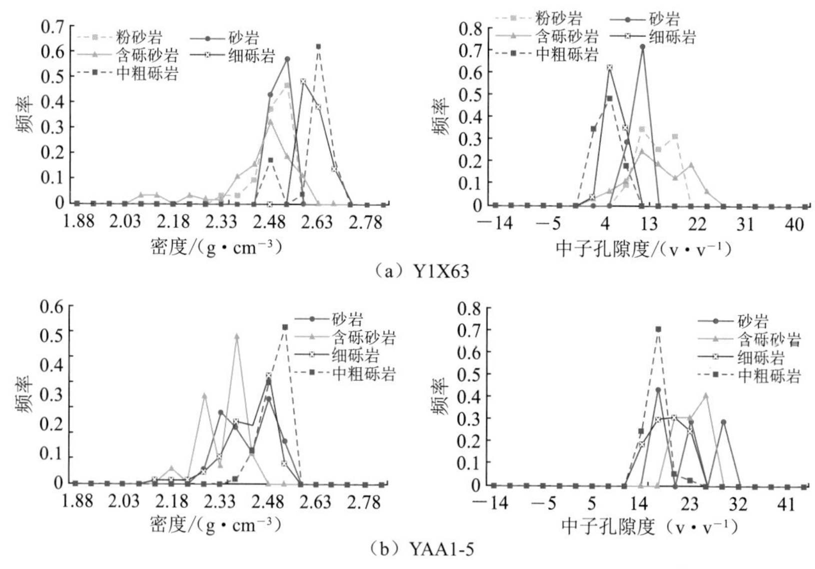

图 2-11　不同岩相测井响应特征分布频率图(录井识别岩相)

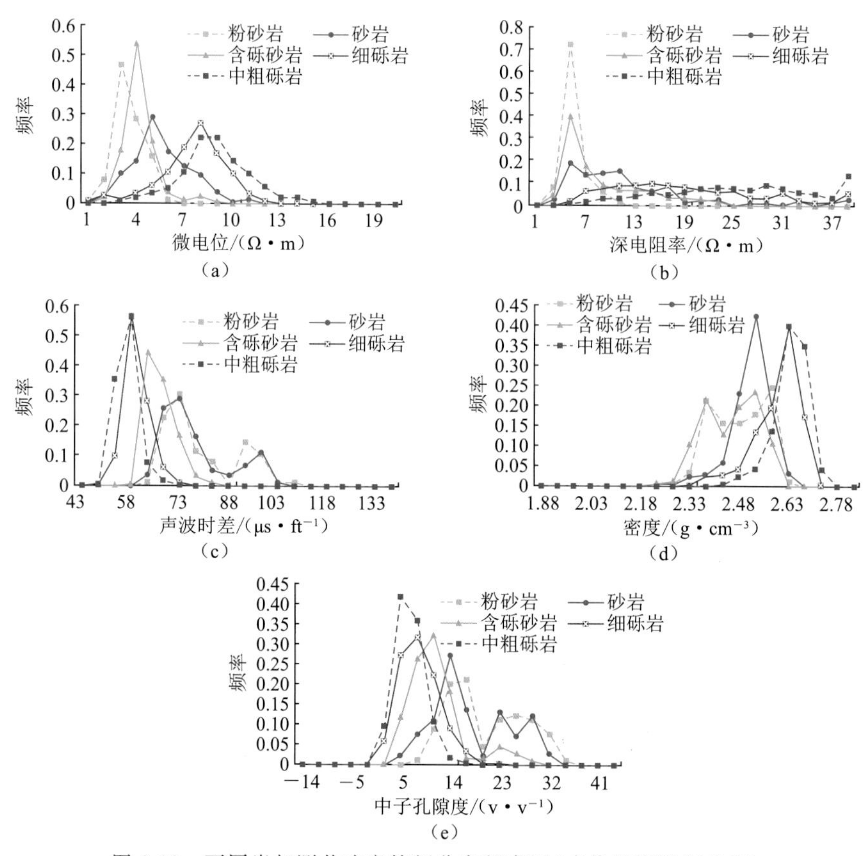

图 2-12　不同岩相测井响应特征分布频率图(成像解释识别岩相)

2) 基于岩性指数的变参数岩相识别技术

该技术可识别细粒沉积岩相、砂岩相及砾岩相 3 种岩相类型,包括以下 3 个步骤:

（1）归一化处理。

为消除不同测井系列非岩相因素的影响，进行测井数据归一化处理，公式如下：

$$V_{sh}=\frac{GR-GR_{min}}{GR_{max}-GR_{min}} \tag{2-1}$$

$$\text{lith }GR=1-V_{sh} \tag{2-2}$$

$$\text{lith lg }RN=\frac{\lg RN-\lg RN_{min}}{\lg RN_{max}-\lg RN_{min}} \tag{2-3}$$

$$\text{lith }R_{xo}=\frac{R_{xo}-R_{xomin}}{R_{xomax}-R_{xomin}} \tag{2-4}$$

式中 V_{sh}——泥岩含量，小数；

GR——自然伽马，API；

lith——岩性判别函数；

RN——电阻率，Ω·m；

R_{xo}——冲洗带电阻率，Ω·m；

GR_{min}，RN_{min}，R_{xomin}——各测井曲线最小值；

GR_{max}，RN_{max}，R_{xomax}——各测井曲线最大值。

结合区域地质特征，分岩相进行归一化处理。

（2）建立岩性因子。

归一化之后的 lith R_{xo}，lith lg RN，lith GR 均在[0，1]之间。为扩大岩相特征对测井响应的影响，重构两条岩性因子曲线：

$$\text{lith }SUM=\text{lith }R_{xo}+\text{lith lg }RN+\text{lith }GR \tag{2-5}$$

$$\text{lith }MULTIPLY=\text{lith }R_{xo}\text{lith lg }RN\text{lith }GR \tag{2-6}$$

式中 lith SUM——归一化处理后3条测井曲线值的和；

lith $MULTIPLY$——归一化处理后3条测井曲线值的乘积。

（3）地质模式约束，分相带建立岩相判别标准。

依据岩相单井垂向序列，采用相对性原则，分别确定各井判别标准。图2-13为YAA1-5井砂砾岩段2 025～2 550 m判别流程图，图2-14为其岩相划分结果。

基于岩性指数的变参数岩相识别技术操作简单，易于实现，但它能分辨的岩相类型有限。

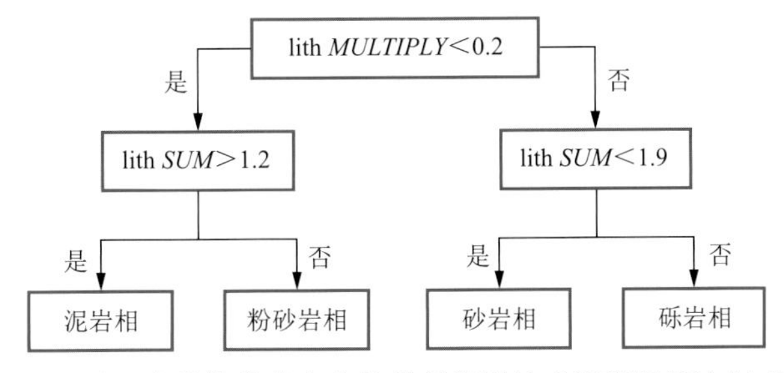

图2-13 基于岩性指数的变参数岩相识别技术流程图（YAA1-5井）

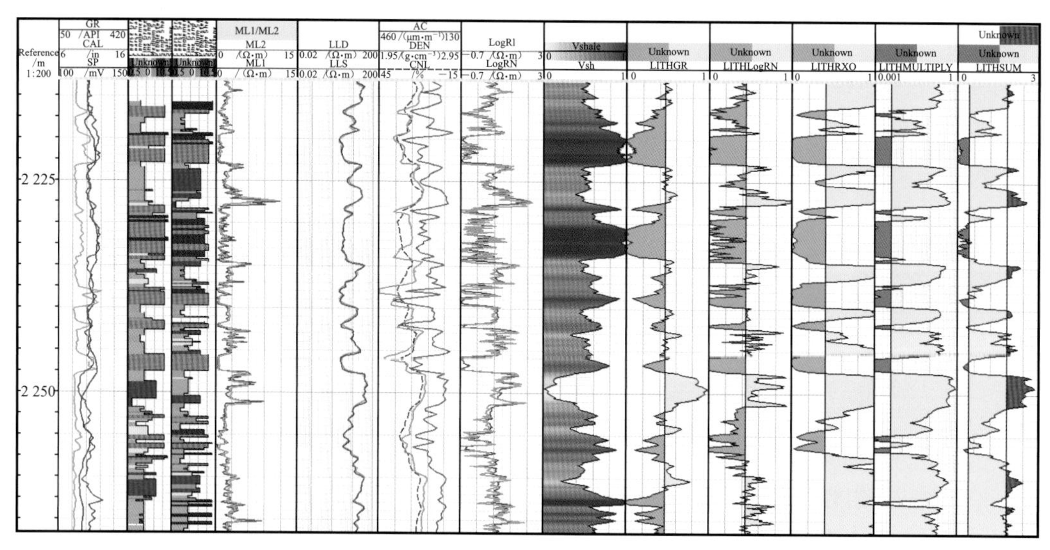

图 2-14 YAA1-5 井砂砾岩段变参数识别技术成果图

3）多信息耦合递进式岩相判别技术

采用岩心和成像刻度常规测井的思想，在测井响应敏感性分析基础上，提出基于测井曲线形态属性及特征值的多信息耦合递进式岩相判别技术。该方法包括两个级次，即一级控体、二级控型。一级控体是指利用垂向分辨率较低的地层电阻率、密度、声波时差测井响应值及变化确定岩性沉积单元，划分不同的岩性体界面；二级控型是指在沉积单元划分基础上，根据微电极曲线齿化程度和频率，辅以其他测井系列响应特征值和曲线相对变化确定岩相类型。

多信息耦合递进式岩相判别的技术路线及评价指标如图 2-15 所示。首先，依据电阻率低值、微电极低值、声波时差高值及井径扩径，将储层划分为细粒沉积和粗粒沉积。细粒沉积主要是非储层段，包括泥岩相和粉砂岩相。粗粒沉积为砂岩相、含砾砂岩相、细砾岩相以及中粗砾岩相。细粒沉积中划分泥岩相和粉砂岩相主要是利用微电极、自然伽马和声波时差的数值以及回返程度。如果微电极测井（ML1）为高值且声波时差和自然伽马相对较低，则判别为粉砂岩，反之，则为泥岩。粗粒沉积中，当声波时差大于 65 μm/ft 且密度小于 2.6 g/cm^3 时，划分为砂岩相，否则为砾岩相。砂岩相和砾岩相再细分时主要考虑微电极曲线的形态，即齿化程度及曲线数值，若微电位数值相对很低，又在微电位曲

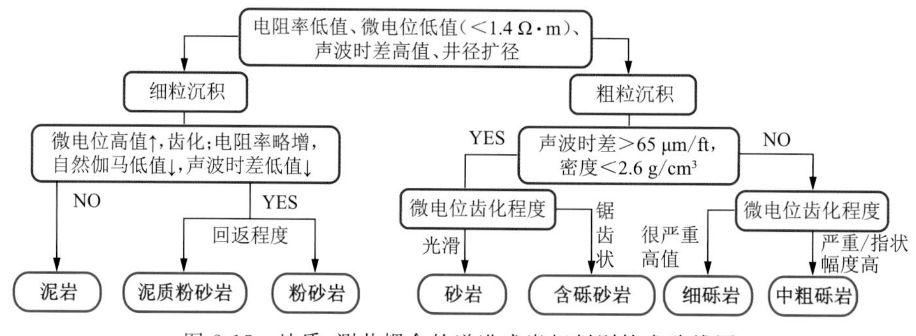

图 2-15 地质、测井耦合的递进式岩相判别技术路线图

线上有幅度差，并且曲线光滑，则认为是砂岩相；若微电位曲线呈锯齿状且数值相对较高，则判别为含砾砂岩相；若微电位曲线齿化很严重且微电位数值很高，则判断为细砾岩相；若微电位曲线齿化严重或为指状，并且幅度很高，则判别为中粗砾岩相。

4）常规测井资料岩相识别符合率分析

采用上述 3 种方法对研究区内钻井取心进行岩相解释。3 口取心井的岩心描述与测井解释结果分析表明，各井对应的岩相识别符合率分别为：YAA1X63 井 81.9%，YAA1-24 井 89.6%，YAA1-5 井 84.4%。

2.2　扇三角洲沉积特征

沉积相是指一个沉积单元中所有原生沉积特征的总和。不同学者对沉积相有不同的认识，部分学者认为"相是一定岩层的生成和沉积环境"，也有部分学者认为"相是一定岩层生成时的古地理环境及其物质表现的总和"，虽然这两种观点强调的内容有所差异，但都明确包含了沉积环境和该环境下沉积物的特征。通常，沉积相控制了储层特征。

2.2.1　区域沉积背景

古近纪以来，东营湖盆自老到新依次发育孔店组（Ek）、沙河街组（Es）、东营组（Ed）、馆陶组（Ng）、明化镇组（Nm）。资料显示，由于永北地区处于盆地边缘，孔店组缺失，沙四段直接覆盖在中生界之上，与下伏地层形成了明显的超覆不整合。在沙四段沉积早期的湖盆断陷初期，水域收缩，气候干热，永北地区物理风化作用强烈，突发性山洪事件使得厚层红色砂砾岩堆积成砂砾岩冲积扇沉积。之后，东营湖盆发生了古近纪的第一次湖侵，由于永北地区位于盆地陡坡，水体较深，因而广泛发育扇三角洲灰色砂砾岩沉积。

永 1 块的构造演化共经历了 4 个阶段，如图 2-16 所示。物源为北东方向，孔店组—沙四段沉积早期沉积砂砾岩体；后期由于基底的抬升，受陈南断层与青西断层的影响，形成局部挤压，构造隆升；沙四段沉积中晚期—沙三段沉积中期受拉张应力影响，形成多级断块；沙三段沉积晚期受走滑断层影响，原始地层被破坏、替换，地层产状发生变化。

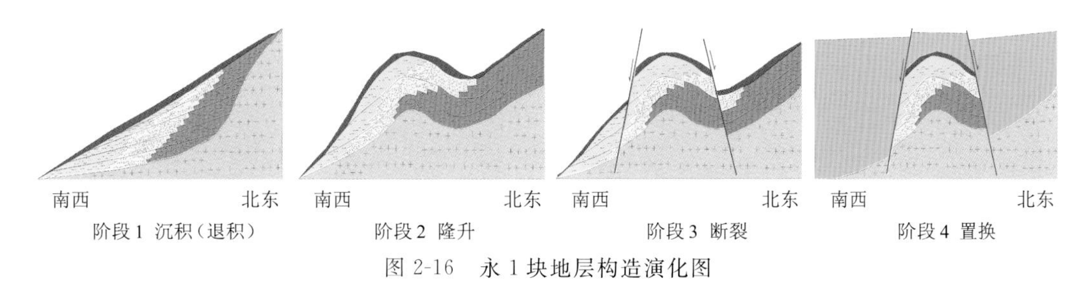

图 2-16　永 1 块地层构造演化图

2.2.2　岩心相标志

永北地区永 1 块共有 YAA1-24 井、YAA1-5 井和 YAA1X63 井 3 口取心井，累积取心长度 264.15 m,平均收获率在 96%以上(表 2-4)。

表 2-4　永 1 块取心井情况统计表

井　名	取心次数	总进尺/m	取心长度/m	平均收获率/%	取心井段/m
YAA1-24	30	160.10	154.66	96.60	2 264.75～2 424.85
YAA1-5	30	65.98	62.39	94.56	2 215.13～2 281.11
YAA1X63	9	49.05	47.10	96.02	2 040.30～2 045.70 2 223.00～2 251.75 2 621.00～2 635.90

1) 沉积学标志

沉积学标志主要包括岩石的颜色、类型、成分、颗粒结构以及沉积构造等,是反映沉积环境的重要标志。

由岩心观察得出,永 1 块岩石颜色以灰色、深灰色为主;部分层段呈现浅红褐色或灰绿色,代表弱氧化环境;在距离物源较远的 YAA1X63 井取心段顶部可见灰黑色泥岩,代表还原环境。

岩石类型以砾岩、含砾砂岩、砂岩为主,夹杂部分泥质砂岩和泥岩。越靠近物源,砾岩的含量越高,粒径越大(表 2-5)。

表 2-5　永 1 砂砾岩体取心井岩性统计百分比

井　名	砾岩/%	含砾砂岩/%	砂岩/%	泥质砂岩/%	泥岩/%
YAA1-24	52.22	13.67	4.45	22.61	7.05
YAA1-5	30.93	12.91	18.94	20.10	17.12
YAA1X63	34.18	16.47	39.92	5.86	3.57

砾岩可分为颗粒支撑型(图 2-17)和杂基支撑型(图 2-18)两类。颗粒支撑砾岩分选磨圆中等,颗粒间主要以中粗砂及少量细砾充填,可见粒序层理;杂基支撑砾岩颗粒间被泥岩或细粉砂充填,杂基含量达 30%～40%,砾石呈"悬浮状"分布,分选较差,磨圆中等,层理不发育。

图 2-17　YAA1-24 井颗粒支撑砾岩

图 2-18　YAA1-24 井杂基支撑砾岩

含砾砂岩(图2-19)主要为中粗砂,砾石的粒径较小,主要为少量的细砾、粒径2~3 cm的中砾或泥砾。砾质砂岩(图2-20)主要表现为细砂岩中的砾岩条带。

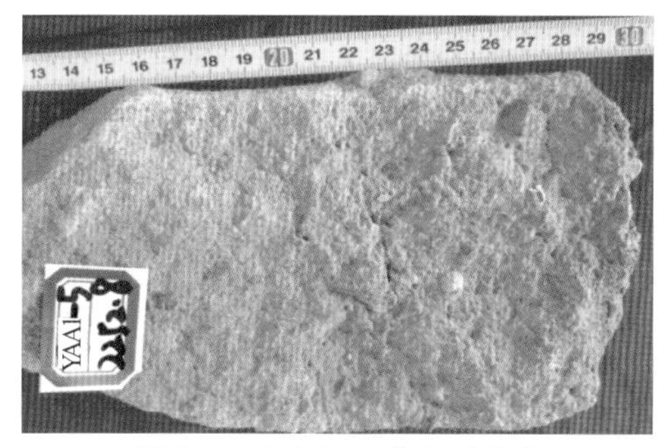

图2-19 YAA1-5井含砾砂岩

图2-20 YAA1-24井砾质砂岩

砂岩(图2-21)呈灰色,主要为块状构造,分选较好。中粗砂岩的含油性较好;细粉砂岩通常被灰质胶结,较致密,基本不含油;泥质粉砂岩呈灰色、灰绿色或红褐色,主要为粉砂岩和泥岩互层,发育水平层理或斜层理。

泥岩主要包括粉砂质泥岩、泥岩(图2-22)、杂色泥岩(图2-23)及炭质泥岩(图2-24)。泥岩颜色较深,主要呈灰色、灰黑色及杂色,代表深水还原沉积环境。

图2-21 YAA1X63井粗砂岩

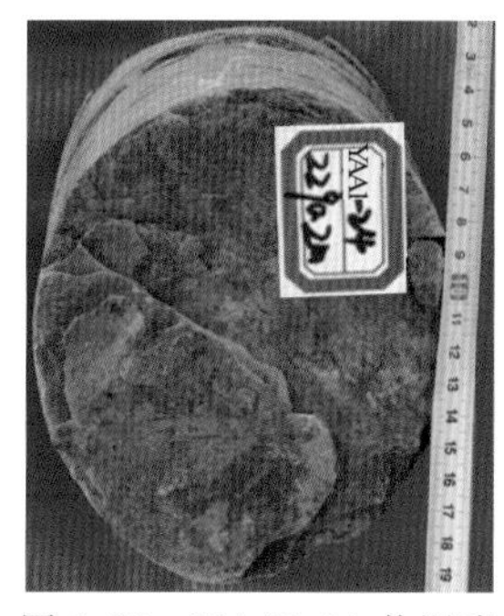

图2-22 YAA1-24井泥岩

图2-23 YAA1-5井杂色泥岩

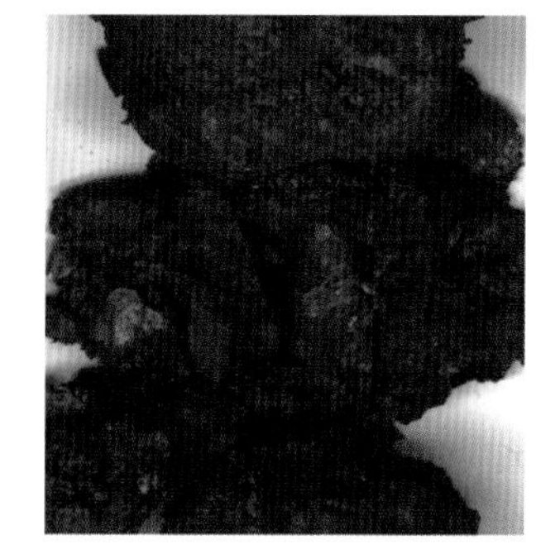

图2-24 YAA1X63井炭质泥岩

利用YAA1X63井34个样品的粒度分析数据绘制粒度概率累积曲线,总体上可分为以下4类:

(1) 上拱弧形。

该类型曲线表现为微向上凸的弧线,曲线没有明显的截点,只有一个递变悬浮次总体(图2-25a),岩性多为混杂构造的杂基支撑中粗砾岩、中细砾岩,分选差,颗粒呈杂基支撑,悬浮搬运,为泥石流(碎屑流)和颗粒流的沉积作用,在扇三角洲平原主水道和扇三角洲前缘辫状水道的中下部较发育。

(2) 近似上拱弧形。

该类型曲线呈现近似的上拱弧形(图 2-25b),但能明显分出几段短小直线段。曲线整体形态呈现上拱弧形,表明泥石流沉积作用占较大比重,但由于水体能量减弱及较粗颗粒的卸载,流体湍动性增强,少量颗粒开始湍流悬浮搬运,反映了泥石流向浊流演化的过程,在扇三角洲前缘辫状水道中下部和水道前缘底部较发育。

(3) 低斜率两段式。

该类型曲线由一个悬浮次总体和一个跳跃次总体组成(图 2-25c),中—细砂级颗粒出现了跳跃的搬运方式,岩性为发育递变层理的中细砾岩和含砾中粗砂岩,反映了浊流向牵引流演化的沉积作用,在扇三角洲前缘辫状水道的中上部发育。

(4) 准牵引流三段式。

该类型曲线呈现近似牵引流的三段式(图 2-25d),但岩石颗粒整体分选性较牵引流差,为重力流向牵引流转化的晚期,在扇三角洲前缘水道前缘和前扇三角洲发育。

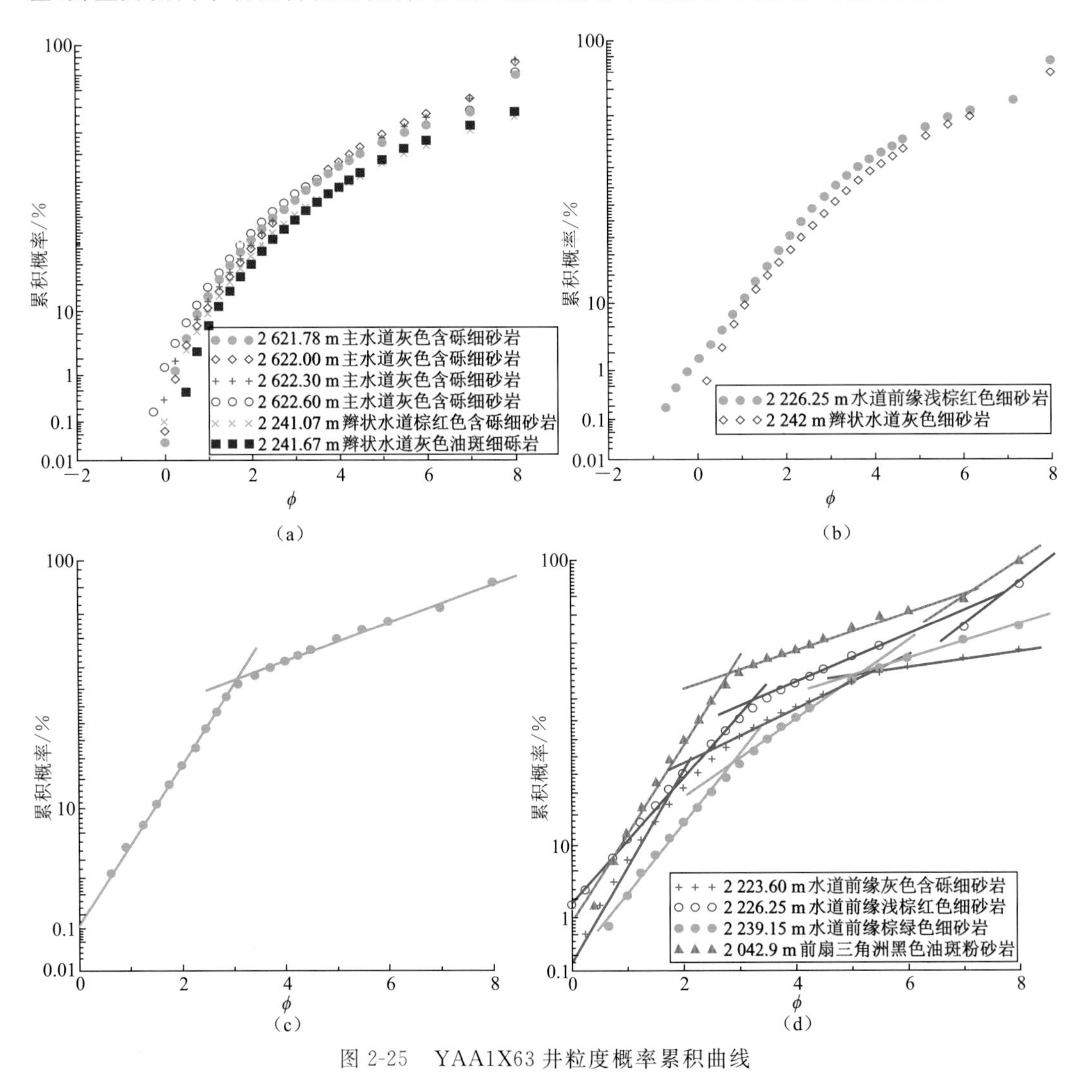

图 2-25　YAA1X63 井粒度概率累积曲线

YAA1X63 井粒度分析数据所得的 C-M 图显示，样品点 C、M 值平行于 $C=M$ 基线分布，属于粒序悬浮区，存在浊流沉积特征（图 2-26）。永 1 块的沉积环境兼有重力流沉积和牵引流沉积，符合扇三角洲的沉积特征。

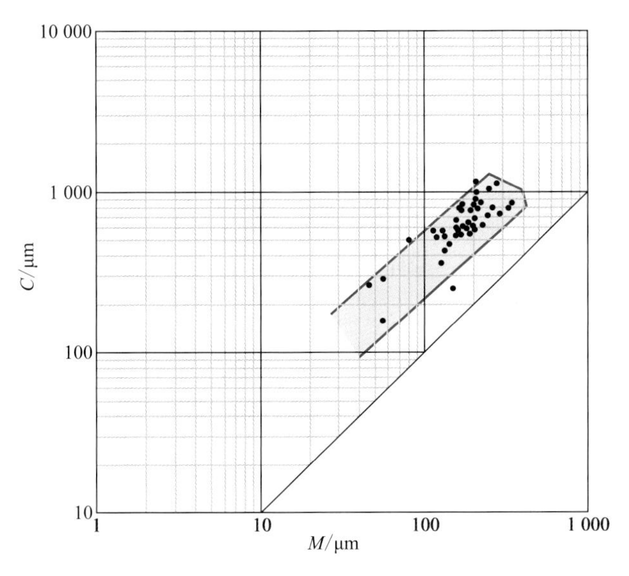

图 2-26　YAA1X63 井 C-M 图

C—粒度分析资料累积曲线上颗粒含量 1% 处对应的粒径；

M—粒度分析资料累积曲线上颗粒含量 50% 处对应的粒径

2）古生物标志

古生物标志是重要的相标志，不同类型的生物对环境因素的要求不一样，因而在不同环境中，生物类型是有差异的。因此，不同的沉积环境中都有与环境因素相适应的生物组合及生态特征，并随着环境条件的演化而随时变更。

永 1 井沙四段可见介形虫，种类为玻璃介及小玻璃介、湖神介等，指示典型的湖相沉积。此外，YAA1-5 井、YAA1-24 井和 YAA1X63 井的岩心存在植物碎屑及炭屑，在 YAA1X63 井岩心的顶部发现植物根化石。

3）地震反射特征

永 1 块砂砾岩体物源地势较高，坡度由陡变缓，原始的地震剖面应表现为楔形，但由于后期的构造变动，导致其在三维地震剖面上呈背斜形态的隆起，振幅频率中等，连续性较差，常见杂乱反射，部分区域可见 S 形前积反射。扇体根部表现为杂乱反射，扇体中部为断续反射，扇体前端为强反射（图 2-27）。

综合以上各项资料分析可知，永 1 块为扇三角洲沉积，是以冲积扇为物源所形成的近缘堆积的砾石质三角洲，兼具陆上和水下的沉积特征。

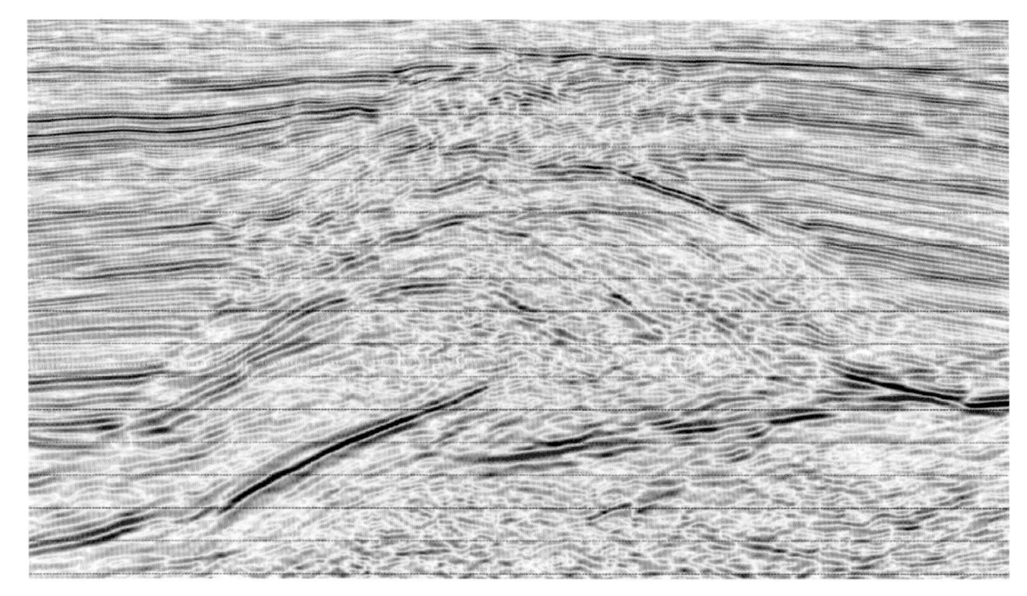

图 2-27　永 1 块三维地震剖面

2.2.3　沉积微相类型及特征

相的概念最早由丹麦地质学家斯丹诺引入地质文献，并认为相是在一定地质时期内地表某一部分的全貌。但在沉积学领域赋予沉积相概念的是瑞士地质学家格列斯利，他认为："相是沉积物变化的总和，它表现为这种或那种岩性的、地质的或古生物的差异。"

永 1 块的扇三角洲沉积具有重力流和牵引流双重水流机制，根据沉积特征的不同又可以分为前扇三角洲、扇三角洲前缘和扇三角洲平原 3 个亚相。

1）前扇三角洲

前扇三角洲（图 2-28）沉积全部位于水下深水至半深水环境，以灰黑色、黑色暗色泥岩为主，含少量粉砂质泥岩。

2）扇三角洲前缘

（1）辫状水道微相。

扇三角洲前缘辫状水道微相（图 2-29）是扇三角洲前缘的沉积骨架，以碎屑支撑中细砾岩、含砾砂岩和块状砂岩为主，底部具有冲刷面，顶部为相变转换面，垂向具有正/反韵律，砾石直径通常小于 5 cm。

（2）水道前缘微相。

水道前缘微相（图 2-30）位于辫状水道前端，包括河口坝和前缘席状砂，岩性以粉砂—中砂、含砾砂岩为主，垂向上呈反韵律，规模小，相对不发育，可见平行层理、交错层理等。

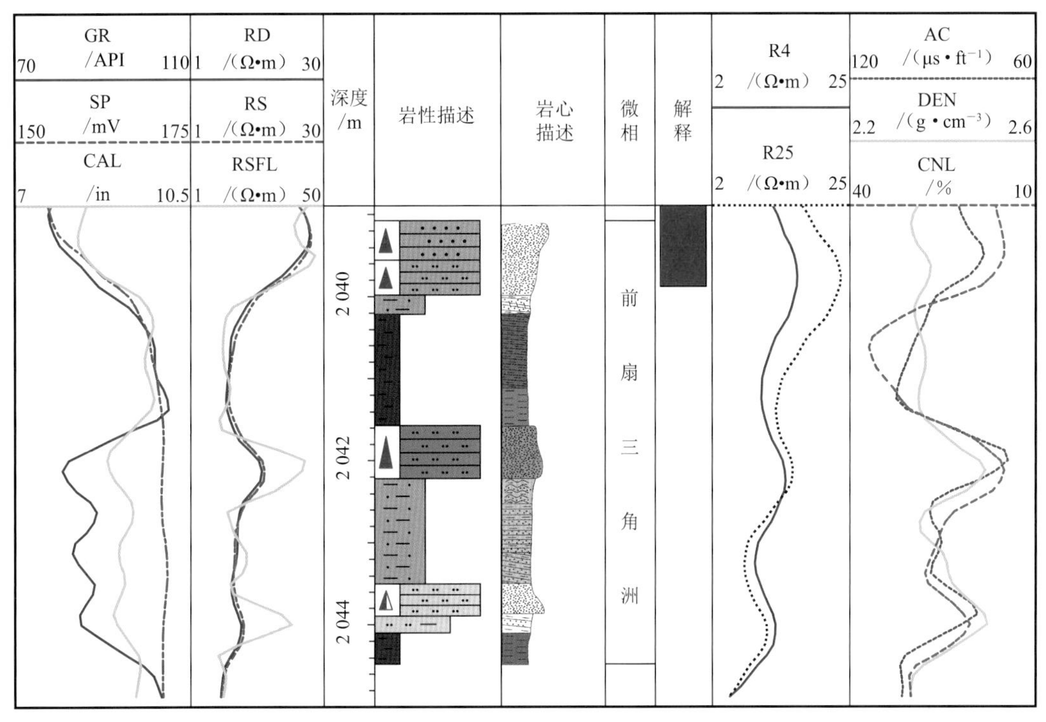

图 2-28 YAA1-X63 井前扇三角洲微相

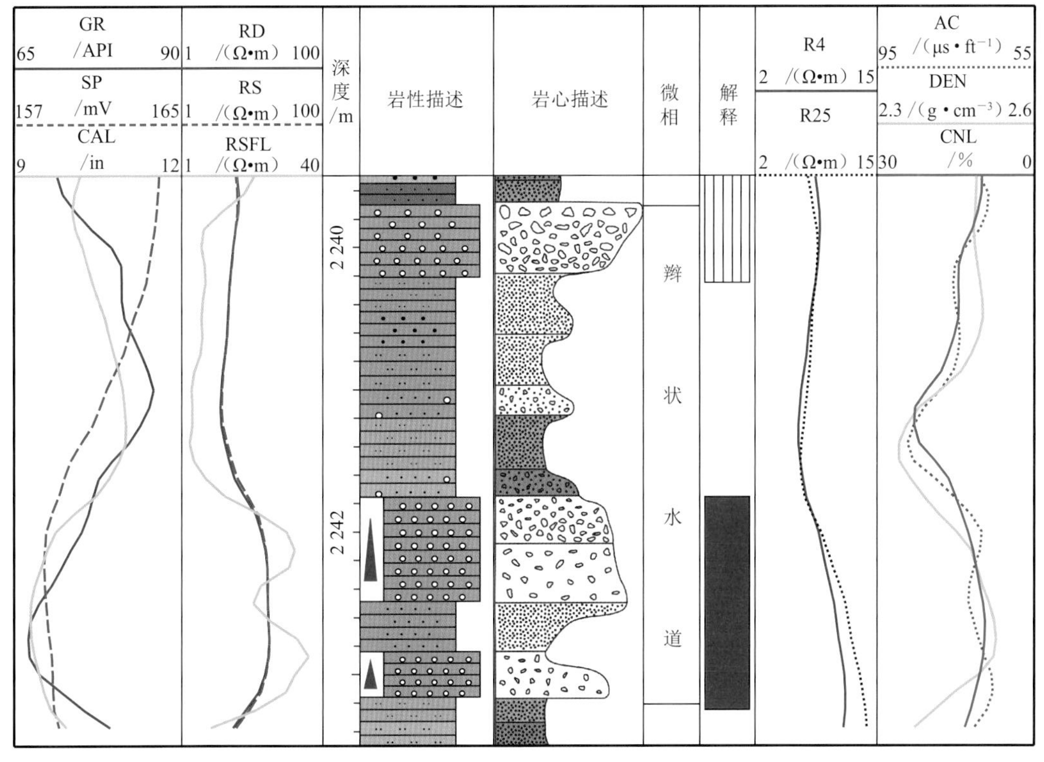

图 2-29 YAA1X63 井辫状水道微相

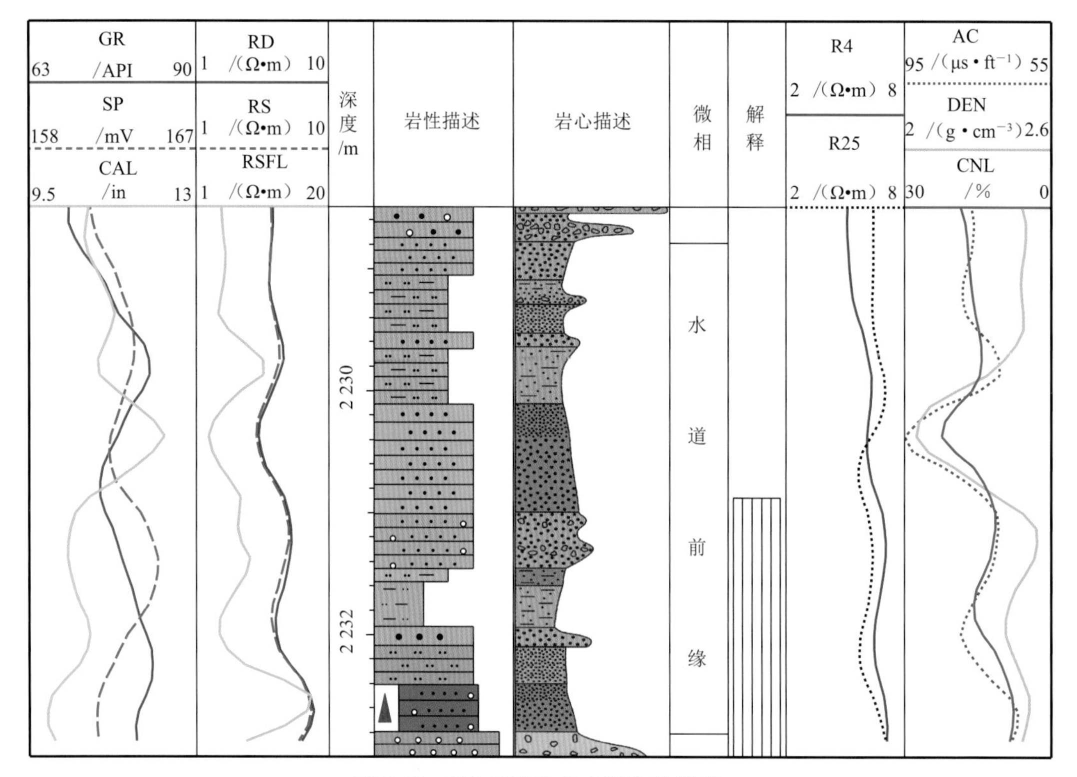

图 2-30　YAA1X63 井水道前缘微相

3）扇三角洲平原

扇三角洲平原是扇三角洲的陆上部分，其沉积特征与冲积扇沉积相似。岩性变化复杂，主要为大套厚层砾岩、含砾砂岩，地震反射显示为杂乱反射。根据沉积特征的差异，扇三角洲平原可进一步划分为主水道和水道间两个微相。

（1）主水道微相。

主水道微相（图 2-31）是冲积扇水道的延续，主要为泥石流、碎屑流和牵引流的混杂沉积，沉积物粒度总体上较粗，分选磨圆差，沉积厚度较大，主要为颗粒支撑的中粗砾岩、杂基支撑中粗砾岩、含砾砂岩，砾石直径通常为 5～8 cm。

（2）水道间微相。

水道间微相（图 2-32）位于主水道侧缘，主要为泥石流和碎屑流的沉积，夹杂泥岩、泥质砂岩及细粉砂岩沉积，泥质含量相对主水道微相较高，粗粒沉积物主要为细砾岩，分选磨圆较差。

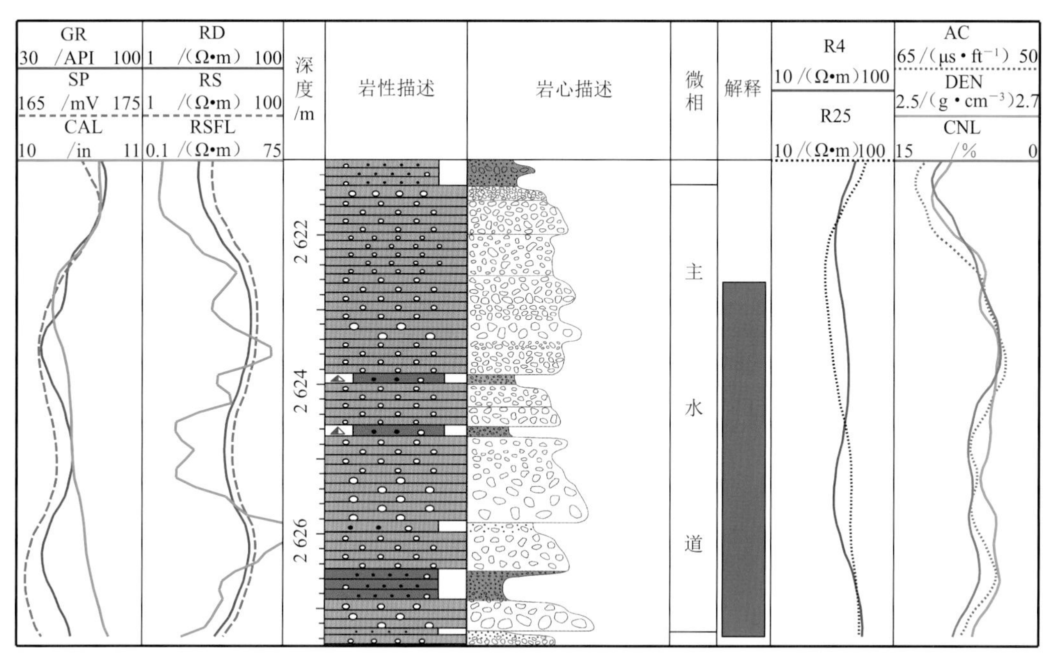

图 2-31　YAA1X63 井主水道微相

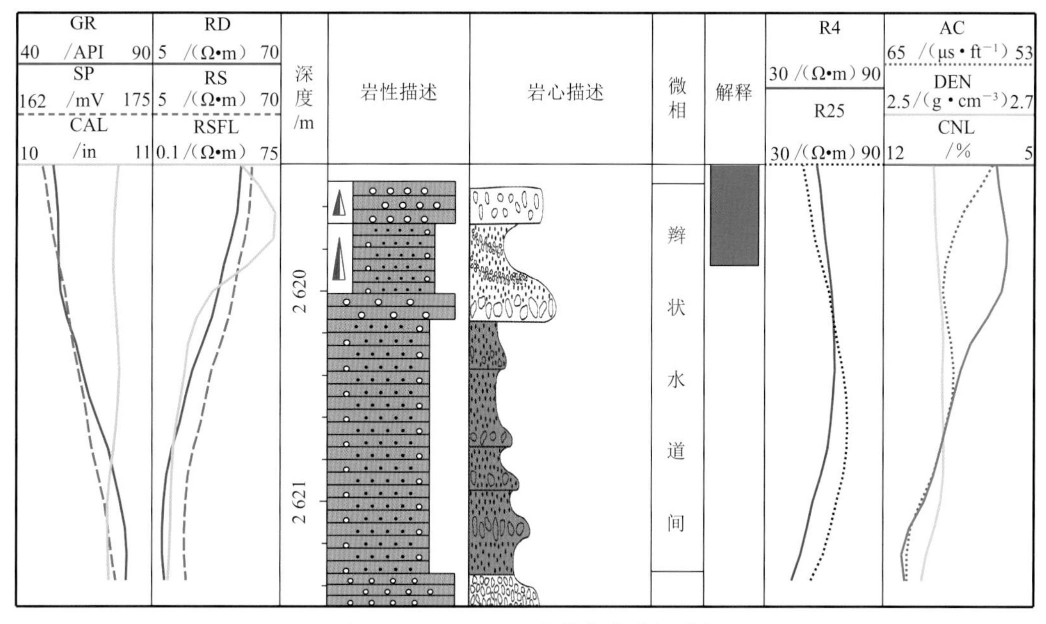

图 2-32　YAA1X63 井辫状水道间微相

2.2.4　单井相分析

在沉积微相研究的基础上，综合运用岩性数据、粒度数据、测井数据，绘制 YAA1-5 井、YAA1-24 井、YAA1X63 井 3 口取心井的单井相图(图 2-33～图 2-37)。下面仅对其中的 YAA1-5 井进行详细的单井相分析。

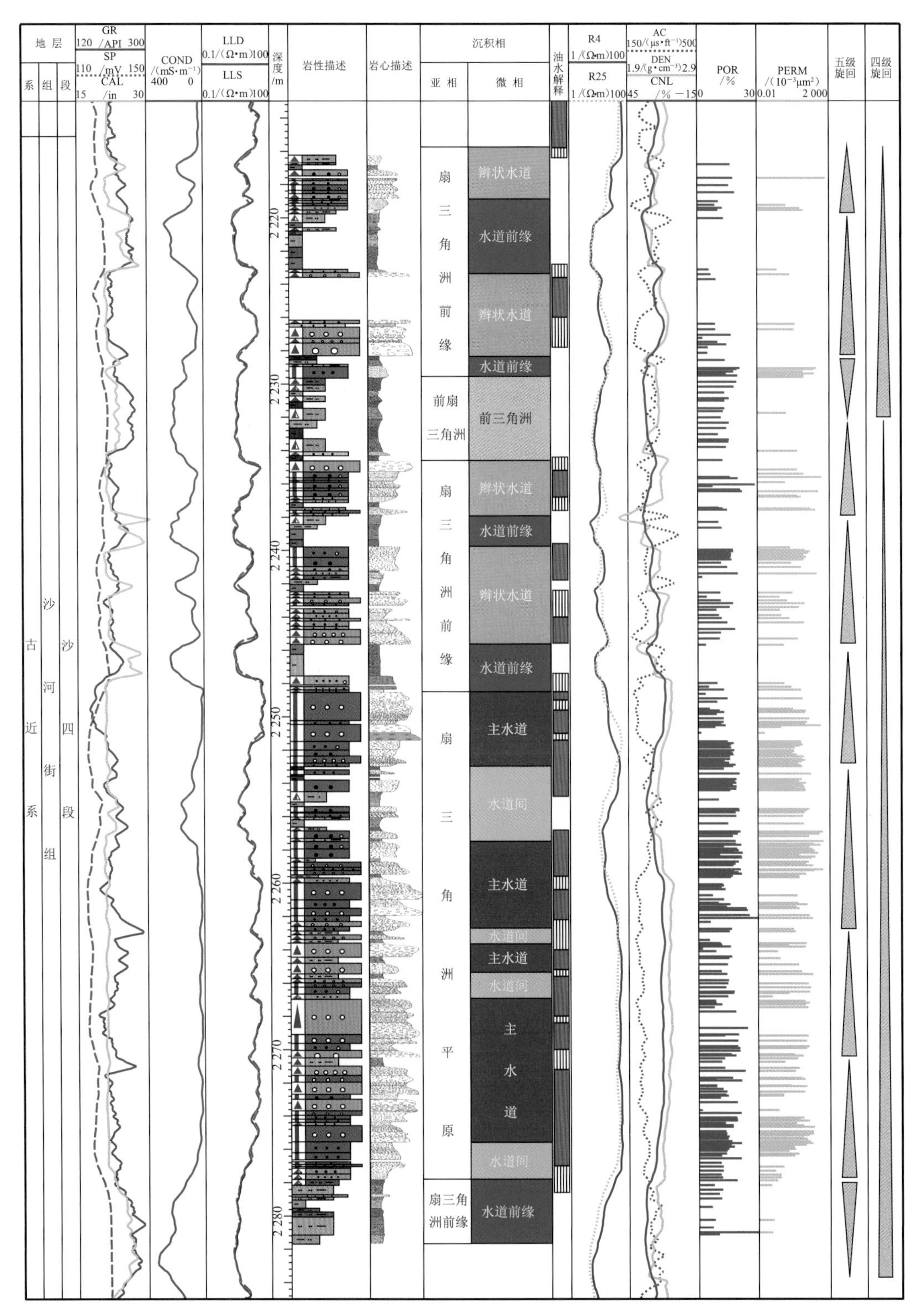

图 2-33 YAA1-5 单井沉积微相综合柱状图

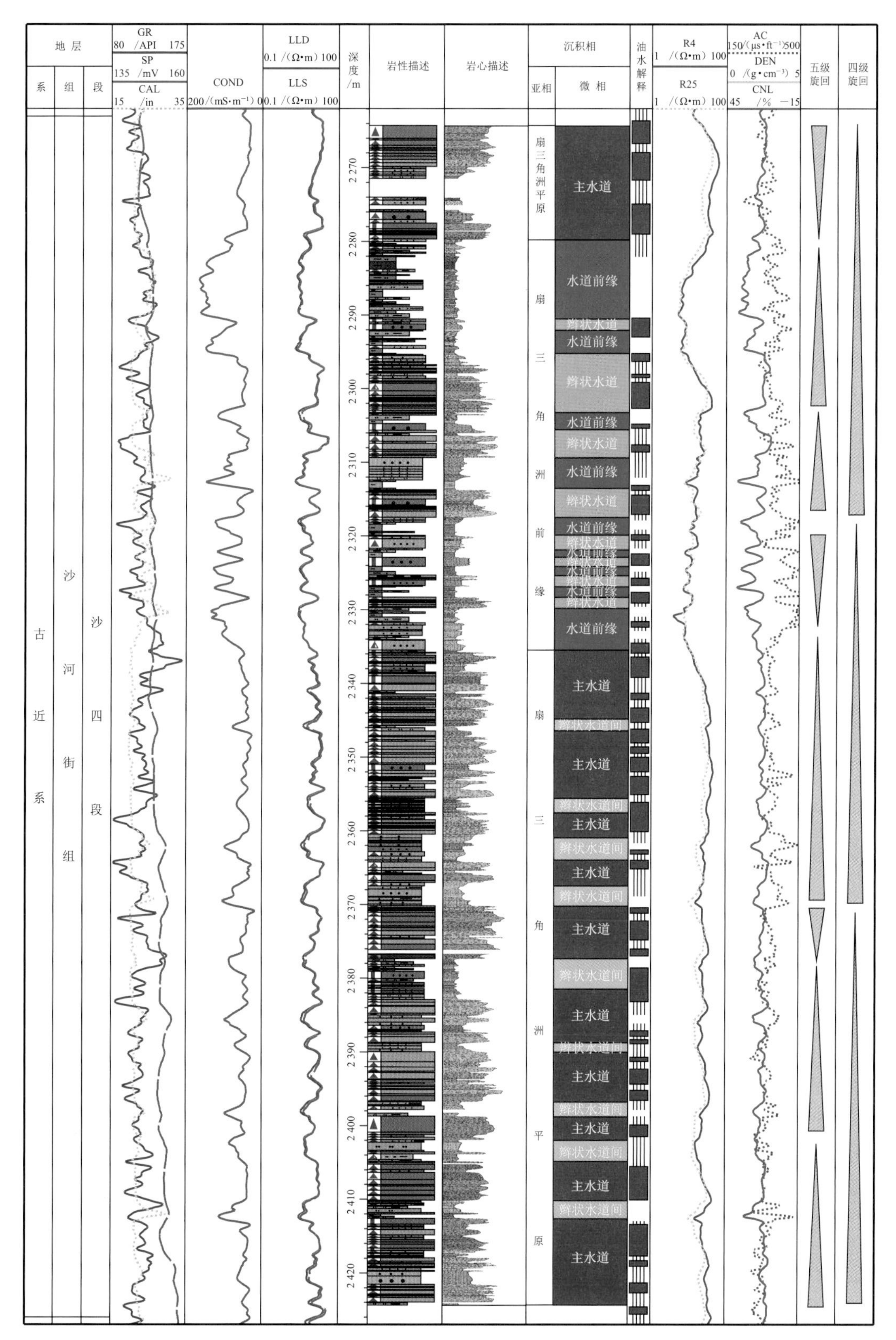

图 2-34　YAA1-24 单井沉积微相综合柱状图

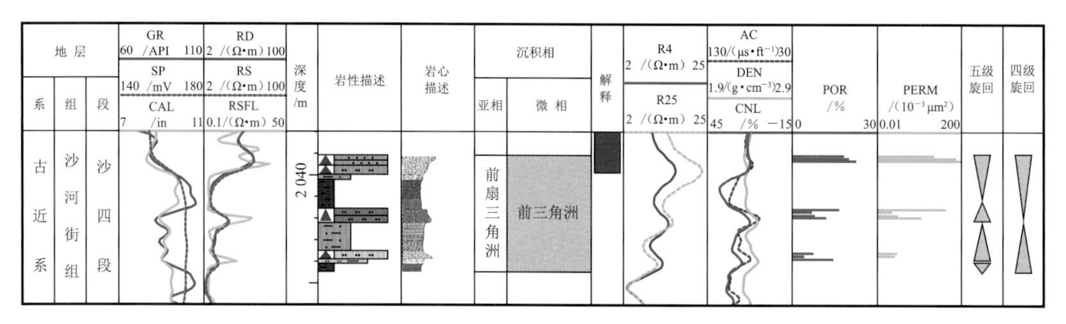

图 2-35　YAA1X63 第一段单井沉积微相综合柱状图

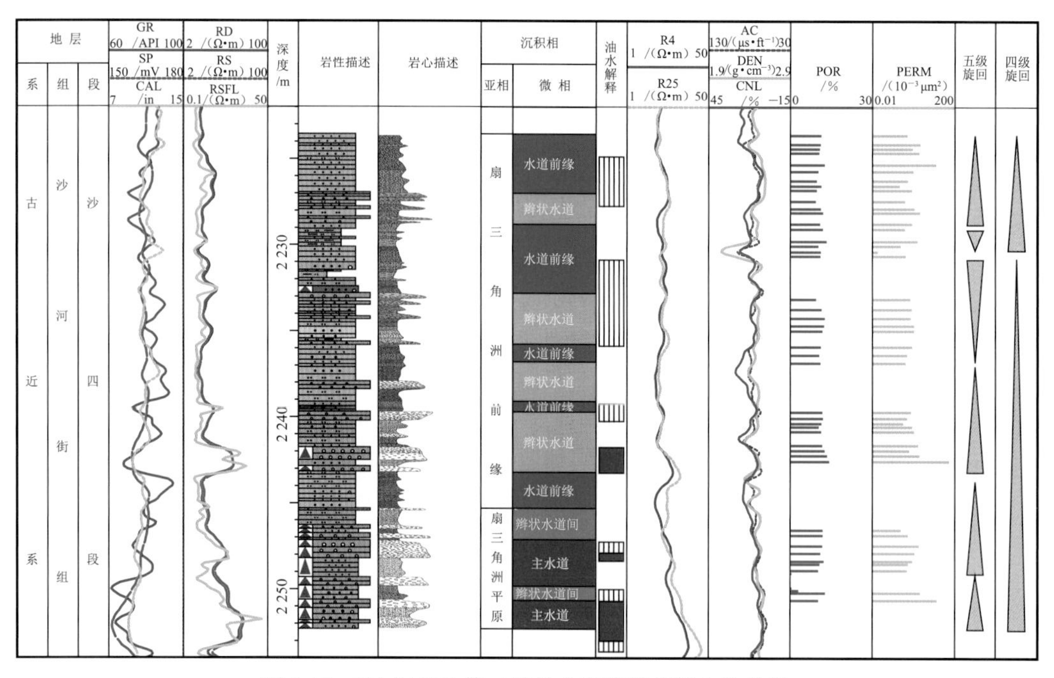

图 2-36　YAA1X63 第二段单井沉积微相综合柱状图

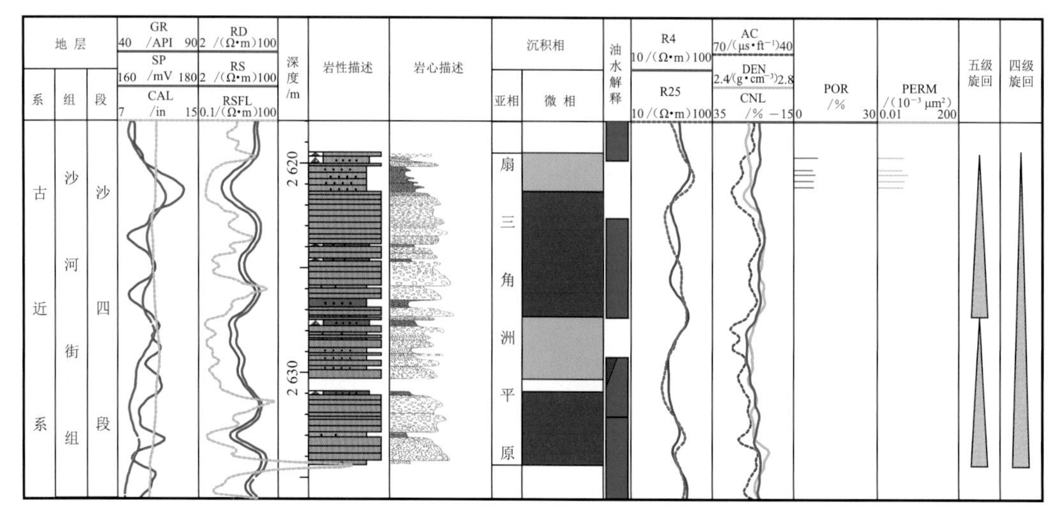

图 2-37　YAA1X63 第三段单井沉积微相综合柱状图

YAA1-5井的取心井段长65.98 m，层位为Es_42_2和Es_42_3小层。其中，2 215.13～2 232.06 m为Es_42_2小层，该小层主要是扇三角洲前缘亚相，发育两期辫状水道，每期水道底部均发育水道前缘微相，岩石类型主要为细砾岩；2 232.06～2 281.11 m为Es_42_3小层，从下往上依次发育扇三角洲前缘、扇三角洲平原、扇三角洲前缘、前扇三角洲。

总的来说，YAA1-5井在该取心段先后经历了水退—水进—水退—水进—水退的反复动荡过程。

2.3　近岸水下扇沉积特征

近岸水下扇一般发育在断陷湖盆中控盆边界断层的下降盘，形成于水退条件下并以粒度递变及垂向正韵律为特征。永920-盐227块沙四段发育近岸水下扇沉积。

2.3.1　岩心相标志

盐227块共有YJN227井和YJN227-1井两口取心井，累积取心长度为81.6 m，平均收获率为98.3%（表2-6）。

表2-6　盐227块取心井情况统计表

井　名	取心次数	总进尺/m	取心长度/m	平均收获率/%	取心井段/m
YJN227	10	65.7	65.7	100	3 306.81～3 315.16 3 737.00～3 763.75 3 835.23～3 865.83
YJN227-1	6	15.9	15.9	96.60	3 280.00～3 287.00 3 331.00～3 331.50 3 334.00～3 337.80 3 599.00～3 601.30 3 650.00～3 652.30

由岩心观察得出，盐227块岩石颜色以灰色、深灰色为主，而泥岩则以黑色为主，代表深水沉积环境。岩石类型以砾岩、砾质砂岩、含砾砂岩为主，夹杂部分泥质砂岩和泥岩（表2-7）。

表2-7　盐227块砂砾岩体取心井岩性统计百分比

岩　性	泥　岩	粉砂岩	细砂岩	含砾砂岩	砾质砂岩	细砾岩	中粗砾岩
样品数	53	4	7	99	77	105	120
百分比	11%	1%	2%	21%	16%	23%	26%

盐227块岩心粒度粗，砂地比高，成分成熟度和结构成熟度低，属于近源快速沉积（图2-38，表2-8）。

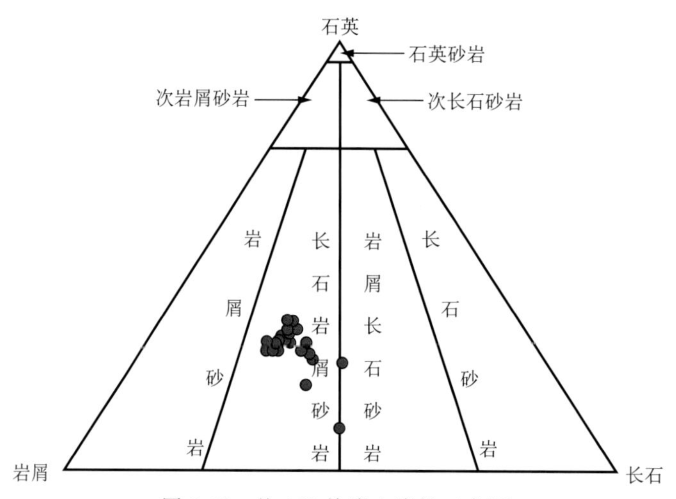

图 2-38　盐 227 块岩心岩性三角图

表 2-8　盐 227 块取心井岩心铸体薄片统计

井　号	样品数	分选性	磨圆度	接触关系	胶结类型
YJN227	28	差	次　棱	点/点线	孔　隙
YJN227-1	6	中—差	次　棱	线	孔　隙
合　计	34	差	次　棱	点/点线	孔　隙

结合以上结果，认为盐 227 块沉积相属于近岸水下扇沉积。

2.3.2　沉积微相类型及特征

盐 227 地区的近岸水下扇沉积主要具有重力流机制。根据沉积特征的不同又可以分为内扇、中扇和外扇 3 个亚相。

1）内扇

内扇离物源最近，岩性较粗，主要为大套厚层粗砾岩、中细砾岩，地震反射显示为杂乱反射。根据沉积特征的差异，内扇可进一步划分为主水道和水道间两个微相。

（1）主水道微相。

内扇主水道（图 2-39）为水体流出山口之后迅速沉积的产物，主要为泥石流、碎屑流和牵引流的混杂沉积，沉积物粒度总体上较粗，分选磨圆差，沉积厚度较大，主要为颗粒支撑的中粗砾岩、杂基支撑的中粗砾岩、砾质砂岩，砾石直径通常为 5～8 cm。

（2）水道间微相。

水道间微相（图 2-39）位于主水道侧缘，主要为泥石流和碎屑流沉积，夹杂少量泥岩、泥质砂岩及细粉砂岩沉积，泥质含量相对主水道微相较高，粗粒沉积物主要为细砾岩，分选磨圆较差。

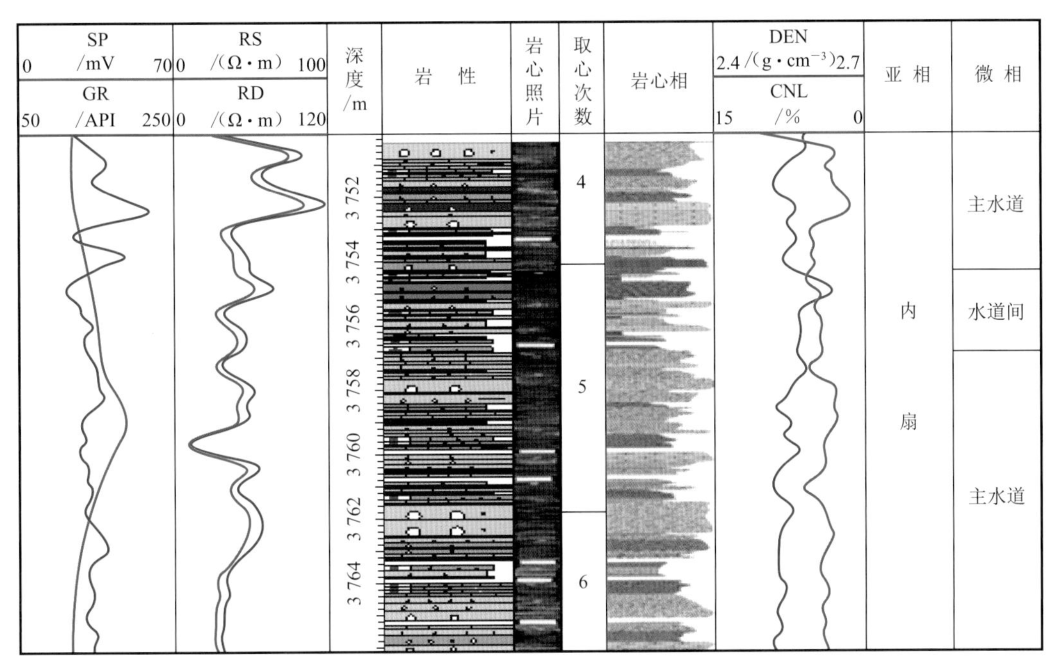

图 2-39　盐 227 块 YJN227 井内扇亚相柱状图

2）中扇

（1）辫状水道微相。

中扇辫状水道微相(图 2-40)以碎屑支撑中细砾岩、含砾砂岩和块状砂岩为主,底部具有冲刷面,顶部为相变转换面,垂向具有正/反韵律,砾石直径通常小于 5 cm。

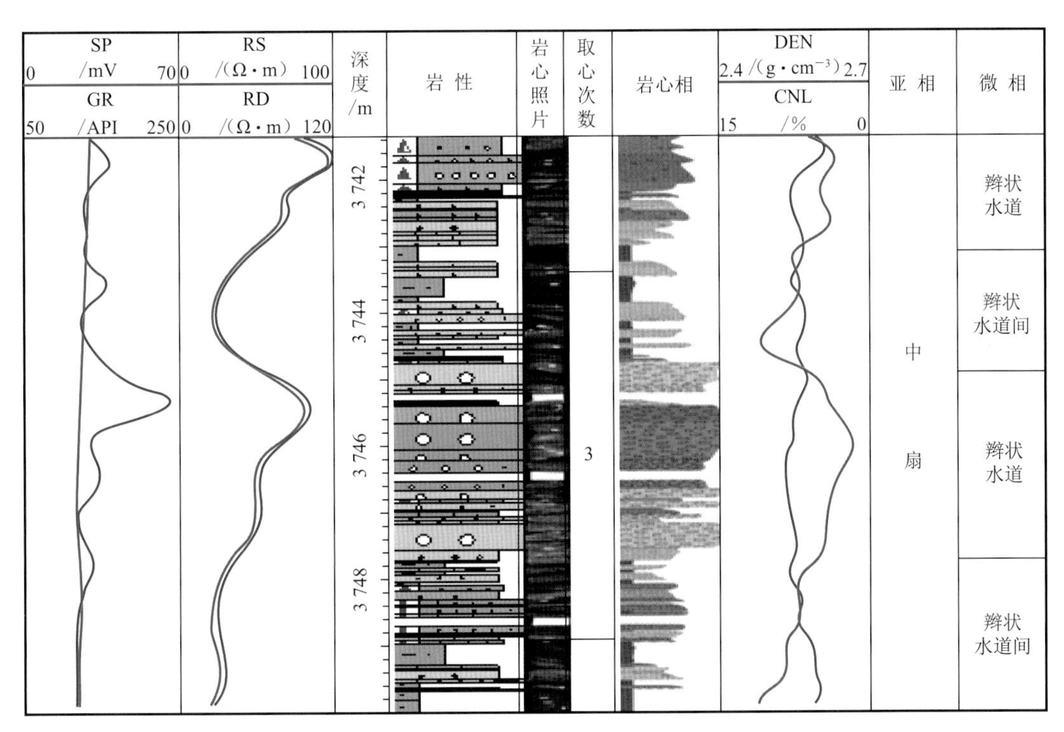

图 2-40　盐 227 块 YJN227 井中扇亚相柱状图

(2) 辫状水道间微相。

辫状水道间微相(图 2-40)位于辫状水道侧缘及前端,岩性以粉砂—中砂、含砾砂岩为主,垂向上呈反韵律,规模小,相对不发育,可见平行层理、交错层理等。

3) 外扇

外扇(图 2-41)沉积以灰黑色、黑色湖相泥岩为主,含少量粉砂质泥岩。

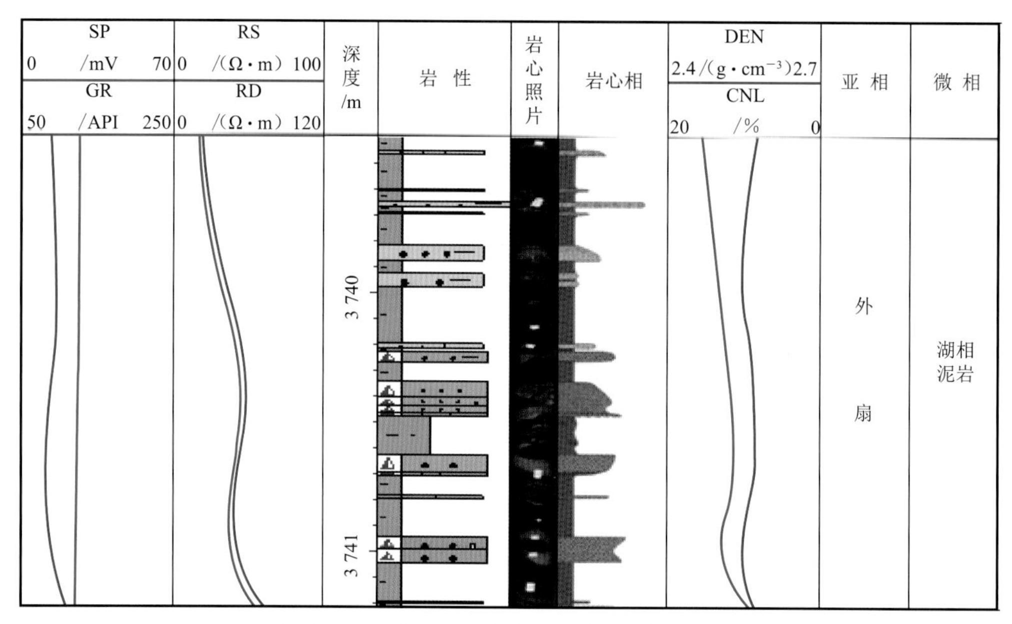

图 2-41 盐 227 块 YJN227 井外扇亚相柱状图

2.4 砂砾岩体内幕等时地层格架

地层对比是进行构造、储层、沉积相及有利砂体研究的基础,地层对比的精度及可靠性直接影响到后面的工作,对油田的综合地质研究及综合调整方案的编制起到至关重要的作用。为此,综合应用岩心、测井、地震、开发动态资料,对永 1 块目的层段进行地层划分和对比,建立等时地层格架,并通过井-震结合建立区内构造格架,为有利砂体预测奠定坚实的基础。综合运用永 1 块地震、测井、开发动态等资料进行精细地层划分和对比,建立精细的等时地层格架,为地下地质研究奠定必要的基础。下面以永北地区永 1 块为例,详细描述地层格架划分的方法及结果。

2.4.1 地层划分和对比的基本原则

为了建立更为准确的符合地质思维的地层模型,应充分应用地震资料、测井资料和生产动态资料进行综合分析,根据"旋回对比、分级控制、相控约束、三维闭合"的原则,由大到小逐级深入地对研究层段进行精细的地层对比复查,建立较为合理的小层级别的精细地层格架。

旋回对比是在长期基准面的控制下，结合岩心和测井资料，进行短期旋回（小层）的对比，并在岩心标定测井的基础上进行单层划分对比。分级控制是分不同的级次建立地层格架，从而逐级对地层进行划分。相控约束是通过对沉积相的识别对不同的相带采取不同的对比方法。三维闭合是对比结束后在三维空间内将全区对比骨架剖面进行闭合。

以取心井沉积旋回划分为基础，建立沉积旋回界面的测井响应特征，以此为参照对非取心井的沉积旋回进行划分对比。部分井短期沉积旋回界面特征比较明显，具有底部冲刷的特征；部分井无明显短期沉积旋回界面特征，在剖面的沉积旋回对比中，应依照地层的沉积特点和砂体的发育规律进行识别。

2.4.2　地层划分和对比的方法

1）桥式对比方法

首先以 YAA1-24 井、YAA1-5 井、YAA1X63 井 3 口取心井为典型井，在永 1 全区建立 13 条骨架对比剖面，其中顺物源方向的剖面有 8 条，垂直物源方向的剖面有 5 条，剖面涉及全区 51 口井（图 2-42）。先对顺物源方向的纵剖面进行细分时间单元的对比，再从垂直物源方向的横剖面对细分的时间单元进行组合，局部对分层界线进行细调，最后达到骨架剖面完全闭合。

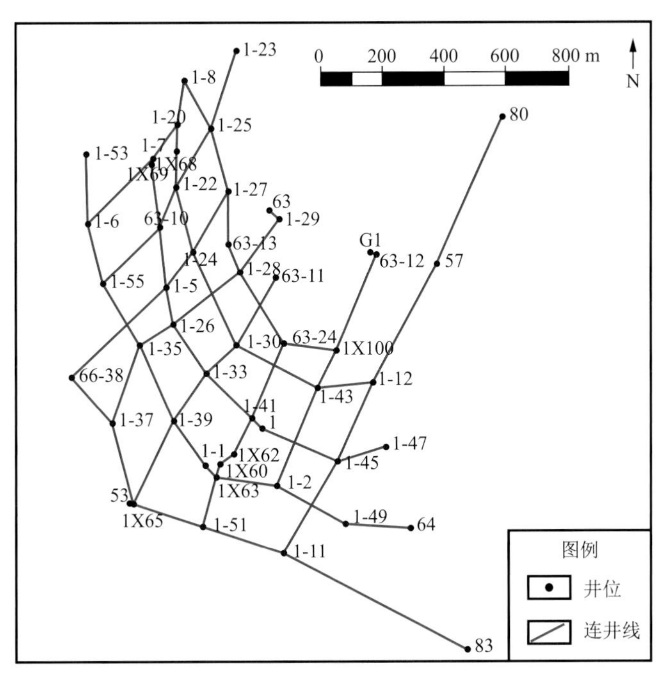

图 2-42　永北地区永 1 块地层对比骨干剖面

（图中井号前缀 YAA 省略）

2）旋回控制对比方法

沉积旋回对比分析的关键在于沉积旋回的组合及砂体的叠合样式。不论是从单井岩心相分析沉积旋回，还是从测井相分析沉积旋回，最主要的是分析沉积界面升降变化和组合模式，从而研究沉积砂体的叠加方式。因此，纵向上必须保证沉积旋回的完整性，以使砂体平面描述更加接近实际。

3）标志层对比方法

所谓标志层，是指分布范围广、岩性特殊、厚度稳定、具有典型测井曲线特征的地层，在一定范围内具有等时性。通过对取心井岩心特征进行详细的描述，结合渤南油田沉积背景，总结出地层发育模式，建立区域标志层对应的测井响应模式，进而设计出本次地层对比的思路。

4）三角网对比

在骨干剖面闭合后，对剖面间的其他井以骨干剖面上的井为准建立三角网进行对比。对比过程中，对斜井先进行垂深校正，再连井对比，直至区内的所有井均完成细分对比。

2.4.3 等时地层格架的建立

永北地区永1块沙四段自上而下划分为 $Es_4$1，$Es_4$2，$Es_4$3，$Es_4$4，$Es_4$5，$Es_4$6，$Es_4$7，$Es_4$8共8个砂组，31个小层（表2-9）。在继承前人的砂组划分方案基础上，综合四级旋回对比模式，在确定好砂组界限之后，按照砂体对比模式对小层进行进一步的细分对比，最终在三维空间内对全区分层进行闭合，建立永1块精细等时地层格架，为构型表征奠定基础。

表2-9 永北地区永1块小层划分表

组	段	砂组	小层个数	小层名称
沙河街组	沙四段	$Es_4$1	3	$Es_4 1_1$，$Es_4 1_2$，$Es_4 1_3$
		$Es_4$2	4	$Es_4 2_1$，$Es_4 2_2$，$Es_4 2_3$，$Es_4 2_4$
		$Es_4$3	4	$Es_4 3_1$，$Es_4 3_2$，$Es_4 3_3$，$Es_4 3_4$
		$Es_4$4	4	$Es_4 4_1$，$Es_4 4_2$，$Es_4 4_3$，$Es_4 4_4$
		$Es_4$5	4	$Es_4 5_1$，$Es_4 5_2$，$Es_4 5_3$，$Es_4 5_4$
		$Es_4$6	4	$Es_4 6_1$，$Es_4 6_2$，$Es_4 6_3$，$Es_4 6_4$
		$Es_4$7	4	$Es_4 7_1$，$Es_4 7_2$，$Es_4 7_3$，$Es_4 7_4$
		$Es_4$8	4	$Es_4 8_1$，$Es_4 8_2$，$Es_4 8_3$，$Es_4 8_4$

在实际地层对比的过程中，应综合运用各种对比模式，切忌片面地使用某一种模式，例如，采用标准层附近等高程对比模式时应充分考虑到沉积相变化的影响因素，采用河道砂体叠置对比模式时应考虑到高程差及相变的影响。只有灵活、有效地运用这几种对比模式，才能够将地层划分和对比工作做到精细、合理，进而更有效地解决实际油田精细开发中遇到的问题。

采用分级控制、旋回对比、由大到小、由粗到细、模式指导、三维闭合的原则，完成了永1块小层的对比工作，建立了13条过井剖面，其中，8条顺物源方向剖面，5条垂直物源方向剖面（图2-43、图2-44）；完成了主要研究层位沙四段8个砂组共计51口井的小分层，最终将沙四段8个砂组进一步细分为31个小层。

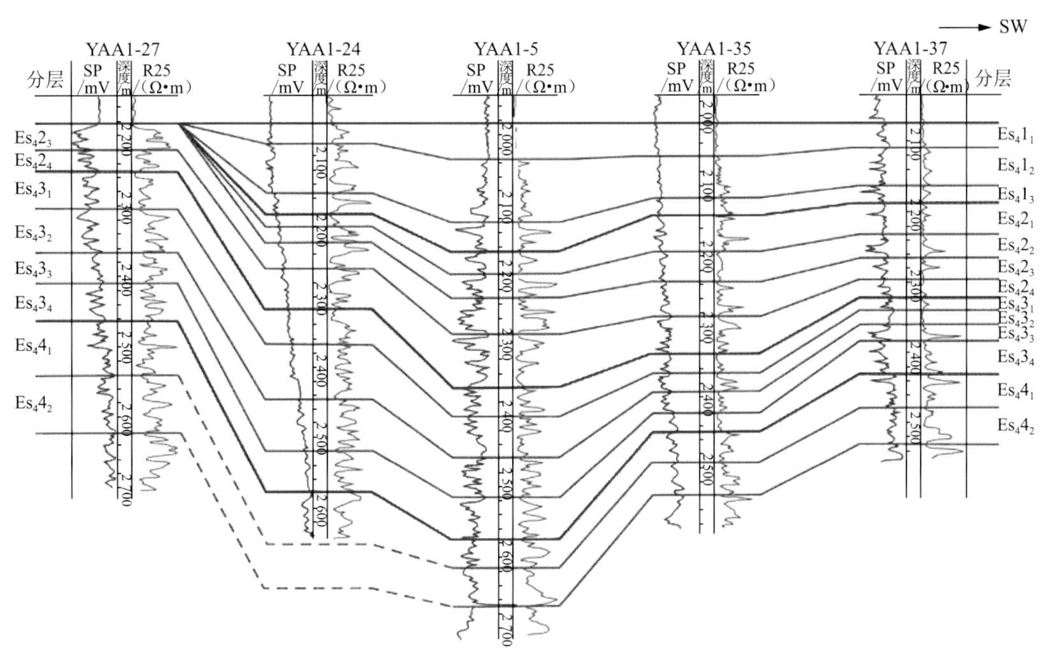

图 2-43　顺物源方向地层对比剖面

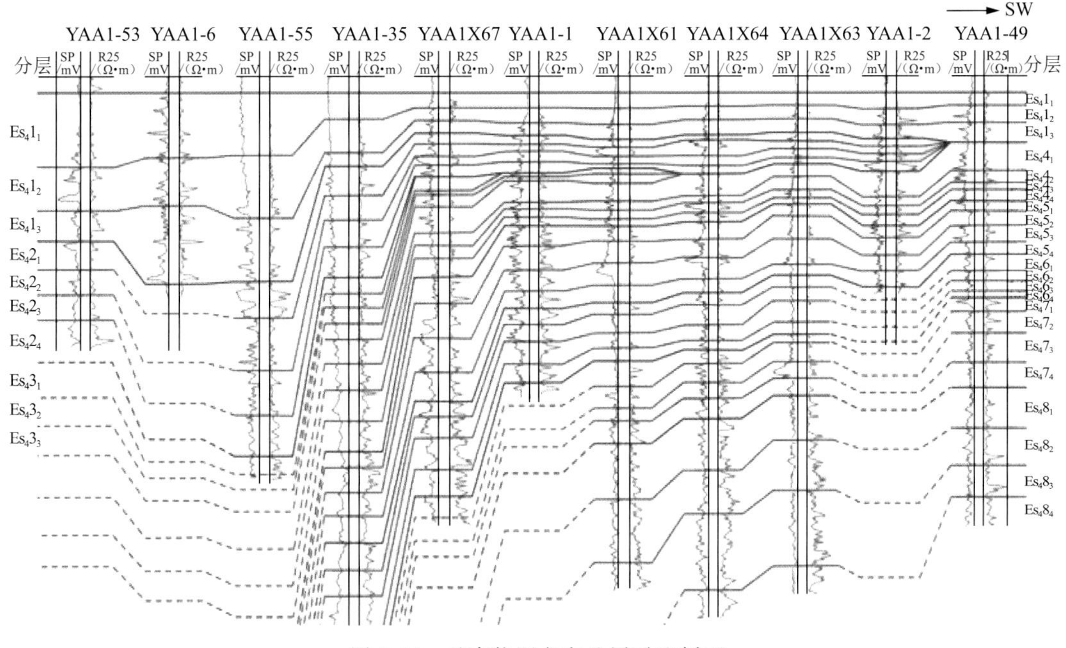

图 2-44　垂直物源方向地层对比剖面

2.5　砂砾岩体空间展布

明晰砂砾岩体的空间展布，有利于摸清有利储层的分布规律，为进一步的勘探开发奠定基础。在综合运用地震资料及测井资料的基础上，结合各类地质图件，详细描述永 1 块砂砾岩体的空间展布规律。

2.5.1 砂砾岩体平面相展布特征

在砂组地层厚度研究、均方根振幅(RMS)属性分析的基础上，对永1块各小层的平面相展布特征进行总结。

1) $Es_4 1$ 砂组

$Es_4 1$ 砂组水动力略微增强，物源供给相对稳定，扇体进一步向西迁移，扇体中西部地层厚度较人，砂砾岩体整体厚度不大，仅在西北部小氾围内厚度较大，平均厚度仅为42.3 m，扇体北东部均方根振幅值较高，可能为水道前端的沉积。从平面上看，砂砾岩体较发育，呈连片分布，水道多期叠置，连续性较好。该时期以扇三角洲前缘亚相和前扇三角洲亚相为主，扇三角洲平原主水道延伸范围较小，水道主体自北东方向分别呈两支进入，延伸距离较短，该时期能量减弱较快，随着扇体的不断推进，泥质含量增大(图 2-45)。

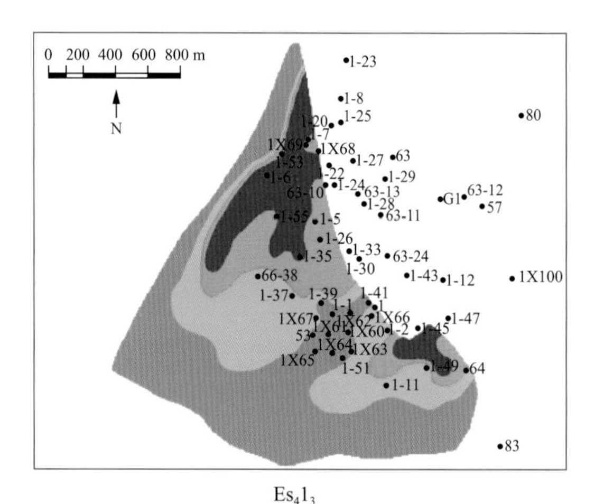

$Es_4 1_3$

$Es_4 1_2$

$Es_4 1_1$

主水道　辫状水道　水道前缘　前三角洲

图 2-45　$Es_4 1$ 砂组各小层沉积微相平面图

2）$Es_4 2$ 砂组

这一时期物源供给明显减弱，水动力略微增强，扇体向西迁移，地层厚度在扇体中部最厚，明显的水道沉积处的均方根振幅值较大，砂砾岩体在扇体北东部厚度较大，平均厚度为 48.1 m。从平面上看，砂砾岩体呈连片分布，多期水道叠置，连续性好。该时期主要发育扇三角洲平原和扇三角洲前缘微相，平原主水道呈指状进入并向西南方向延伸，延伸距离较远，但复合水道宽度相对较窄，主水道前端依次发育扇三角洲前缘辫状水道和水道前缘沉积，延伸范围相对较小（图 2-46）。

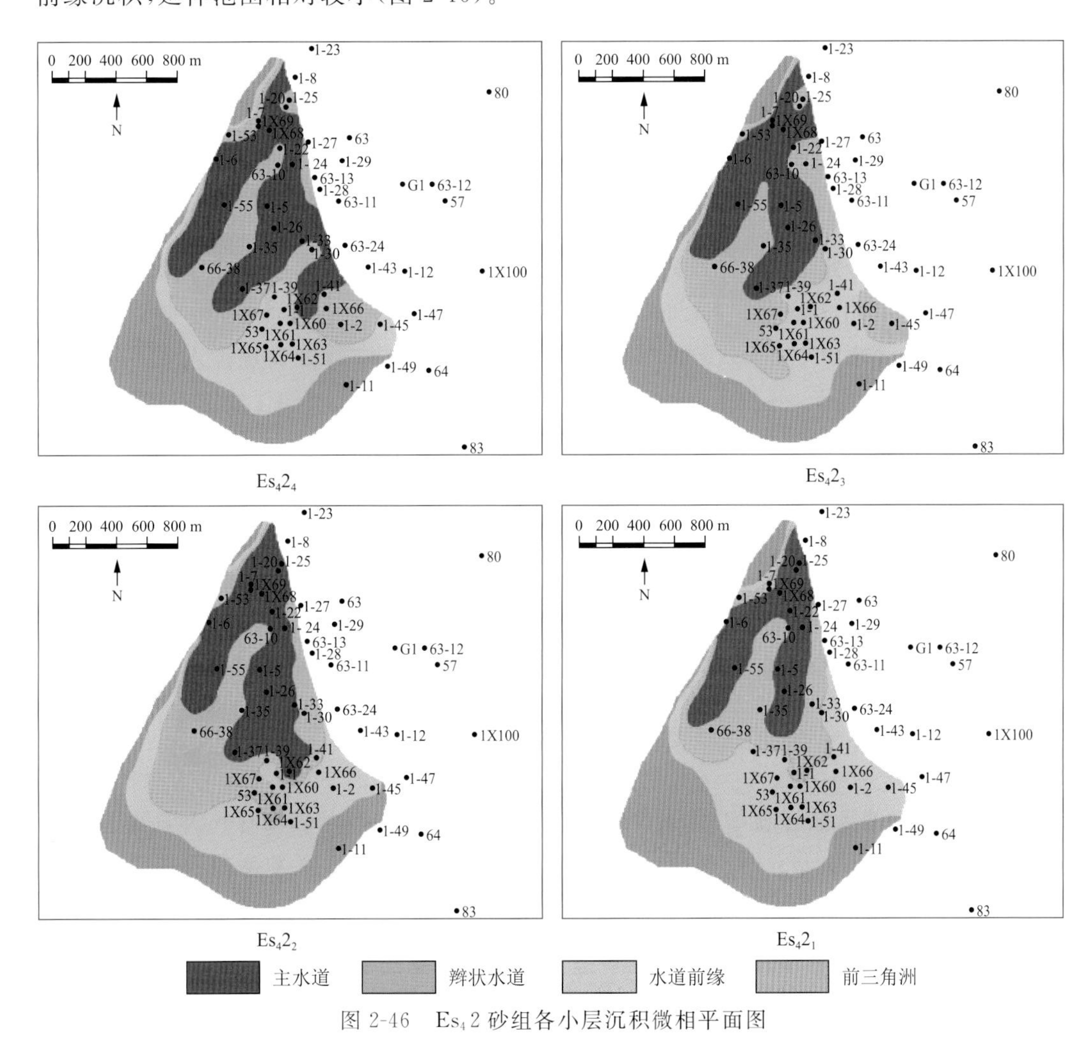

图 2-46　$Es_4 2$ 砂组各小层沉积微相平面图

3）$Es_4 3$ 砂组

这一时期水动力明显减弱，扇体向西迁移，物源供给相对稳定，地层中部较厚，向四周逐渐减薄，扇体中西部均方根振幅值较大，砂砾岩体在北东部厚度较大，平均厚度达 60.1 m。从平面上看，扇体延伸范围较小，水道砂体十分发育，多期水道叠置，总体上呈连片分布，可见水道的合并、分叉。该时期以扇三角洲平原主水道微相沉积为主，主水道主体自北东方向进入，经历多次叠加、分叉，总体向南西方向推进，能量削减较快，主水道推进距离较短(图 2-47)。

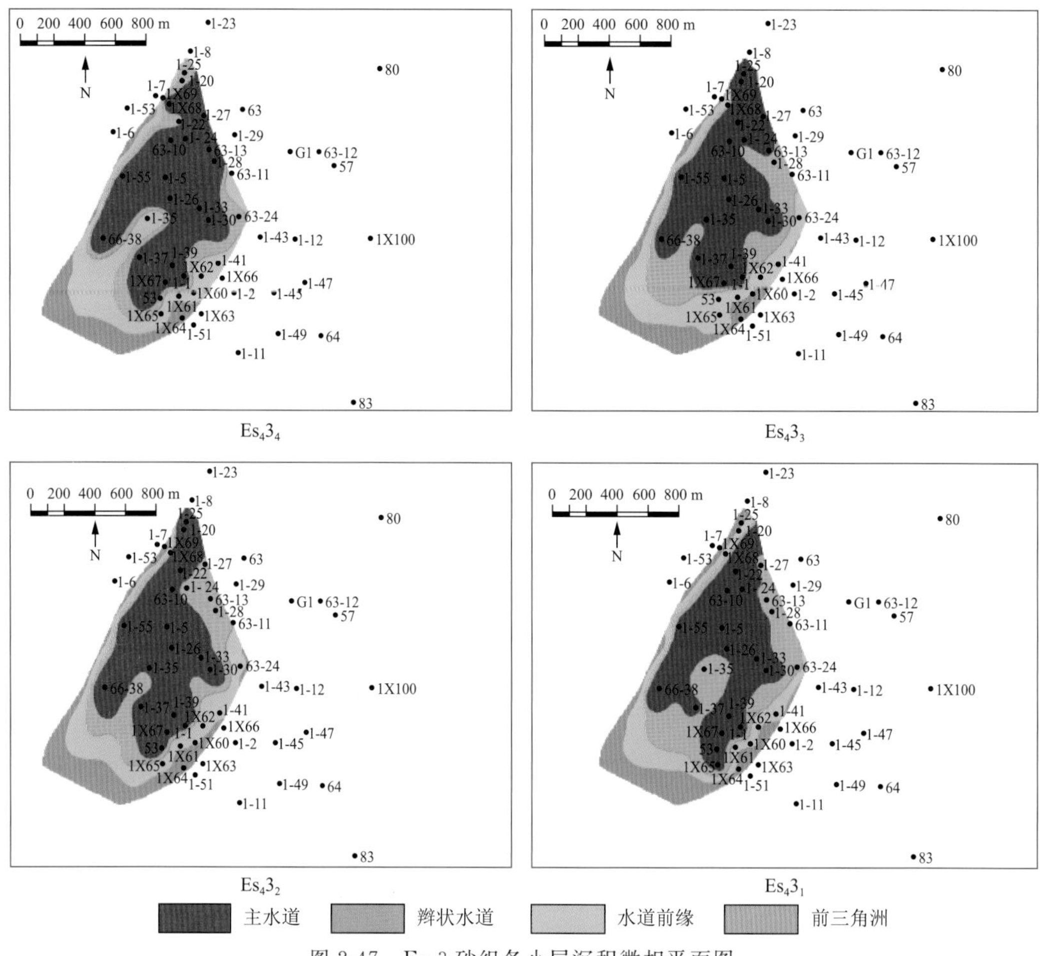

图 2-47　$Es_4$3 砂组各小层沉积微相平面图

4) $Es_4$4 砂组

这一时期水动力略微增强,物源供给稳定,扇体继续向西迁移,扇体中部地层厚度较大,中西部均方根振幅值较大,砂砾岩体在西北部厚度最大,平均厚度达 56.8 m。从平面上看,水道主要发育在北东部,向南西方向延伸,延伸范围较小,砂砾岩体连片分布,连续性较好。该时期扇三角洲平原主水道微相和扇三角洲前缘水道前缘微相发育范围较广,主水道主体自北东向进入,向西南、南、东南 3 个方向分叉延伸,随后能量迅速减弱,辫状水道微相仅短距离延伸,沉积大面积水道前缘薄层细粒沉积(图 2-48)。

5) $Es_4$5 砂组

这一时期物源供给略微增加,水动力减弱,扇体向西迁移,扇体延伸范围变小,扇体中部地层厚度较大,仅在砂砾岩体西部均方根振幅值较大,砂砾岩体在中部厚度较大,平均厚度达到 60.1 m,水道分叉较少且延伸距离较近,随着扇体推进,能量迅速减弱。从平面上看,该期扇体面积小,呈连片分布。该时期主要发育扇三角洲平原亚相和扇三角洲前缘亚相,其中,扇三角洲前缘亚相分布范围较大。扇三角洲平原主水道主体自北东向进入,能量减弱较快，延伸范围较小，扇三角洲前缘水道前缘分布范围较大(图 2-49)。

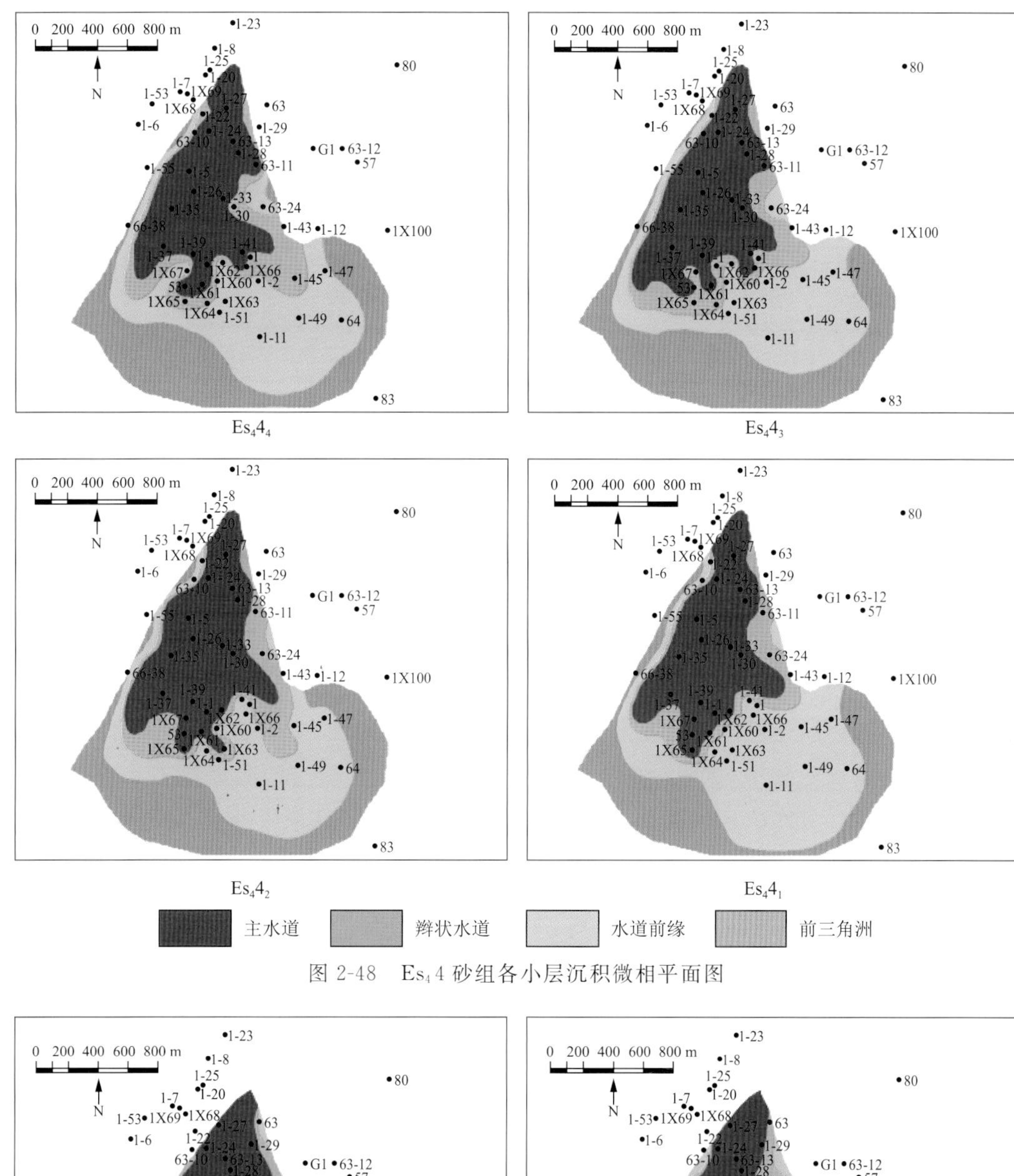

图 2-48　$Es_4$4 砂组各小层沉积微相平面图

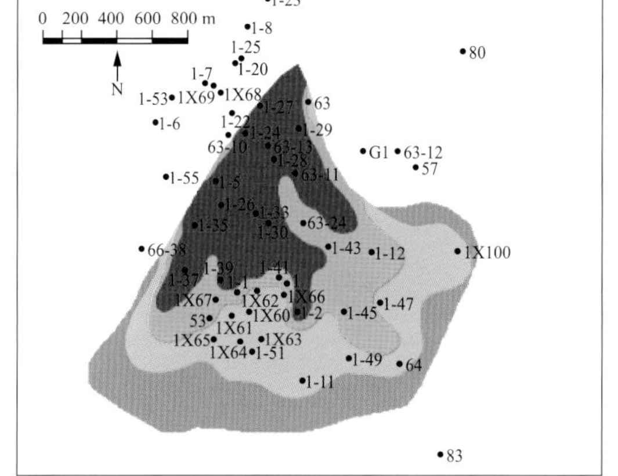

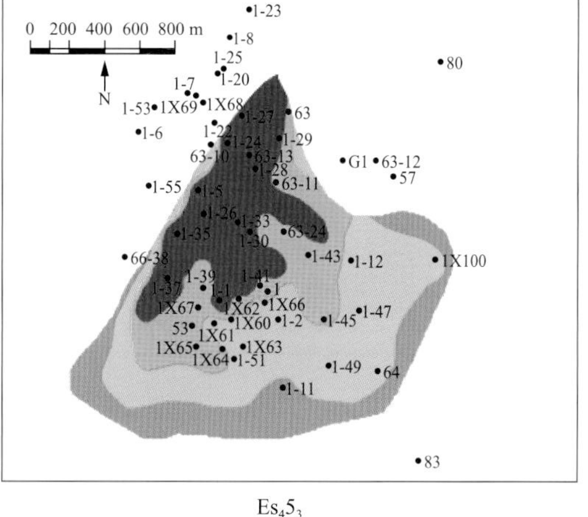

图 2-49　$Es_4$5 砂组各小层沉积微相平面图

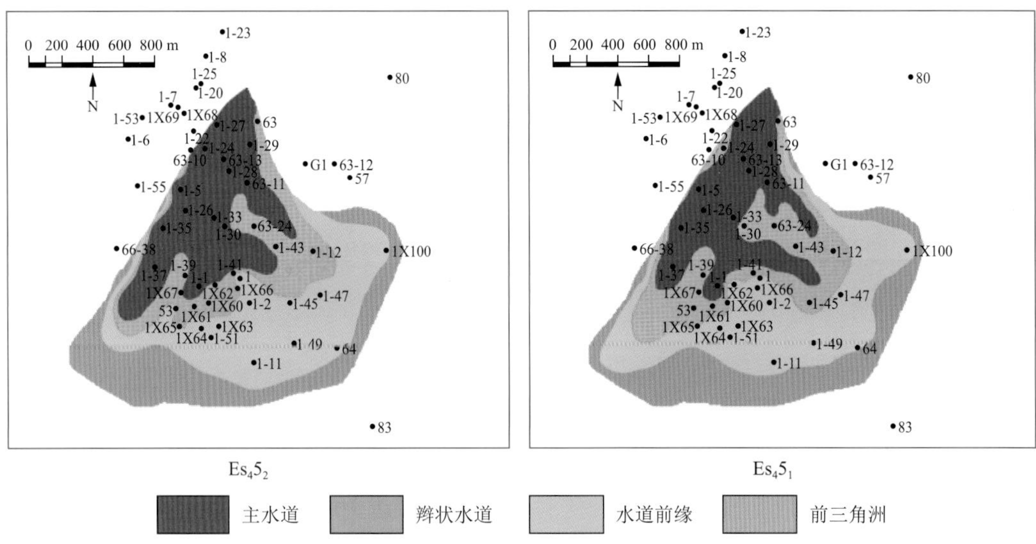

图 2-49(续)　$Es_4 5$ 砂组各小层沉积微相平面图

6）$Es_4 6$ 砂组

这一时期物源供给进一步减少，扇体继续向西迁移，地层厚度在永 1 块东部和中部各有 1 个厚度中心，中西部和东部均方根振幅值较大，该时期水动力比 $Es_4 7$ 砂组时期略微减弱，扇三角洲辫状水道发育，水道相互叠置。从平面上看，砂砾岩体呈连片分布，厚度中心向北西向偏移，扇体延伸范围较大，但砂砾岩体分布范围较小，中部和东部砂砾岩体厚度较大，平均厚度达到 45.0 m。该时期主要发育扇三角洲平原亚相，平原主水道主体呈两支进入：一支由北东方向向南西方向推进，水动力较强，多次发生分叉、合并；另一支由北向近南方向推进。扇三角洲前缘辫状水道和水道前缘微相依次位于主水道前端，延伸范围较小（图 2-50）。

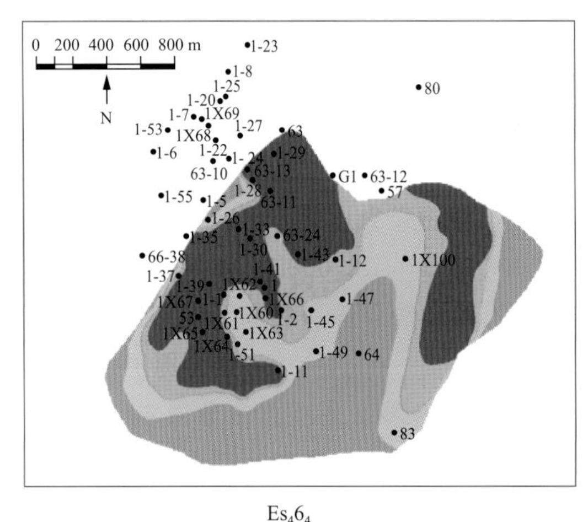

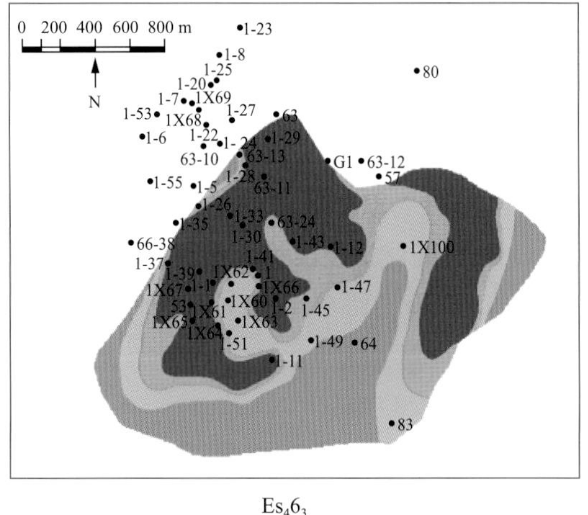

图 2-50　$Es_4 6$ 砂组各小层沉积微相平面图

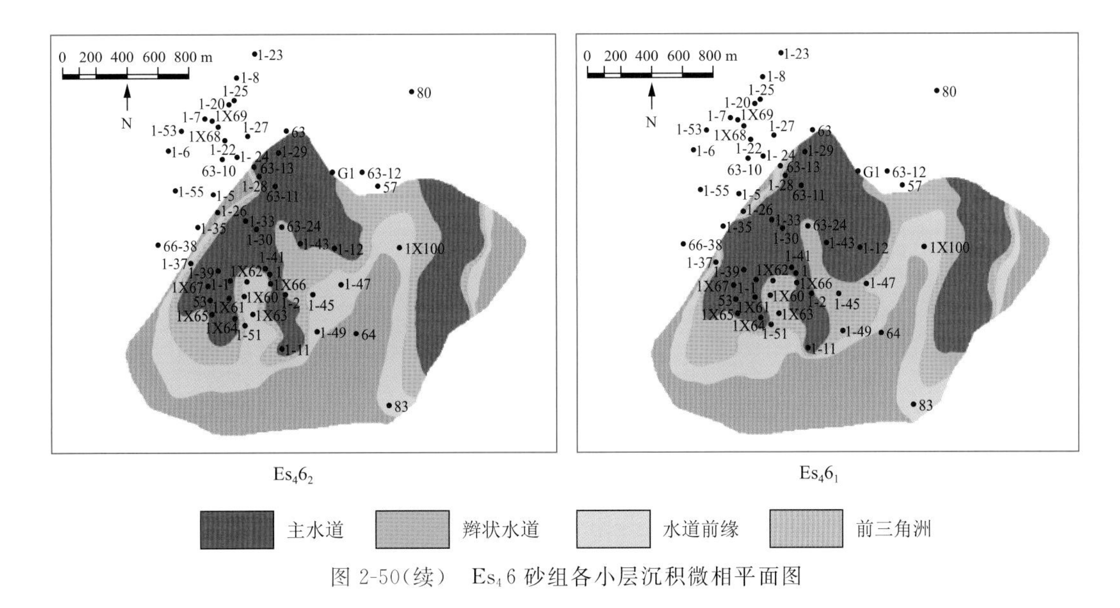

图 2-50(续)　$Es_4 6$ 砂组各小层沉积微相平面图

7）$Es_4 7$ 砂组

这一时期物源供给减少，水动力较强，扇体向西迁移，扇体延伸范围较大，向西南和东南两个方向延伸，地层中部和东部较厚，西部较薄，该时期砂砾岩体东部和中西部均方根振幅值较大，砂砾岩体厚度在中部有 1 个厚度中心，砂砾岩体呈连片分布，分布范围较小，平均厚度达到 68.4 m，为辫状水道多期叠加形成。该时期主要发育扇三角洲平原和扇三角洲前缘亚相，扇三角洲前缘亚相的延伸范围相对增大，平原主水道微相分叉后向南西方向推进，随着水动力逐渐减弱，扇三角洲前缘辫状水道继续向西南和东南两个方向推进(图 2-51)。

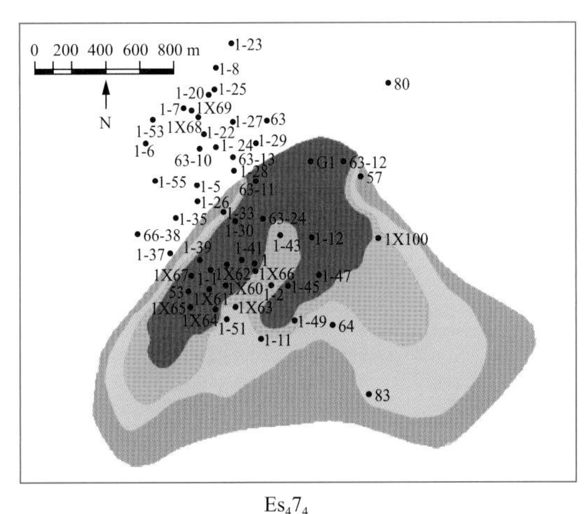

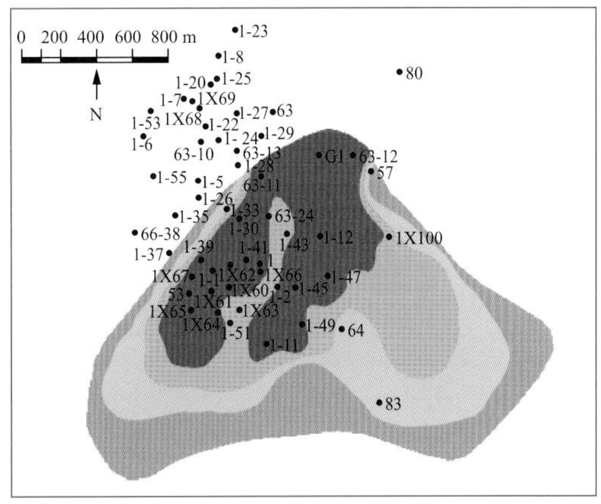

图 2-51　$Es_4 7$ 砂组各小层沉积微相平面图

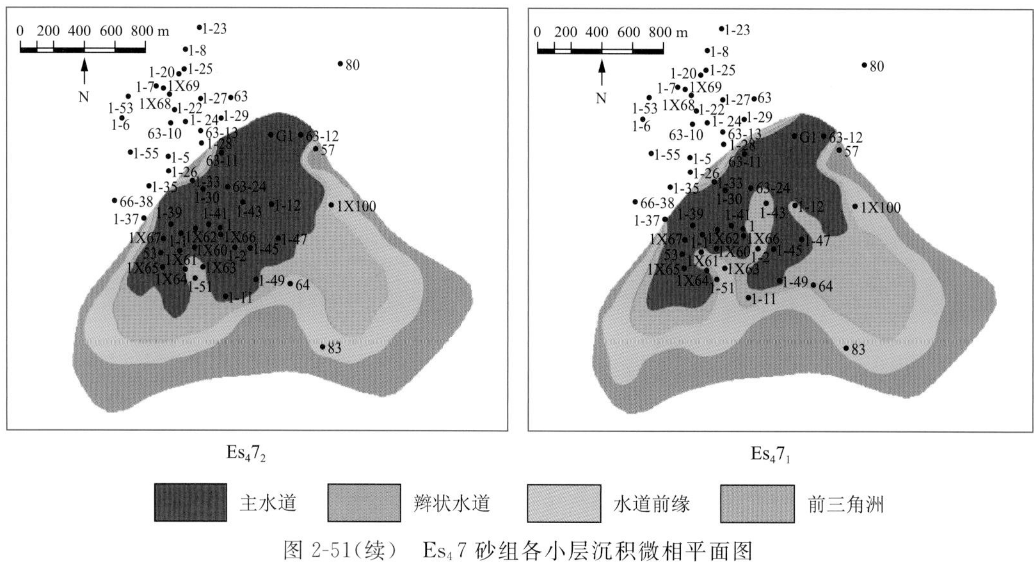

图 2-51(续) $Es_4$7 砂组各小层沉积微相平面图

8）$Es_4$8 砂组

这一时期物源供给充足，水动力略微增强，扇体延伸较远，地层中部较厚，向东部和西部逐渐减薄，该时期沉积的砂砾岩体中部和西南部均方根振幅值较大，砂砾岩体厚度在中部最厚，平均厚度达 124.6 m，为多期水道的叠加体，辫状水道连续性较好。从平面上看，砂砾岩体分布范围较小，呈连片分布。该时期主要发育扇三角洲平原主水道微相，延伸范围较大，其次发育扇三角洲前缘辫状水道和水道前缘微相，位于主水道微相前端，延伸范围较小(图 2-52)。

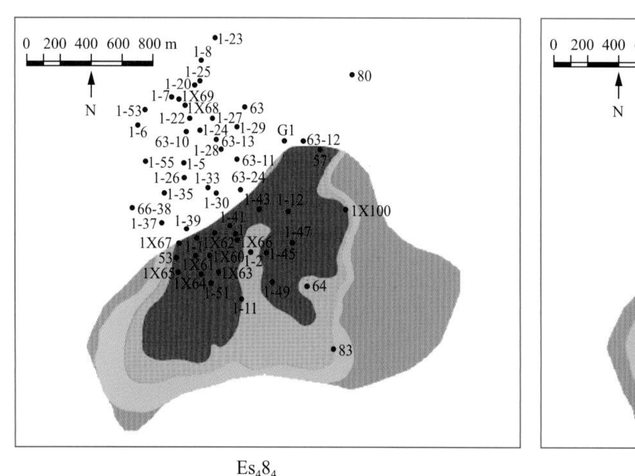

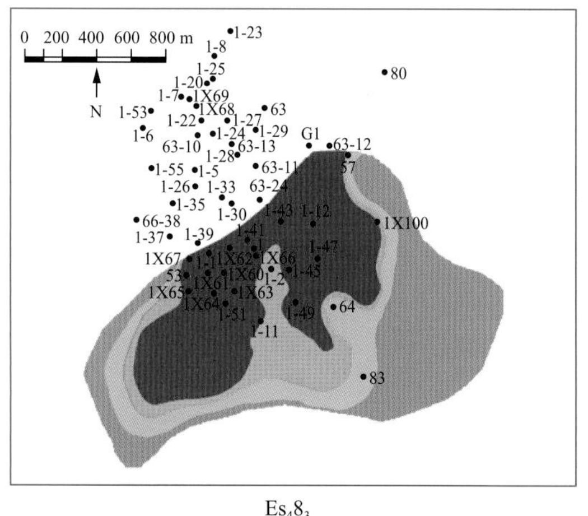

图 2-52 $Es_4$8 砂组各小层沉积微相平面图

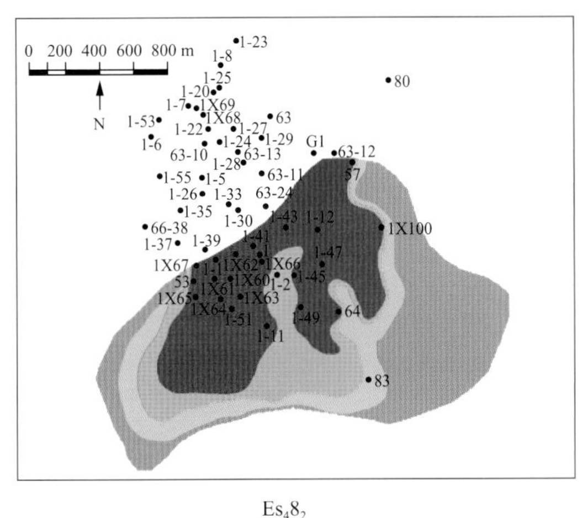

Es_48_2

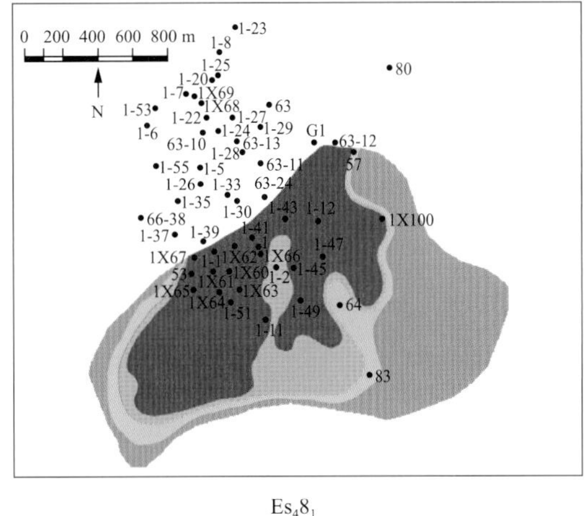

Es_48_1

主水道　辫状水道　水道前缘　前三角洲

图 2-52(续)　$Es_4$8 砂组各小层沉积微相平面图

2.5.2　砂砾岩体沉积时空演化

在上述研究的基础上，对永 1 块的扇三角洲沉积模式及盐 22 块-永 920 块的近岸水下扇沉积模式进行了总结。

1）扇三角洲沉积模式

根据岩心观察和岩相分析，认为永北地区砂砾岩油藏永 1 块发育扇三角洲沉积体系，物源主要来自东北部的陈家庄凸起和青坨子凸起，沉积亚相带在平面上呈扇状展布，砂体发育受控于沉积相展布。该时期主要发育扇三角洲平原亚相和扇三角洲前缘亚相，平面上，扇主体不断向北西方向迁移，叠合连片分布。永 1 块扇三角洲沉积模式如图 2-53 所示。

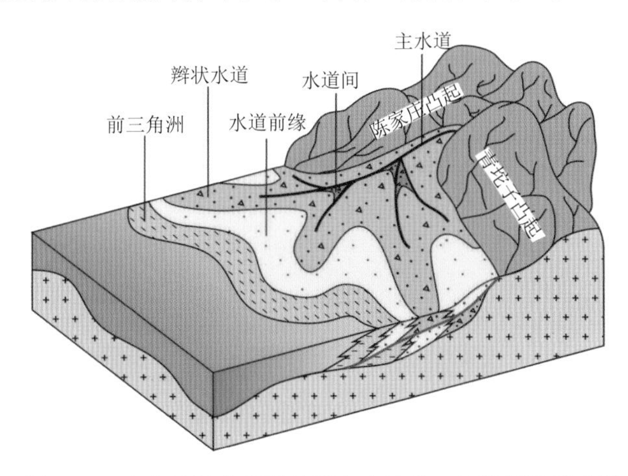

图 2-53　永北地区砂砾岩油藏永 1 块扇三角洲沉积模式图

从南北向的 YAA1-25 井—YAA1-27 井—YAA63-13 井—YAA1-33 井—YAA1-1 井—YAA1X61 井—YAA1X64 井—YAA1-51 井连井剖面上看(图 2-54、图 2-55)，砂砾岩体从 YAA1-25 井开始向 YAA1-51 井推进，剖面下部以扇三角洲平原主水道沉积为主，主

要为厚层砂砾岩沉积，剖面上部主要为扇三角洲前缘辫状水道及水道前缘沉积，且随着扇体的不断推进，泥质含量明显增高。在垂向上，总体表现为多期扇体叠置。

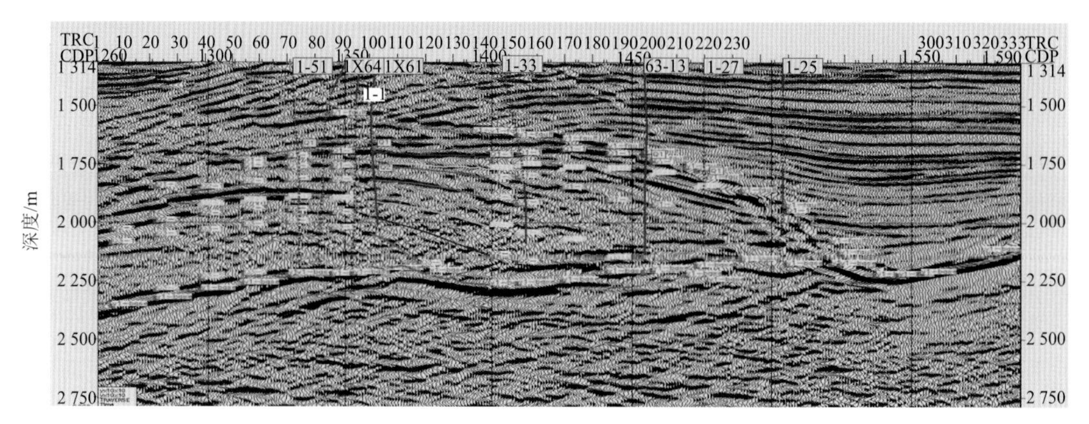

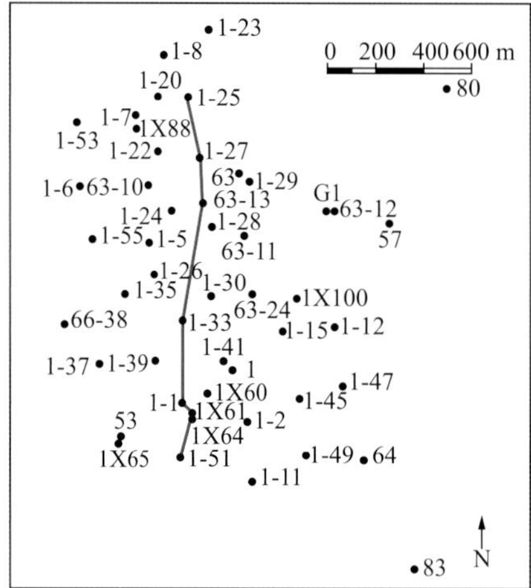

图 2-54　YAA1-25 井—YAA1-51 井地震剖面

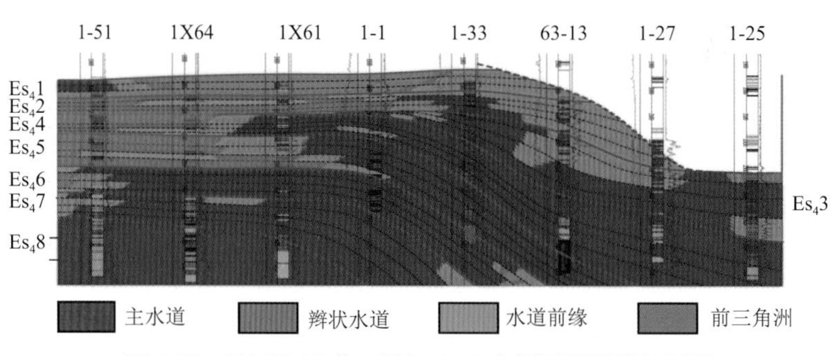

图 2-55　YAA1-25 井—YAA1-51 井剖面沉积微相相图

永北地区扇体发育受陡坡带环境限制，扇体面积小、厚度大，沙四段自下而上共发育 9 期扇体。在扇体形成早期（$Es_4$8—$Es_4$9 沉积时期），水退进积，扇体在东部发育，由北东方向的 YAA63-12 井和 YAA57 井进入，向南西方向推进至 YAA1-11 井并继续向前延伸，砂砾岩体逐渐发育并趋于稳定；在扇体发育中期（$Es_4$5—$Es_4$7 沉积时期），低位域向湖侵域转变，主水道能量明显减弱，砂砾岩体由 YAA1-27 井北东向进入，仅推进到 YAA1-

11 井附近；至扇体发育后期（$Es_4$1—$Es_4$4 沉积时期），开始全面水进并退积，扇体逐渐开始萎缩，扇体由 YAA1-22 井北东向进入，至 YAA1-37 井附近萎缩，由于主水道能量进一步减弱，扇体面积小，且延伸范围窄，在此阶段砂砾岩体的沉积开始减弱，泥质含量增多（图 2-56）。总之，本区砂砾岩扇体早期在东部发育，然后逐渐向西迁移，中心部位 YAA1 井等在垂向上具有多期扇体叠置的特点，而位于东西边缘的部分井，如 YAA83 或 YAA1-6 井仅有 1～2 期扇体。

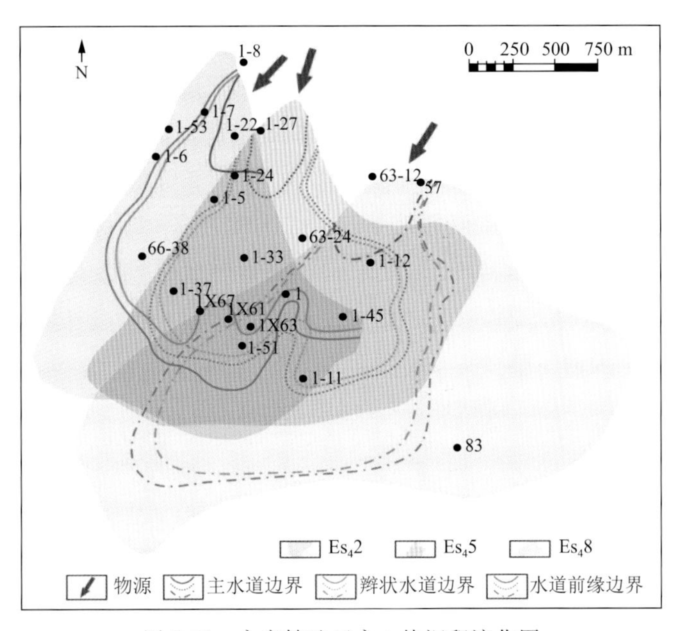

图 2-56　永安镇地区永 1 块沉积演化图

2）近岸水下扇沉积模式

详细观察了 YJN227-1 井、YAA920 井和 YAA921X40 井的岩心，并对这 3 口井的岩心铸体薄片资料进行对比分析。分析认为，YAA920 井和 YAA921X40 井的岩心特征与 YJN227-1 井存在相似性，岩性以砾岩、砾质砂岩及含砾砂岩为主，可见滑塌构造，泥岩颜色较深。而铸体薄片的统计分析（表 2-10 和表 2-11）显示，由北东至南西，YAA921X40 井、YAA920 井及 YJN227-1 井的石英含量逐渐增加，岩屑含量逐渐减少，分选性及磨圆度逐渐变好。由此认为，物源方向来自北东向的盐 18 古冲沟，与永 920 块为同一物源。盐 227 块的沉积模式如图 2-57 所示。

表 2-10　结构成熟度铸体薄片统计分析

井　号	样品数	分选性	磨圆度
YAA921X40	7	差	次　棱
YAA920	10	中偏差	次　棱
	10	差	次　棱
YJN227-1	6	中	次　棱
	2	差	次　棱

表 2-11　成分成熟度铸体薄片统计分析

井　号	样品数	石英含量/%	岩屑含量/%
YAA921X40	7	20～30	35～58
YAA920	20	28～35	27～40
YJN227-1	8	30～38	22～28

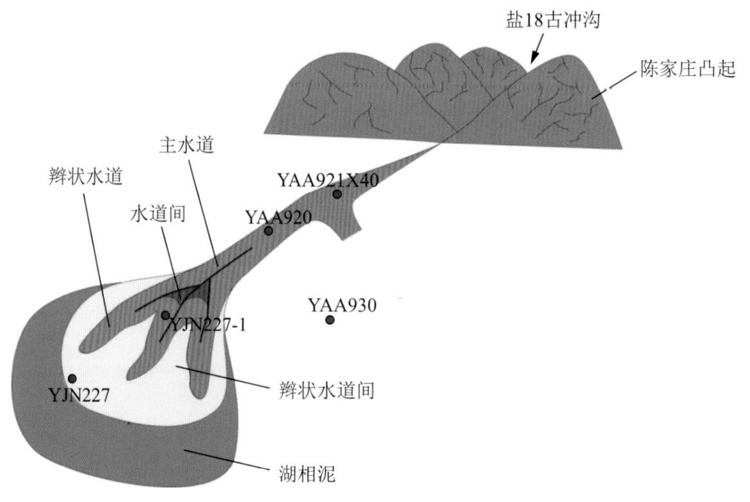

图 2-57　盐 227 块沉积模式图

第 3 章

砂砾岩体有效储层评价

有效储层评价是油藏研究的重要工作，它可确定储层有效性的标准。选取测井系列及取心资料较全的永 1 块为例，详细阐述砂砾岩体有效储层评价的方法及结果。

3.1　四性关系分析

研究储层的四性关系有助于定量表达储层的各类参数。综合岩心数据及测井数据，结合实验室分析成果，综合研究永 1 块储层的岩性、物性、含油性及电性特征。

3.1.1　岩心归位

由于岩心深度(钻井深度)与测井深度存在误差，需要把岩心深度归位到测井深度上，从而使测井曲线值与相应的岩样分析数据在深度上相匹配，以保证利用测井信息对岩心进行岩石物理研究和建立模型的可靠性。

采用将岩心数据向上或向下平移的方式将岩心归位，岩心归位后，选取大段泥岩进行验证，泥岩段自然伽马呈高值，电阻率呈低值，微电极曲线无幅度差。

对物性分析密度和密度测井曲线作相关分析，确定校正量，从而进行岩心归位。图 3-1 是 YAA1-5 井岩心归位成果图，经归位后，取心的物性分析资料与测井响应有了很好的拟合。表 3-1 为 3 口取心井的岩心归位深度校正量。

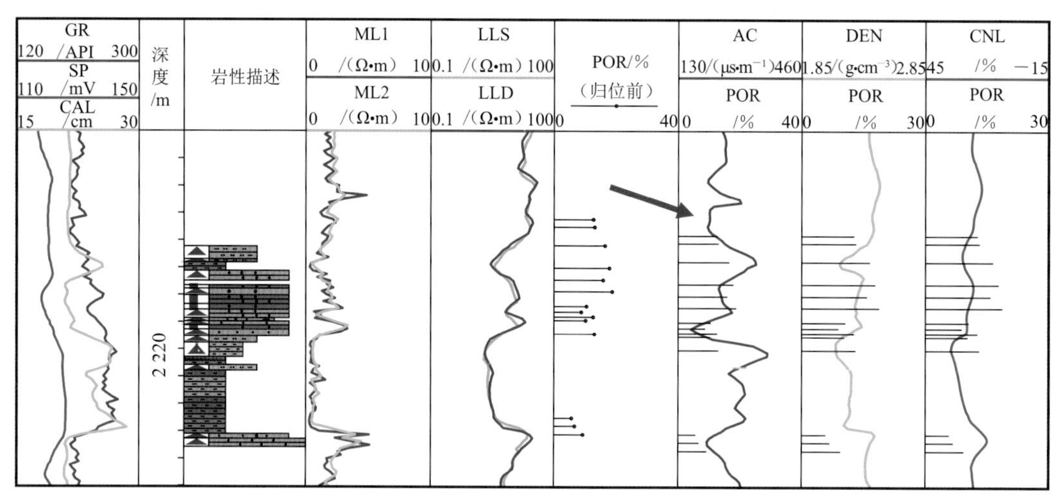

图 3-1 YAA1-5 井岩心归位成果图

表 3-1 3 口取心井岩心归位深度校正量

井 号	取心次数	顶深/m	底深/m	校正深度/m	心长/m	进尺/m	收获率/%
YAA1-5	1～5	2 215.1	2 225.6	0.6	7.4	10.5	70.5
YAA1-5	1～25	2 225.6	2 281.1	0.6	54.99	55.5	99.1
YAA1-24	1～30	2 264.7	2 424.8	−0.50	154.66	160.1	96.6
YAA1X63	1	2 040.3	2 045.7	−1.22	5.2	5.4	96.3
YAA1X63	2～6	2 223.0	2 251.75	0.55	27.6	28.75	96.0
YAA1X63	7～9	2 621.0	2 635.9	−1.5	14.3	14.9	96.0

3.1.2 测井资料标准化

考虑到测井公司、测量仪器、测量时间以及操作人员等非地质因素造成的测井曲线的差别，在进行区域性储层参数研究之前，应对各井的测井曲线进行标准化。以 9 条常规曲线为主，考虑多井对比及模型建立，对深浅电阻率(LLD 和 LLS)、微电极(ML1 和 ML2)及三孔隙度(AC,DEN 和 CNL)曲线进行标准化。

1) 测井响应特征分析

(1) 泥岩段测井响应受压实作用影响。

从取心井泥岩段声波时差与深度关系可以看出，YAA1-5 与 YAA1-24 井在泥岩段声波时差取值基本重合，但 YAA1-5 与 YAA1X63 井的声波时差分布与深度成线性关系，深度越深，压实作用越强，声波时差越小；密度和中子曲线也有类似的特点(图 3-2)。因此，难以按照传统方法仅选择泥岩段作为标志层进行测井曲线标准化。

(2) 砾岩段测井响应稳定、数值分布均匀。

从取心井砾岩段声波时差与深度关系可以看出，砾岩段各井数值稳定且分布均匀，但 YAA1-24 井与其他两井数值差异较大，需要校正；3 口井的密度与中子曲线基本重合，差异较小(图 3-3)。

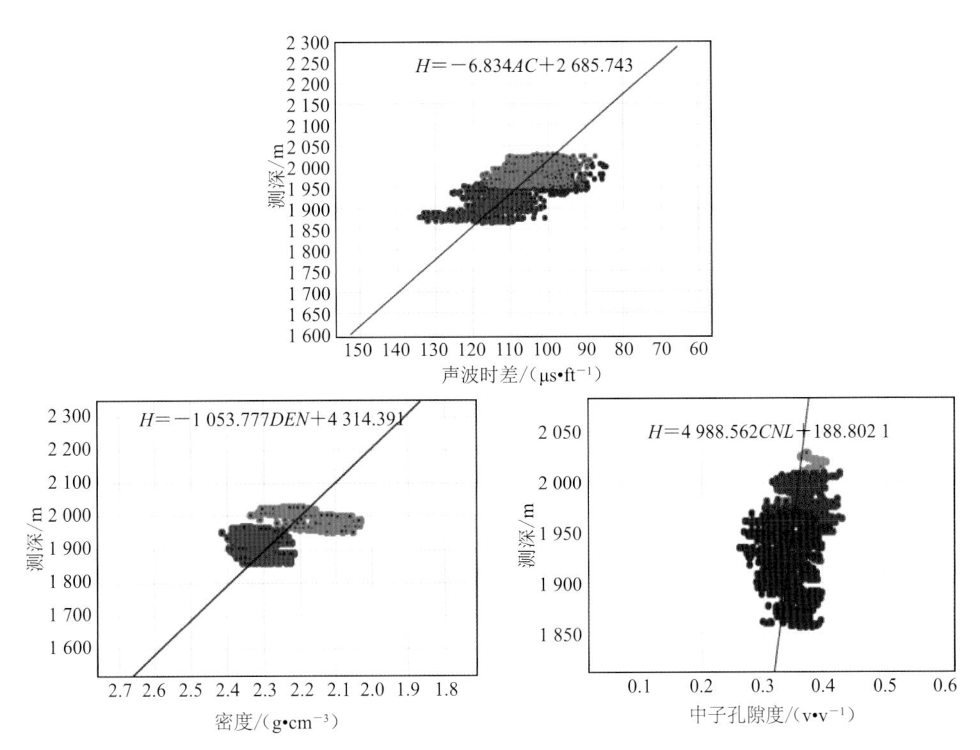

图 3-2　取心井泥岩段声波时差、密度、中子孔隙度与深度关系图

(绿色为 YAA1-5 井数据，红色为 YAA1-24 井数据，蓝色为 YAA1X63 井数据)

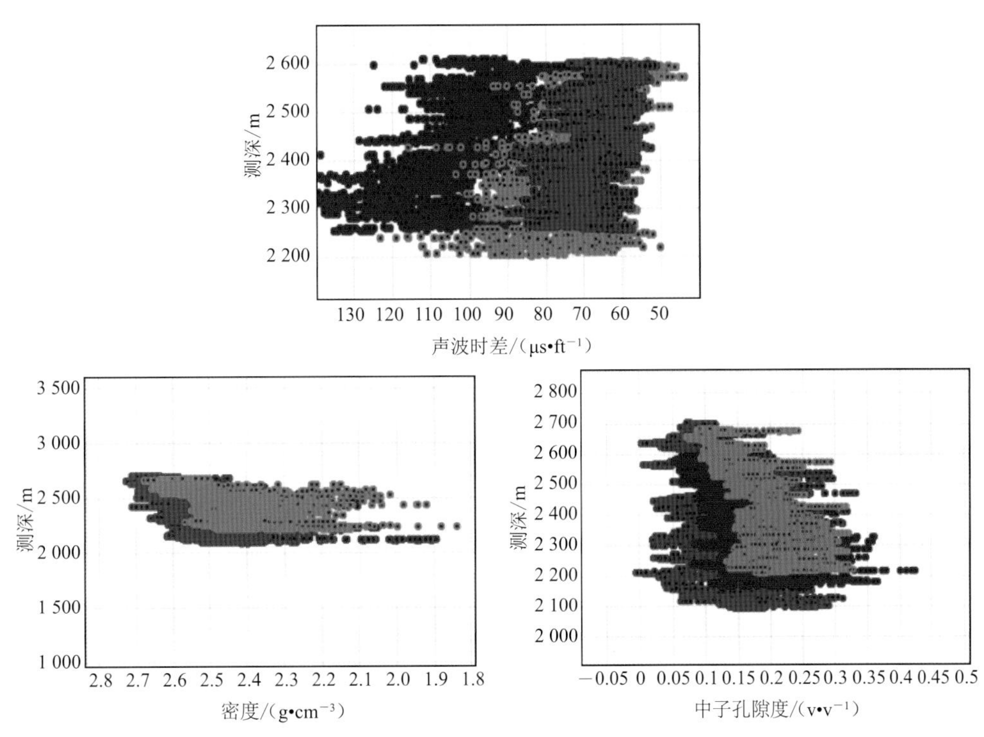

图 3-3　取心井砾岩段声波时差、密度、中子孔隙度与深度关系图

(绿色为 YAA1-5 井数据，红色为 YAA1-24 井数据，蓝色为 YAA1X63 井数据)

2）标志层选取

标志层是一切标准化工作所依托的地质基础，它的选取及预处理应满足以下条件：

（1）沉积稳定，具有一定的厚度（一般大于 5 m）；

（2）岩性、电性特征明显，便于全区追踪对比；

（3）分布广泛，研究区内 90%以上的井均有显示；

（4）1 个单层或 1 个层组，且靠近解释层位；

（5）剔除标准层内的特殊岩性。

基于泥岩段及砾岩段的测井响应特征，不能仅选择 1 套层作为标志层，因此选取 2 套致密层作为标志层，分别为目的层顶部的泥岩段及目的层底部的砂砾岩段。顶部泥岩段用于电阻率曲线的校正，底部砾岩段用于孔隙度曲线的校正。

3）校正量确定

经过以上分析，认为泥岩段受压实作用影响较强，对三孔隙度曲线影响较大，故选择泥岩段对电阻率曲线进行校正。应用 Techlog 软件的 Normalization 程序，选取 3 口取心井作为关键井，计算这 3 口井及其他井的主值区间，由此得到全部井的校正量。电阻率曲线校正量频率直方图如图 3-4 所示。

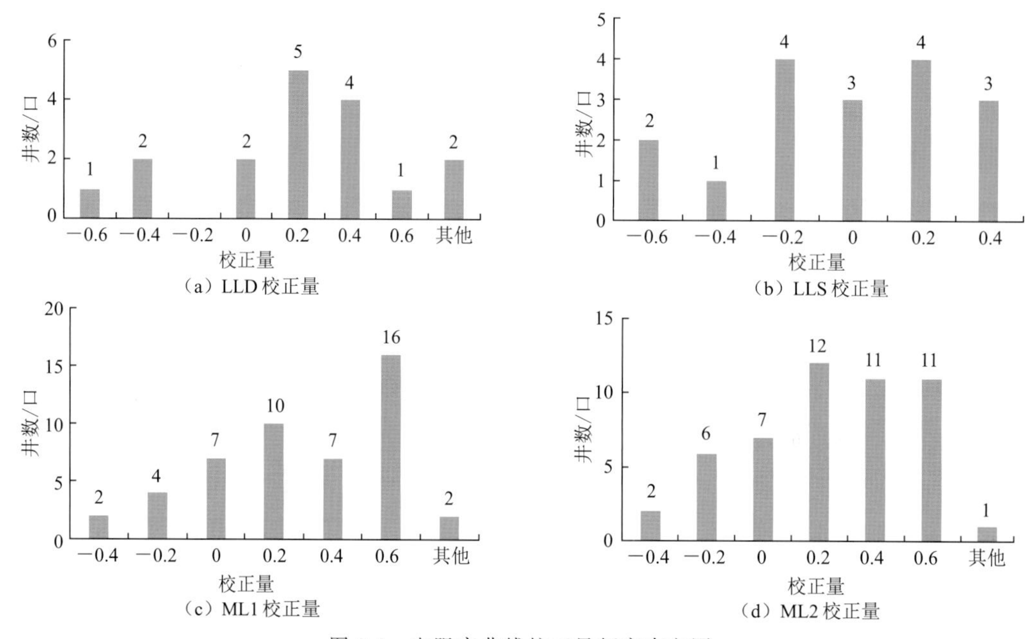

图 3-4　电阻率曲线校正量频率直方图

砾岩段较强的非均质性对电阻率曲线影响很大，而其孔隙度曲线分布均匀稳定，故选择砾岩段作为校正三孔隙度曲线标志层。将岩心岩性数据与测井数据结合，绘制声波时差、密度、中子测井数据频率直方图以确定取心井的主值区间与基值，如图 3-5 所示。基于永 1 块取心井的数值分布特点，确定 YAA1-5 井、YAA1X63 井的校正量为 0，并以这两口井作为关键井，其他井数值向它们靠拢。其他井校正量采用关键井标志层的主值区间和峰值确定。孔隙度曲线校正量频率直方图如图 3-6 所示。

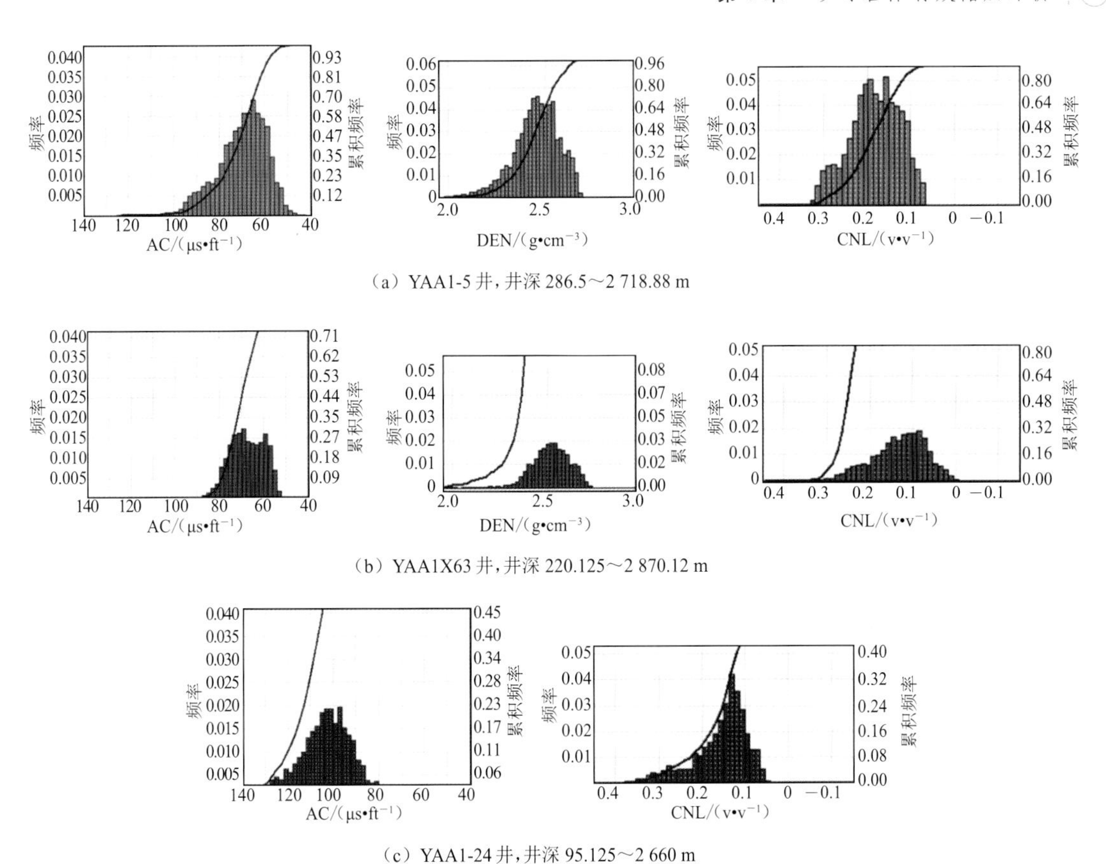

（a）YAA1-5 井，井深 286.5～2 718.88 m

（b）YAA1X63 井，井深 220.125～2 870.12 m

（c）YAA1-24 井，井深 95.125～2 660 m

图 3-5　取心井声波时差、密度及中子曲线频率直方图峰值分布

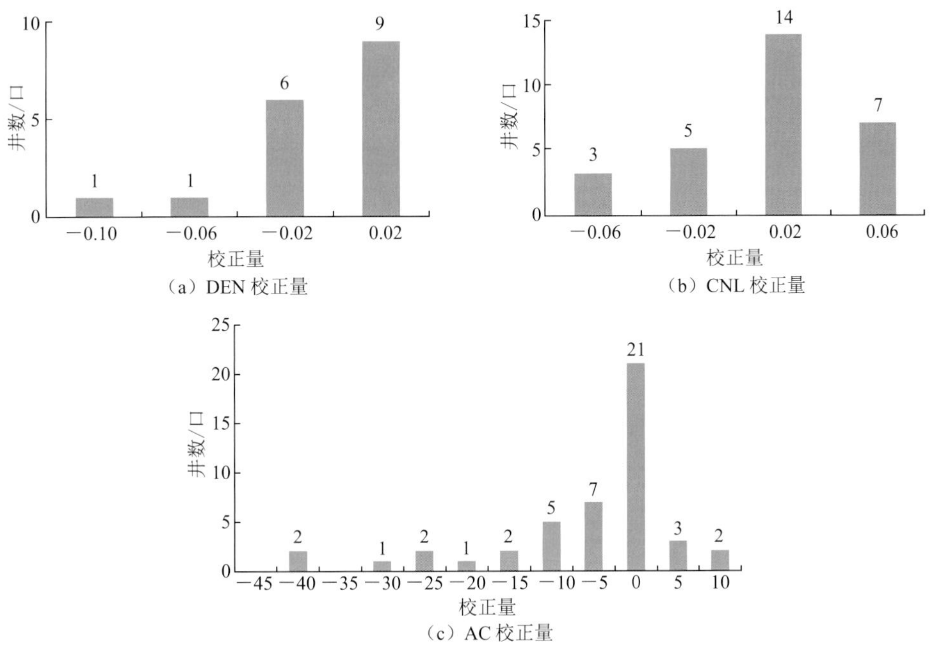

（a）DEN 校正量

（b）CNL 校正量

（c）AC 校正量

图 3-6　三孔隙度曲线校正量频率直方图

3.1.3 岩性特征

永北地区沙四段储层为近物源的砂砾岩扇体沉积，以碎屑岩、片麻岩为主要母岩类型。该区储层保留了部分母岩片麻岩的性质，矿物成分复杂。3 口取心井的分析表明，岩石类型可划分为 11 种，并以含砾砂岩和细砾岩为主(图 3-7)。

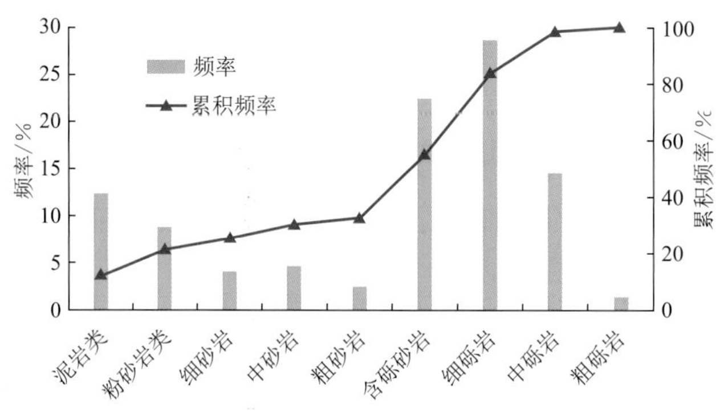

图 3-7 储层岩石类型分布图

3.1.4 物性特征

对于砂砾岩体储层来讲，岩石成分结构的复杂性导致储层孔隙结构复杂、孔喉半径值大小不均、物性非均质严重、储层流体分布及渗流能力差异较大。

1）物性特征

图 3-8 为岩心分析孔隙度及渗透率频率直方图。孔隙度数值分布呈较明显的正态分布，但分布范围较广，数值在 9%～21%之间，平均值为 14.24%，孔隙度较小。渗透率数值分布区间较宽，反映储层层内及层间存在较强的非均质性，主值区间为(10～40)×10^{-3} μm^2，平均值为 28×10^{-3} μm^2。

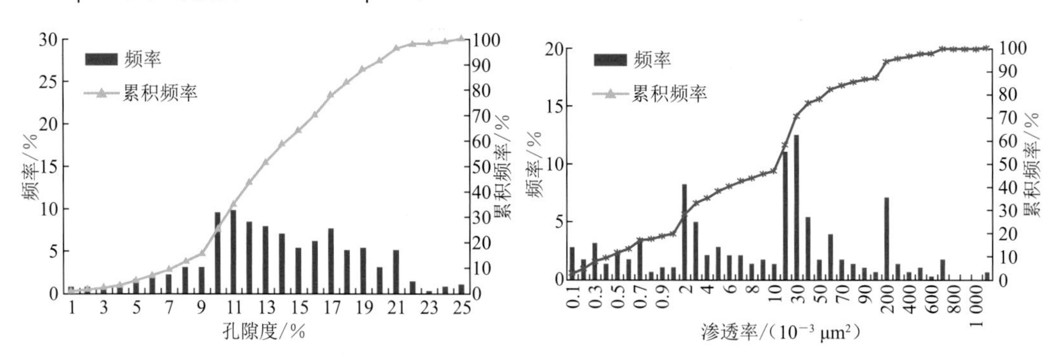

图 3-8 岩心分析孔隙度及渗透率频率直方图

2）物性与岩性之间的关系

由图 3-9 可以看出，粉砂岩的物性最差，砂岩和砾岩的渗透率相差不大，但是砾岩的孔隙度相对较低。

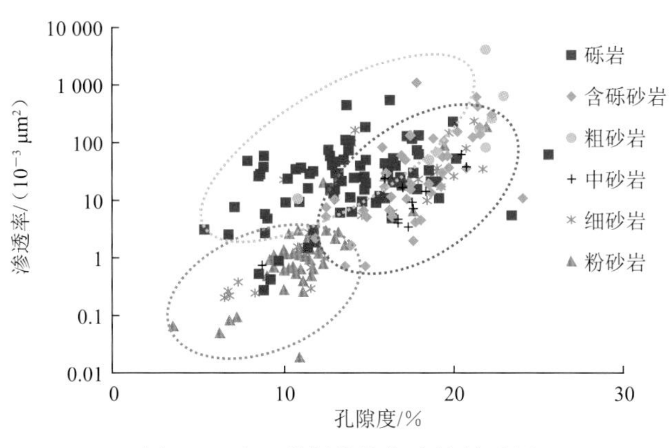

图3-9　岩心分析物性与岩性关系图

3.1.5　含油性特征

该区沙四段的油质较好，原油密度为0.83～0.88 g/cm^3，黏度为3.07～19.4 mPa·s。沙四段钻井取心含油级别较低，含油分布不均，根据试油资料，油层的取心含油级别下限为油迹级别。

1）含油性与岩性之间的关系

根据永1块含油性与岩性的关系图（图3-10）分析，该区块砂岩、含砾砂岩、砾岩中均见到油气显示，但油浸和油斑主要分布在砂岩和含砾砂岩中，粉砂岩和砾岩的含油性较差。

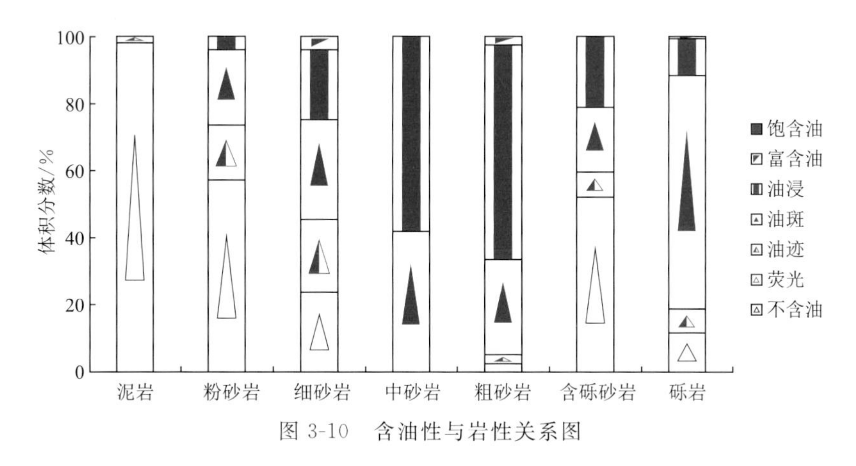

图3-10　含油性与岩性关系图

2）含油性与物性之间的关系

储层物性的好坏直接影响储层的含油性。从图3-11中可以看出，油迹以上含油级别的岩心孔隙度大于12%，渗透率大于2×10^{-3} μm^2；无油气显示的岩心孔隙度小于12%，渗透率总体较低。

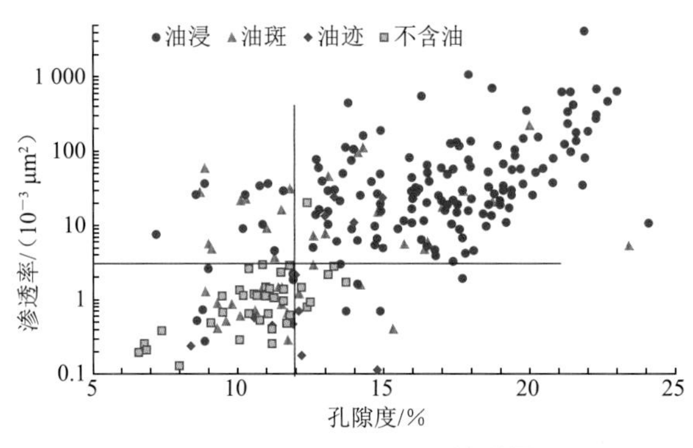

图 3-11　含油性与物性关系图

3.1.6　电性特征

储层的岩性、流体性质与电性密切相关。对于高能环境下沉积的砂砾岩体储层来讲，储层岩石的成分成熟度低、分选差、岩石颗粒粗，其沉积特征直接影响储层的电性。储层的非均质性、孔隙结构的复杂性直接导致储层的油、气、水层测井响应特征不明显，造成油、气、水层识别困难。研究其含油性时，应最大限度地排除其他因素的影响，保留储层含油性对测井信息的贡献。

1）岩性曲线

自然电位曲线对储层渗透性敏感；自然伽马曲线在砂岩段可较好地反映出泥质含量，但受花岗片麻岩影响，自然伽马在部分砾岩储层呈高值。

2）电阻率曲线

微电极、微电阻率曲线分辨率高，对岩石类型响应敏感；微电极曲线的幅度差能较好地反映储层渗透性；深浅电阻率曲线受岩性、含油性等多种因素影响。

3）三孔隙度曲线

孔隙度曲线能较好地反映储层物性特征，但泥岩等细粒沉积井段扩径严重，可影响密度、中子、核磁等测井系列。

3.2　储层参数计算

各类储层参数的计算为后续开发工作奠定了基础。常规求取储层参数的方法一般应用常规测井资料，结合各类计算模型，对储层参数进行结算。由于砂砾岩储层内部非均质性强，储层横向变化极快，因此也探究采用核磁测井方法对储层参数进行计算。

3.2.1　基于核磁测井的储层参数计算

应用核磁共振测井资料计算地层孔隙度的依据为：测量信号强度与孔隙流体中氢核含量成正比关系，而与岩性无关。对于低孔低渗储层，核磁测井资料在计算孔隙度方面具

有很大的优势，可提供总孔隙度、有效孔隙度、可动流体和束缚流体孔隙度值。

1）核磁测井数据质量控制

在正常储层段，核磁信号显示为三峰，分别代表毛细管束缚水、水和油，如图3-12所示。然而在井壁垮塌严重段，钻井液信号与毛细管束缚水信号重叠，导致有效孔隙度计算误差增大，如图3-13所示。因此，在确定 T_2（横向弛豫时间）截止值时，需要分别确定有效孔隙度截止值及可动流体孔隙度截止值。

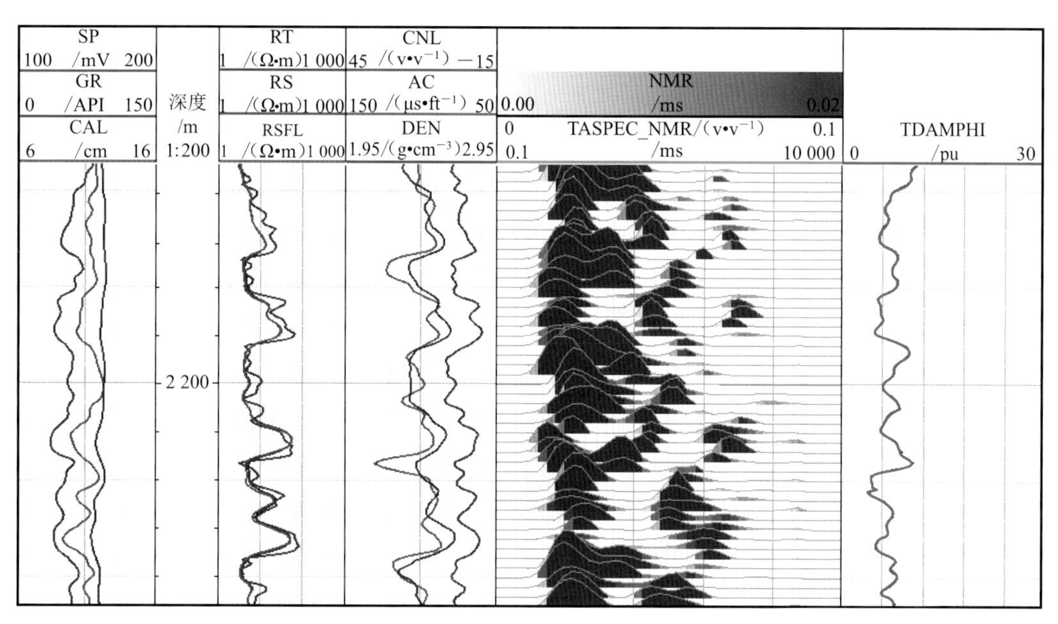

图3-12 YAA1X63井常规及核磁测井响应图

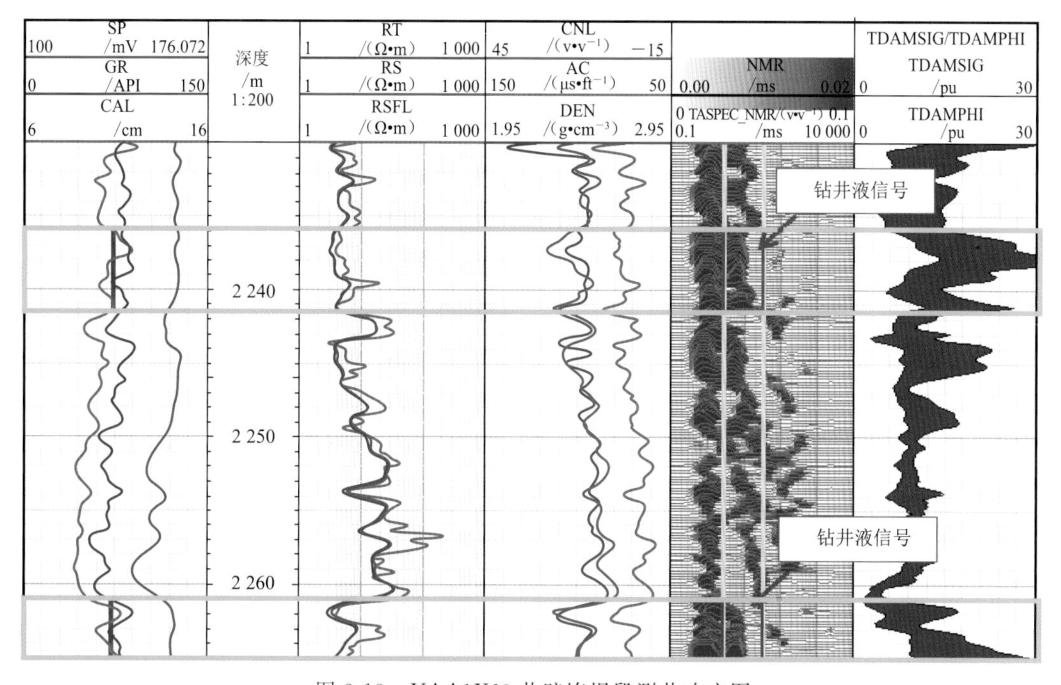

图3-13 YAA1X63井壁垮塌段测井响应图

2）T_2 截止值确定

T_2 截止值是进行储层参数计算的关键参数，在利用 T_2 谱分析计算储层有效孔隙度、束缚水孔隙度和可动流体孔隙度时，准确确定 T_2 截止值是正确计算这些参数的前提。针对北美墨西哥湾的砂岩，有效孔隙度 T_2 截止值常取 3 ms，可动流体孔隙度 T_2 截止值常取 33 ms。但由于本区的砂砾岩储层具有强非均质性、低孔低渗的特点，需要结合岩石物理实验和地质认识重新确定 T_2 截止值。

（1）有效孔隙度 T_2 截止值。

有效孔隙度 T_2 截止值的主要影响因素是黏土成分及含量。本地区黏土矿物统计如图 3-14 所示，不同黏土类型的 T_2 分布时间统计如表 3-2 所示。考虑黏土成分以及孔喉特征，分岩相确定有效孔隙度 T_2 下限值；在垮塌严重的泥岩段，使用 3 ms 作为 T_2 下限值；储层段使用 2 ms 作为 T_2 下限值。

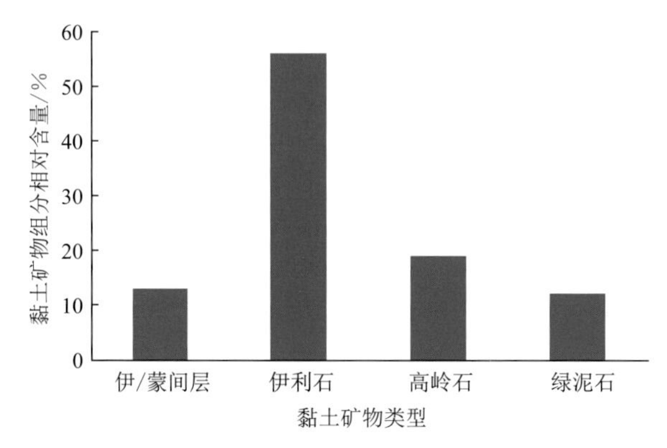

图 3-14　永 1 块黏土矿物统计图

表 3-2　不同黏土类型 T_2 分布时间统计表

黏土类型	含水率/%	信号强度/%	T_2/ms	备　注
伊/蒙间层	7.0	20	—	$T_2<0.2$ ms
	18.9	90	0.3	
	31.1	100	0.5	$T_1=1.5$ ms
	54.4	100	1	
伊利石	8.8	90	1	
	15.8	100	2	
高岭石	17.4	100	12	
	20.0	100	16	$T_1=30$ ms
绿泥石	7.5	100	5	

（2）可动流体孔隙度 T_2 截止值。

一般认为截止值大约在 T_2 谱两峰的交汇点附近，将右峰（大于 T_2）称为可动峰，左峰

(小于 T_2)称为不可动峰,可动峰与不可动峰的下包面积之比即为可动流体与不可动流体孔隙度之比。与两峰围成面积相同的数值确定为截止值,如图 3-15 所示。根据 11 块核磁共振实验分析数据研究,确定 25 ms 作为可动流体的 T_2 截止值。

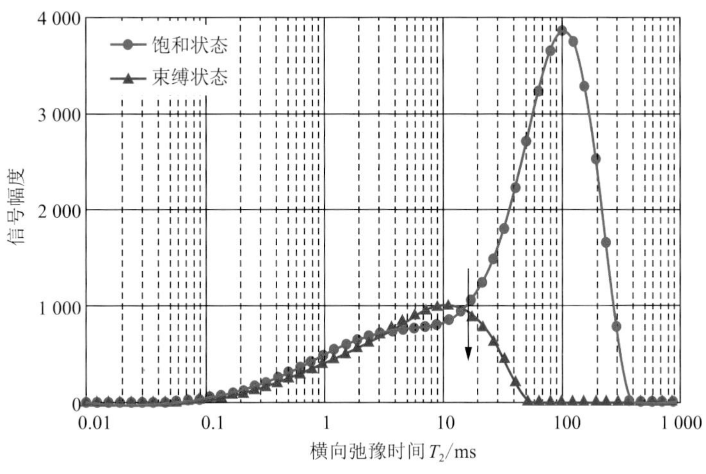

图 3-15 横向弛豫时间分布图

3) 渗透率模型

储层渗透率的计算一般采用 Timur/Coates 和 SDR 模型计算,Timur/Coates 模型考虑了有效孔隙度和自由流体与束缚流体孔隙度之比;SDR 模型考虑了有效孔隙度和束缚流体与自由流体的平均弛豫时间。

Coates 模型:

$$k=\left(\frac{\phi}{C}\right)^{4}\left(\frac{FFI}{BVI}\right)^{2} \tag{3-1}$$

式中 k——渗透率;

ϕ——孔隙度;

C——渗透率乘积因子;

FFI——自由流体指数;

BVI——束缚流体指数。

SDR 模型:

$$k=aT_{2\mathrm{gm}}^{2}\phi^{4} \tag{3-2}$$

式中 a——渗透率乘积因子;

$T_{2\mathrm{gm}}$——响应弛豫时间。

对于 100%盐水饱和岩样,两个模型计算的渗透率与实验室数据均具有良好的相关性;但当孔隙中含烃时,由于 T_2 平均值不是纯粹由孔隙尺寸决定,所以此时 SDR 模型无效,只能采用 Timur/Coates 模型。

4) 核磁测井解释

利用通过上述方法确定的 T_2 截止值,对 YAA1X63 井和 YJN22 井进行核磁测井资料处理与解释,计算有效孔隙度、可动流体孔隙度及渗透率。图 3-16 为 YAA1X63 井计算有效孔隙度与钻井取心分析孔隙度对比图。由图可知，二者吻合程度较好。

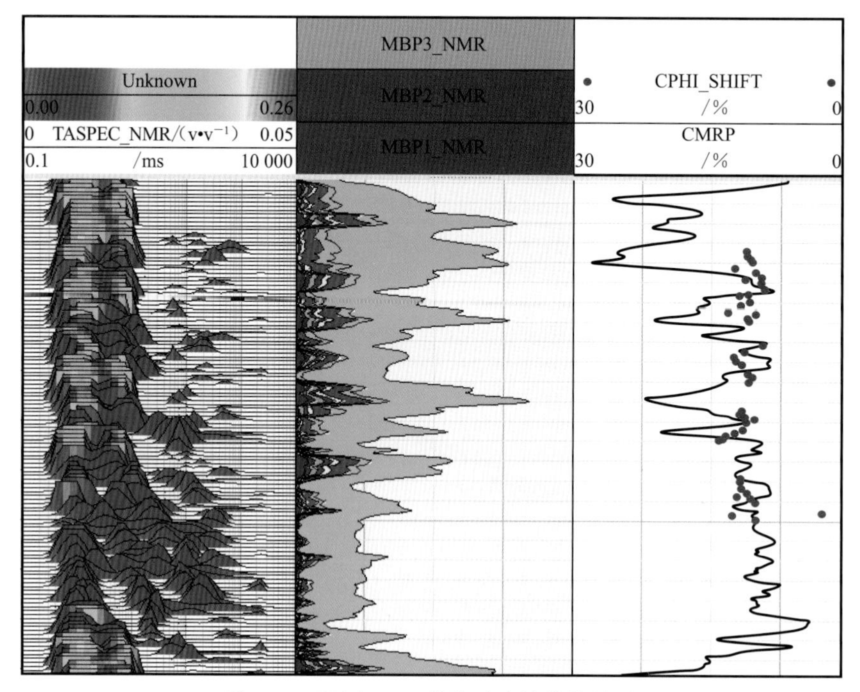

图 3-16　YAA1X63 井孔隙度计算结果图

3.2.2　基于常规测井资料的储层参数计算

1）泥质含量模型

泥质含量的确定是储层评价的重要环节。在储层评价过程中，地层的泥质含量 V_{sh} 是一个重要的地质参数。泥质含量 V_{sh} 不仅反映地层的岩性，而且影响着地层的有效孔隙度 ϕ_e、渗透率 k、含水饱和度 S_w 和束缚水饱和度 S_{wb} 等储层参数。因此，准确计算泥质含量 V_{sh} 是测井地层评价中不可缺少的重要内容。

根据岩相划分结果综合分析电阻率及自然伽马曲线的适用性，在垂向上分砂泥岩段、砂岩与砾岩互层段、砂砾岩段，分别选取不同的极大和极小值。计算公式如下：

$$V_{sh}=\frac{\lg R_t-\lg R_{ma}}{\lg R_{sh}-\lg R_{ma}} \tag{3-3}$$

$$GR_{index}=\frac{GR-GR_{matrix}}{GR_{shale}-GR_{matrix}} \tag{3-4}$$

$$V_{sh}=1.7-\sqrt{3.38-(GR_{index}+0.7)^2} \tag{3-5}$$

式中　R_t——地层真实电阻率，Ω·m；

R_{sh}——泥质沉积电阻率，Ω·m；

R_{ma}——岩石骨架电阻率，Ω·m；

GR——自然伽马，API；

GR_{index}——GR 指数；

GR_{shale}——泥质沉积 GR 值；

GR_{matrix}——骨架 GR 值。

2）孔隙度模型

根据岩心刻度测井思想，将利用岩心资料分析得到的孔隙度数据与密度、声波时差测井曲线数据进行单相关分析，最后确定本区相关性最好的方法作为孔隙度解释模型，建立孔隙度与测井曲线的经验关系式。

岩心分析孔隙度数据与测井曲线的纵向分辨率是不同的。为了减小不同分辨率带来的误差，采用划分样本层读值的方法实现二者分辨率匹配。用于建模的层段需要满足岩心收获率大于等于 85%、归位准确、岩性均匀、井径规则。划分样本层的原则是：样本层厚度大于测井曲线纵向分辨率，密度测井曲线纵向分辨率一般为 38 cm，声波时差曲线纵向分辨率一般为 60 cm。

基于以上原则对 3 口取心井划分样本层（图 3-17），读取样本层的孔隙度、密度、声波时差值（表 3-3）。由于岩相对解释模型影响较大，在前面岩相识别的基础上，采用分岩相建立解释模型的思路，分别建立储层的孔隙度-声波时差、孔隙度-密度模型。

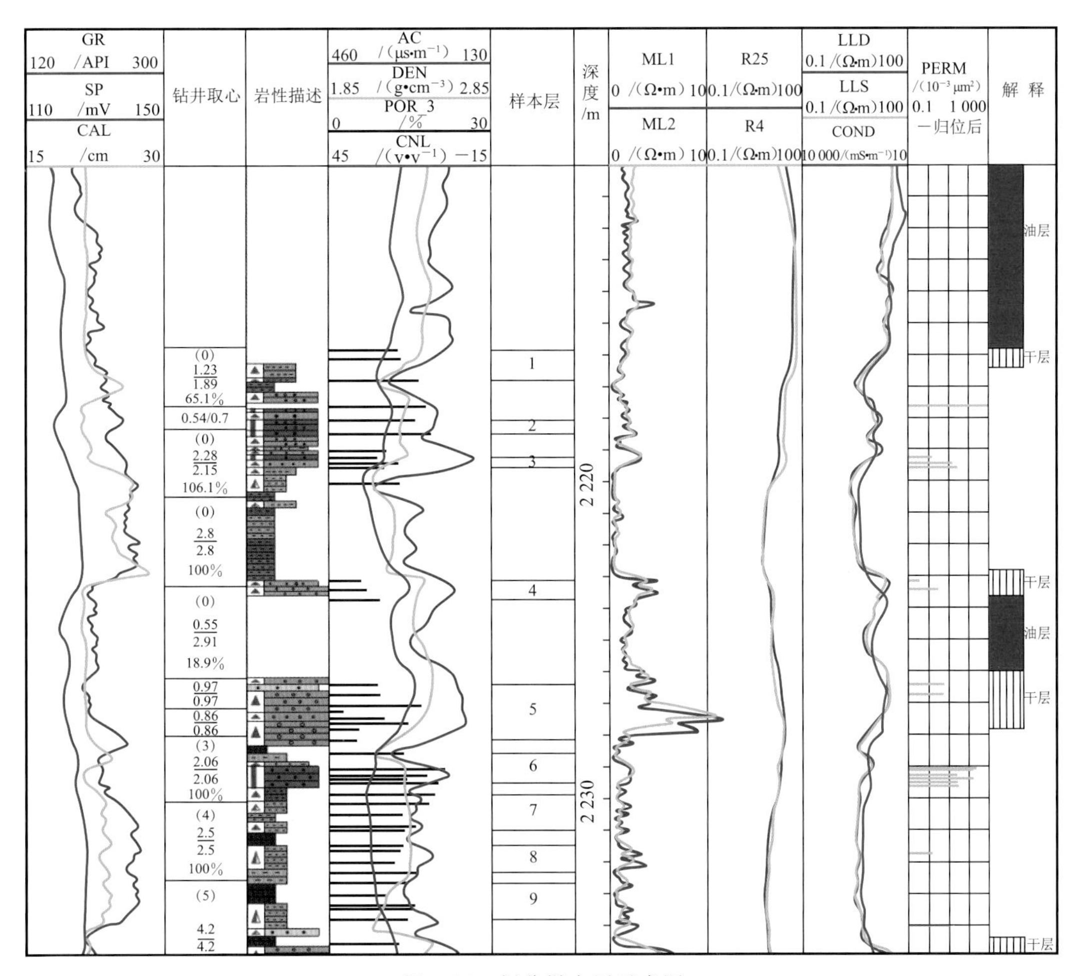

图 3-17　划分样本层示意图

表 3-3　孔隙度模型样本层读值表

井 名	序 号	顶深/m	底深/m	厚度/m	样本孔隙度/%	样本声波时差/(μs·m^{-1})	样本密度/(g·cm^{-3})	V_{sh}	岩 性	样本点数	井眼特征
YAA1-5	1	2 215.84	2 216.8	0.96	14.17	285.07	2.280 2	0.513	砂 岩	3	正 常
YAA1-5	2	2 218.06	2 218.48	0.42	17.35	258.03	2.288 0	0.309	砾 岩	2	正 常
YAA1-5	3	2 219.23	2 219.54	0.31	10.68	189.05	2.216 3	0.519	砂 岩	3	正 常
YAA1-5	4	2 223.12	2 223.72	0.60	6.67	213.88	2.394 6	0.017	砾 岩	3	正 常
YAA1-5	5	2 226.39	2 228.14	1.75	10.11	198.43	2.419 8	0.171	砾 岩	8	正 常
YAA1-5	6	2 228.56	2 229.49	0.93	18.28	247.54	2.309 4	0.350	砂 岩	6	轻微扩径
YAA1-5	7	2 229.87	2 231.01	1.14	16.24	283.77	2.344 2	0.658	砂 岩	5	正 常
YAA1-5	8	2 231.47	2 232.34	0.87	13.76	249.46	2.338 4	0.651	砂 岩	5	正 常
YAA1-5	9	2 232.66	2 233.80	1.14	14.30	299.97	2.191 1	0.758	砂 岩	5	正 常
YAA1-5	10	2 236.04	2 236.34	0.30	21.40	268.39	2.379 0	0.180	砾 岩	3	正 常
YAA1-5	11	2 238.31	2 238.65	0.34	11.35	218.71	2.139 1	0.667	砂 岩	2	井径波谷
YAA1-5	12	2 239.97	2 240.39	0.42	16.56	246.44	2.359 5	0.168	砾 岩	5	正 常
YAA1-5	13	2 240.75	2 241.39	0.64	14.84	237.61	2.347 9	0.217	砾 岩	3	正 常
YAA1-5	14	2 242.78	2 243.00	0.22	7.95	209.46	2.473 0	0.304	砾 岩	2	正 常
YAA1-5	15	2 243.18	2 243.57	0.39	14.33	237.06	2.416 3	0.293	砾 岩	3	正 常
YAA1-5	16	2 244.32	2 245.31	0.99	13.23	216.34	2.308 6	0.050	砾 岩	4	正 常
YAA1-5	17	2 248.20	2 248.63	0.43	6.32	192.36	2.515 3	0	砾 岩	3	正 常
YAA1-5	18	2 249.51	2 250.62	1.11	10.65	193.87	2.508 0	0	砾 岩	10	正 常
YAA1-5	19	2 251.47	2 251.73	0.26	16.25	253.01	2.412 3	0.203	砾 岩	4	正 常
YAA1-5	20	2 251.84	2 252.01	0.17	17.30	275.48	2.390 8	0.287	含砾砂岩	2	正 常
YAA1-5	21	2 252.09	2 252.39	0.30	16.98	256.60	2.377 9	0.331	砂 岩	4	正 常
YAA1-5	22	2 253.13	2 254.43	1.30	18.92	225.81	2.330 7	0.345	砂 岩	10	正 常
YAA1-5	23	2 255.55	2 255.95	0.40	19.38	244.73	2.251 8	0.446	砂 岩	4	正 常
YAA1-5	24	2 256.90	2 257.46	0.56	19.28	260.11	2.322 2	0.392	砾质砂岩	4	正 常
YAA1-5	25	2 257.92	2 258.07	0.15	19.10	247.10	2.365 1	0.143	含砾砂岩	3	正 常
YAA1-5	26	2 258.17	2 258.46	0.29	21.93	253.01	2.377 9	0.272	砂 岩	4	正 常
YAA1-5	27	2 258.71	2 258.92	0.21	18.80	250.65	2.390 8	0.222	砾 岩	3	正 常
YAA1-5	28	2 260.08	2 260.37	0.29	12.04	187.96	2.536 7	0	砾 岩	4	正 常
YAA1-5	29	2 260.74	2 261.42	0.68	11.51	206.88	2.502 4	0	砾 岩	5	正 常
YAA1-5	30	2 261.61	2 261.93	0.32	25.10	210.43	2.512 3	0.040	砾 岩	2	正 常
YAA1-5	31	2 263.41	2 264.41	1.00	11.51	193.87	2.500 7	0	砾 岩	7	正 常
YAA1-5	32	2 264.88	2 265.29	0.41	13.10	210.43	2.468 1	0.140	砾 岩	2	正 常
YAA1-5	33	2 265.83	2 266.25	0.42	14.67	222.26	2.468 1	0.100	砾 岩	3	正 常

续表

井名	序号	顶深/m	底深/m	厚度/m	样本孔隙度/%	样本声波时差/($\mu s \cdot m^{-1}$)	样本密度/($g \cdot cm^{-3}$)	V_{sh}	岩性	样本点数	井眼特征
YAA1-5	34	2 267.07	2 267.47	0.40	8.93	187.96	2.489 5	0	砾岩	4	正常
YAA1-5	35	2 269.47	2 269.91	0.44	20.10	212.80	2.515 3	0.183	含砾砂岩	4	正常
YAA1-5	36	2 270.53	2 270.73	0.20	12.25	222.26	2.489 5	0.320	砂岩	2	正常
YAA1-5	37	2 272.89	2 274.17	1.28	17.96	191.51	2.455 2	0.057	砾岩	6	正常
YAA1-5	38	2 274.42	2 275.37	0.95	13.76	218.71	2.409 0	0.072	砾岩	10	正常
YAA1-5	39	2 275.73	2 276.08	0.35	15.48	250.65	2.390 8	0.307	含砾砂岩	4	正常
YAA1-5	40	2 276.25	2 276.54	0.29	14.08	244.73	2.390 8	0.333	砾质砂岩	3	正常
YAA1-5	41	2 277.03	2 277.69	0.66	12.04	218.71	2.388 5	0.522	砂岩	4	正常
YAA1-5	42	2 278.15	2 278.43	0.28	9.75	248.65	2.278 0	0.641	砂岩	2	轻微扩径
YAA1-5	43	2 278.95	2 281.12	2.17	9.46	308.62	2.352 2	0.738	砂岩	6	轻微扩径

(1) 孔隙度-声波时差模型。

根据划分的样本层回归建立孔隙度-声波时差模型(图 3-18、图 3-19),关系式分别为:

砂岩相

$$\phi = 0.136\,8AC - 21.094 \quad (R^2 = 0.838) \tag{3-6}$$

砾岩相

$$\phi = 0.120\,4AC - 13.422 \quad (R^2 = 0.681) \tag{3-7}$$

式中　ϕ——岩心孔隙度,小数;

AC——声波时差,μs/m。

由此得到,砂岩相骨架声波时差为 155 μs/m,砾岩相骨架声波时差为 112 μs/m。

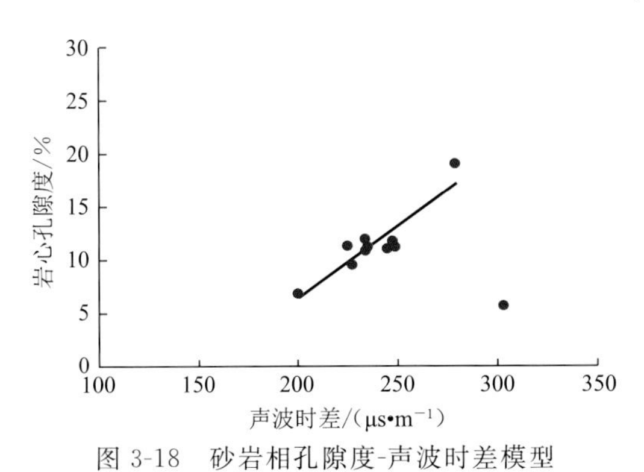

图 3-18　砂岩相孔隙度-声波时差模型

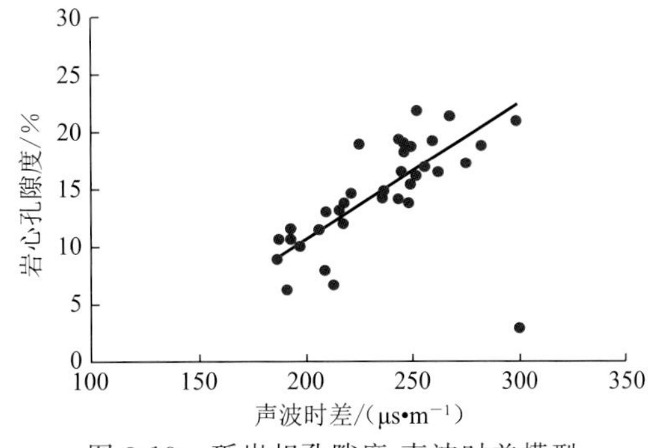

图 3-19　砾岩相孔隙度-声波时差模型

(2) 孔隙度-密度模型。

根据划分的样本层回归建立孔隙度-密度模型(图 3-20、图 3-21),关系式分别为:

砂岩相

$$\phi = -43.737DEN + 119.64 \quad (R^2 = 0.862) \tag{3-8}$$

砾岩相

$$\phi = -33.314DEN + 94.486 \quad (R^2 = 0.586) \tag{3-9}$$

式中 DEN——岩心密度,g/cm³。

由此得到,砂岩相骨架密度为 2.72 g/cm³,砾岩相骨架密度为 2.8 g/cm³。

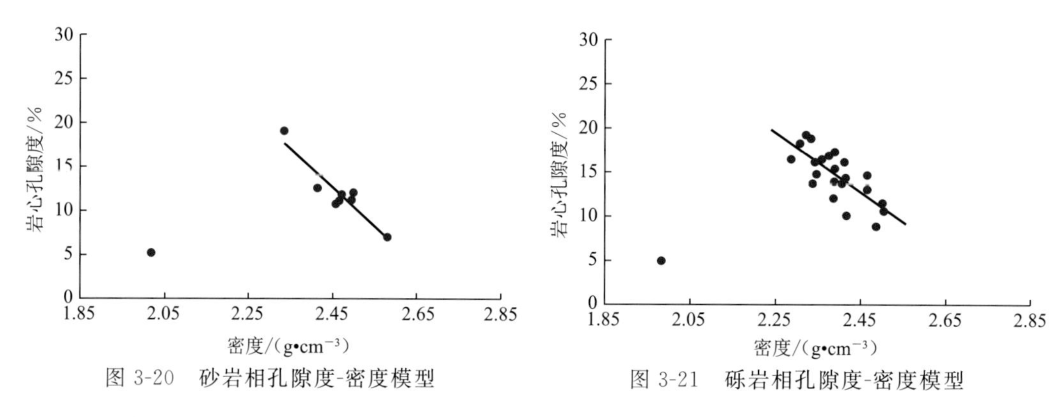

图 3-20 砂岩相孔隙度-密度模型

图 3-21 砾岩相孔隙度-密度模型

(3) 多元回归公式。

根据储层中泥质含量对孔隙度的影响,建立孔隙度-泥质含量模型(图 3-22)及关系式:

$$\phi = 24.01V_{sh}^2 - 34.96V_{sh} + 20.98 \quad (R^2 = 0.57) \tag{3-10}$$

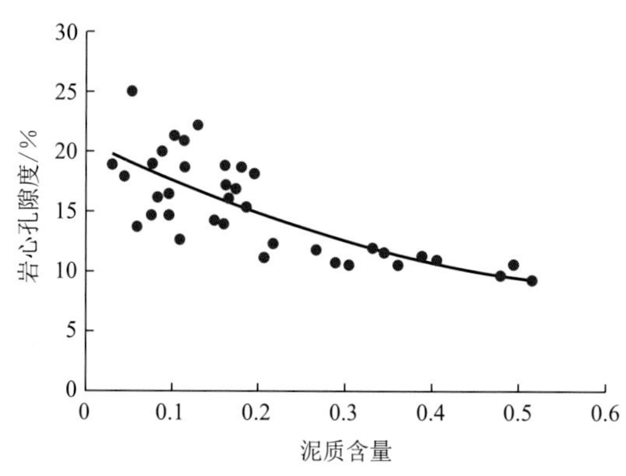

图 3-22 孔隙度-泥质含量模型

砂岩相和砾岩相多元回归公式分别如下:

砂岩相

$$\phi = -8.73 + 0.1AC - 12.57V_{sh} \quad (R^2 = 0.99) \tag{3-11}$$

$$\phi = 83.14 - 27.82DEN - 8.4V_{sh} \quad (R^2 = 0.93) \tag{3-12}$$

砾岩相

$$\phi = -1.88 + 0.08AC - 8.99V_{sh} \quad (R^2 = 0.81) \tag{3-13}$$

$$\phi = 78.73 - 25.95DEN - 9.15V_{sh} \quad (R^2 = 0.61) \tag{3-14}$$

综合考虑多种因素,选取二元回归方程,可得到更为精准的解释模型。

3）渗透率模型

渗透率主要与岩石的孔隙体积和孔隙结构有关，还受到粒度中值、分选系数、黏土含量等地质因素影响，是一个受多因素控制的参数。渗透率的大小决定了油气藏的形成和油气藏的产能等。在前面划分岩相的基础上，将岩心分析孔隙度、泥质含量等主要影响因素与渗透率做单一相关分析，发现渗透率与孔隙度的单参数相关性最好，因此永1块选用岩心分析孔隙度分岩相建立渗透率模型（图3-23～图3-25）。

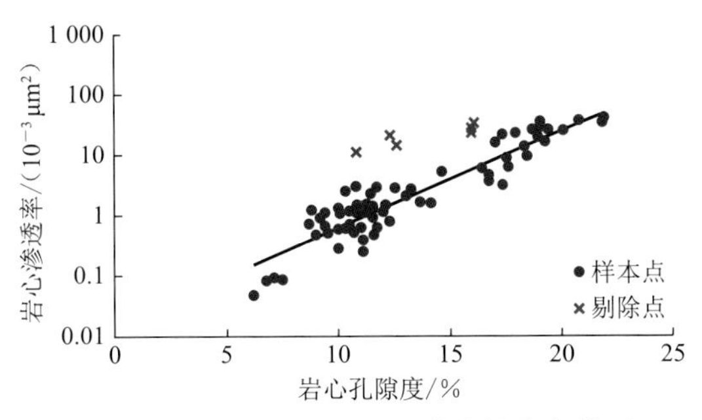

图3-23　砂岩相渗透率-孔隙度样本点模型

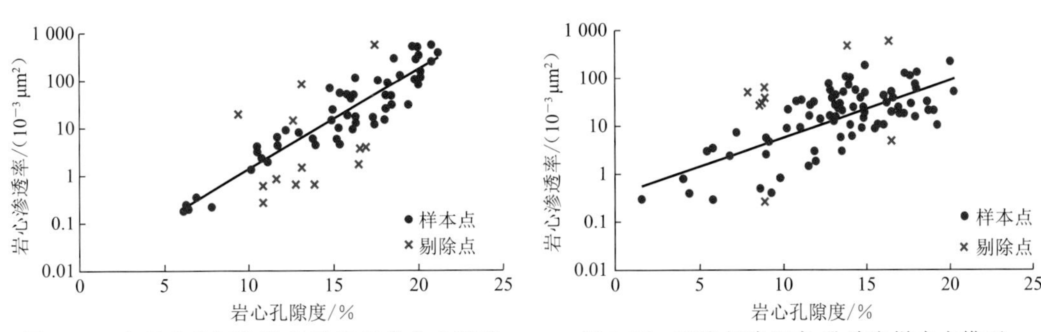

图3-24　含砾砂岩相渗透率-孔隙度样本点模型

图3-25　砾岩相渗透率-孔隙度样本点模型

筛选储层样本点，建立渗透率与孔隙度之间的指数模型，关系式为：

砂岩相

$$k=0.014\,3e^{0.374\,9\phi}\quad (R^2=0.861\,9) \tag{3-15}$$

含砾砂岩相

$$k=0.012\,2e^{0.454\,8\phi}\quad (R^2=0.829\,3) \tag{3-16}$$

砾岩相

$$k=0.378\,7e^{0.276\,4\phi}\quad (R^2=0.505\,8) \tag{3-17}$$

4）饱和度模型

求取饱和度模型时采用的是阿尔奇公式：

$$S_w=\sqrt[n]{\frac{abR_w}{\phi^m R_t}} \tag{3-18}$$

式中　S_w——地层含水饱和度；

a，b——岩性系数；

m——胶结指数；

n——饱和度指数；

R_w——地层水电阻率，Ω·m；

ϕ——岩石孔隙度；

R_t——地层电阻率，Ω·m。

要准确计算含水饱和度，首先要进行岩电实验分析，确定与岩性和孔隙结构有关的岩石胶结指数、饱和度指数和系数。另外，要根据试油试水资料及测井资料确定地层水电阻率的参数及其变化规律。

（1）岩电参数 a，b，m，n 的确定。

根据 9 块样品岩石电阻率参数测定报告（表 3-4），确定出岩电参数 b=1.171 6，n=1.901，并由此反算得到 a=2.911 2，m=1.191。

表 3-4　样品岩石电阻率参数测定数据表

井　名	岩样深度/m	岩性描述	孔隙度/%	渗透率/(10^{-3} μm^2)	饱和水电阻率/(Ω·m)	b	n	R^2
YAA1X63	2 040.53	棕褐色油浸粉砂岩	21.29	262.00	0.200	1.10	1.74	0.99
YAA1X63	2 226.00	棕红色粉砂岩	15.91	14.70	0.200	1.09	2.20	0.98
YAA1X63	2 232.59	灰色油斑粉砂岩	7.85	1.25	0.200	1.12	2.75	0.96
YAA1X63	2 248.35	灰色油斑粉砂岩	8.31	0.27	0.200	1.08	2.45	0.98
YAA1X63	2 040.30	油浸粉砂岩	21.65	264.00	0.251	0.98	1.36	0.99
YAA1X63	2 241.80	油斑细砾岩	13.79	3.85	0.251	0.99	2.18	1.00
YAA1X63	2 247.00	油斑细砾岩	11.00	1.93	0.251	1.09	2.52	0.98
YAA1X63	2 247.70	油斑细砾岩	7.61	1.17	0.251	1.10	3.22	0.97
YAA1-24	2 401.01	油斑细砾岩	14.50	1.65	0.289	0.95	1.90	0.99

（2）地层水电阻率的确定。

地层水电阻率 R_w 是计算地层含水饱和度 S_w 极为重要的参数。R_w 取决于地层水含盐成分、矿化度和温度。随着地层水矿化度和温度的增加，R_w 降低。采用邻井相同层位的地层水分析资料确定地层水电阻率。

在混合盐溶液中，由于离子的迁移率不同，因而其导电能力也不同。一般以 18 ℃时的 NaCl 溶液为标准，确定出其他各种溶液与 NaCl 溶液具有相同电导率时各种离子的等效系数，并计算出等效 NaCl 溶液的总矿化度，如表 3-5 所示。

表 3-5　各离子等效系数及等效 NaCl 矿化度

井　号	层　位	井段/m	参数名称	阳离子			阴离子			总矿化度/(mg·L^{-1})
				$K^{+}+Na^{+}$	Mg^{2+}	Ca^{2+}	HCO_3^-	Cl^-	SO_4^{2-}	
YAA64	$Es_4$1 $Es_4$3	2 133～2 189	离子矿化度/(mg·L^{-1})	22 422	383	2 905	900	40 118	346	67 074
			等效系数	1.00	0.82	0.78	0.21	1.00	0.35	
			等效 NaCl 矿化度/(mg·L^{-1})	22 422	314	2 266	189	40 118	121	65 430
YAA1-27	$Es_4$3	2 313～2 322	离子矿化度/(mg·L^{-1})	12 374	184	608	1 018	19 959	182	34 325
			等效系数	1.00	1.05	0.82	0.25	1.00	0.45	
			等效 NaCl 矿化度/(mg·L^{-1})	12 374	193	489.6	254.5	19 959	81.9	33 352
YAA1-30	$Es_4$3	2 034～2 126	离子矿化度/(mg·L^{-1})	13 935	410	1 390	1 310	24 239	180	41 464
			等效系数	1.00	1.00	0.80	0.24	1.00	0.40	
			等效 NaCl 矿化度/(mg·L^{-1})	13 935	410	1 112	314	24 239	72	40 082

先由等效 NaCl 总矿化度计算得到 24 ℃时地层水电阻率 R_{wn} 的近似式：

$$R_{wn}=0.012\,3+\frac{3\,647.5}{[NaCl]^{0.905}} \tag{5-19}$$

式中　[NaCl]——等效 NaCl 的总矿化度，mg/L。

再计算出任意温度 T 时的地层水电阻率 R_w：

$$R_w=R_{wn}\left(\frac{45.5}{T+21.5}\right) \tag{5-20}$$

计算结果为：YAA64 井 $R_w=0.029\,2\ \Omega\cdot m$；YAA1-27 井 $R_w=0.05\ \Omega\cdot m$；YAA1-30 井 $R_w=0.044\ \Omega\cdot m$。因此，R_w 取值在 0.03～0.05 Ω·m 之间，最终计算采用 0.04 Ω·m。

3.3　单井有效储层识别与分类评价

结合上述研究成果，充分利用试油及生产动态资料，确定有效储层划分标准，并在此基础上对储层流体识别方法进行探究。

3.3.1　有效储层识别

永 1 块砂砾岩储层油气水分布复杂，且岩石骨架对测井响应的贡献往往掩盖了岩石中所含流体在电性上的差异，即油、气、水电性特征不明显，从而导致有效储层识别存在较大的不确定性。

1）试油资料

本区试油 7 井 12 井次(表 3-6)，均为砂砾岩段，其中油层和含水油层 3 层 22.4 m；油水同层 2 层 5.2 m；含油水层 4 层 32.8 m。

表 3-6　试油层段统计表

井　名	试油段/m		岩　相	储层段/m			试油结论
	顶	底		顶	底	厚　度	
YAA57	2 501.8	2 506.4	砾　岩	2 501.8	2 506.4	4.6	干　层
YAA57	2 371.0	2 379.8	砾　岩	2 371.0	2 379.8	8.8	干　层
YAA83	2 344.1	2 350.0	砾　岩	2 344.1	2 350.0	5.9	干　层
YAA1	1 912.0	2 189.4	砂　岩	1 978.2	1 980.2	2.0	含水油层
YAA64	2 452.8	2 456.0	砾　岩	2 452.8	2 456.0	3.2	干　层
YAA64	2 213.6	2 248.6	砾　岩	2 213.8	2 216.5	2.7	油水同层
			砾　岩	2 244.1	2 246.6	2.5	油水同层
YAA64	2 133.0	2 189.7	砾　岩	2 133.0	2 134.8	1.8	含油水层
			砾　岩	2 156.5	2 160.8	4.3	含油水层
			砾　岩	2 171.0	2 189.7	18.7	含油水层
YAA53	2 258.0	2 266.0	砾　岩	2 258.0	2 266.0	8.0	含油水层
YAA53	2 126.8	2 132.6	砂　岩	2 126.8	2 132.6	5.8	油　层
YAA1-5	2 264.0	2 278.6	含砾砂岩	2 264.0	2 278.6	14.6	油　层
YAA63	2 651.0	2 660.0	砾　岩	2 651.0	2 660.0	9.0	干　层
YAA63	2 361.2	2 408.4	砾　岩	2 361.2	2 408.4	47.2	干　层

根据岩相结果及试油结果分析可得到不同流体的测井响应特征。

(1) 油层：岩相多为砂岩、含砾砂岩或细砾岩；自然电位曲线呈负异常，微电极曲线存在幅度差，电阻率呈高值，如图 3-26 所示。

(2) 油水同层或含油水层：岩相多为细砾岩及砂砾岩互层；自然电位曲线呈负异常，微电极曲线存在一定的幅度差，或垂向上存在高渗薄层，电阻率曲线值较低，如图 3-27 所示。

(3) 干层：岩相类型多样。在中粗砾岩相中，自然电位曲线无异常，微电极曲线呈锯齿状，且无幅度差；在砂岩储层中，微电极曲线表现为尖峰多，多反映致密储层特征，如图 3-28 所示。

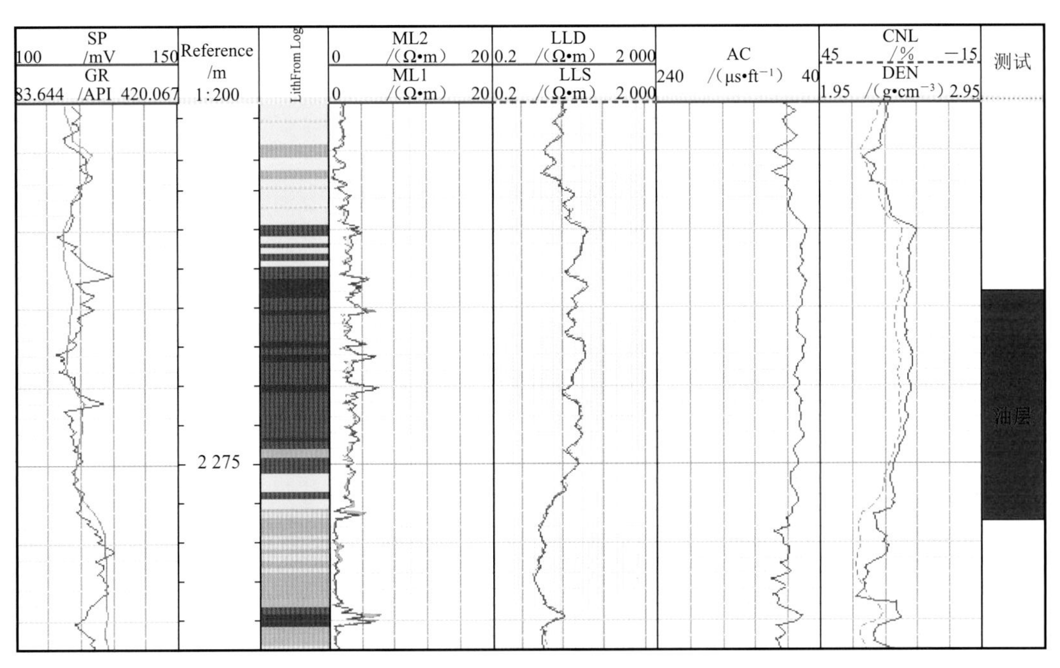

图 3-26　油层测井响应特征

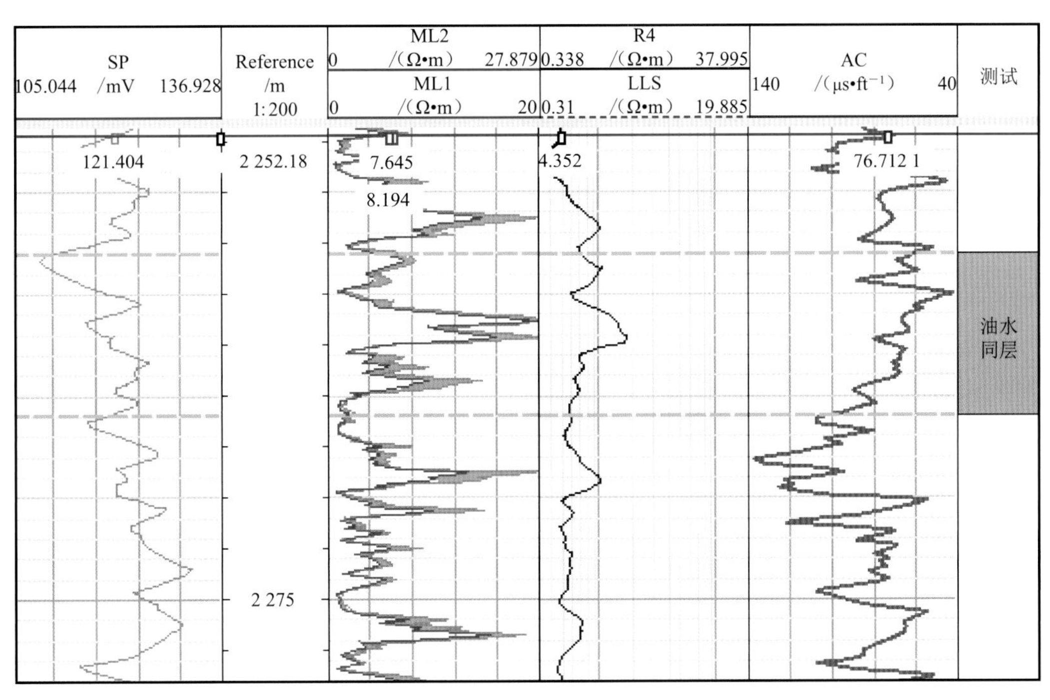

图 3-27　油水同层/含油水层测井响应特征

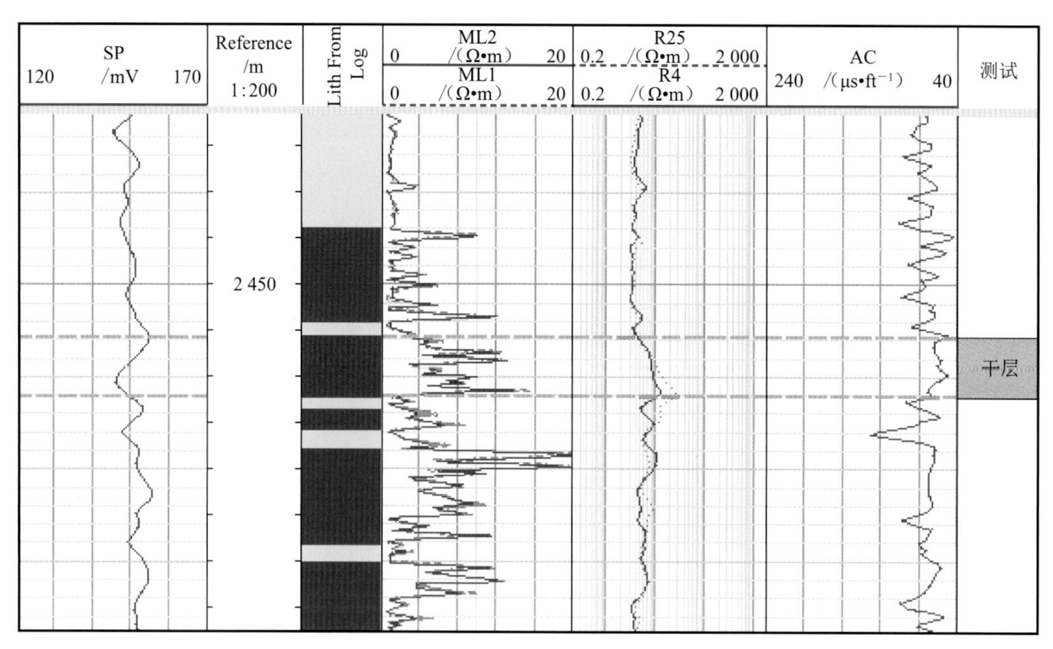

图 3-28 干层测井响应特征

2）生产动态资料

根据 33 口井的生产动态资料分析，油藏在注水以前，单井产液中含水的井有 8 口，如表 3-7 所示。

表 3-7 注水前产液含水统计表

井 名	射孔次数	射孔井段/m	初期产能				末期产能				生产动态解释流体性质
			生产时间	日产液/(m³·d⁻¹)	日产油/(t·d⁻¹)	含水率/%	生产时间	日产液/(m³·d⁻¹)	日产油/(t·d⁻¹)	含水率/%	
YAA1-8	1	2 695～2 701 2 706～2 715	1989.8.1	574	46.1	19.6	2004.3.1	3.8	1.0	73.5	油水同层
YAA1-53	1	2 821～2 838	1989.11.1	30.1	4.8	84.1	1989.12.1	4.4	1.7	61.8	油水同层
YAA63-12	1	2 392～2 397.8 2 400～2 402.8 2 405.4～2 406.8	1988.7.1	13.5	8.3	38.5	1988.11.1	8.2	5.7	30.9	水层 油水同层
YAA63-11	1	2 503～2 506 2 511.7～2 525.5	1988.9.1	17.5	9.3	46.7	1988.12.1	10.2	0.0	100.0	水层 油水同层
YAA1-30	1	2 371～2 385	1989.12.1	23.8	20.1	15.5	1990.9.1	2.3	1.9	16.7	油水同层
YAA1-33	1	2 394～2 406	1989.12.1	30.4	21.0	30.8	1996.11.1	27.9	0.4	98.7	油水同层
YAA1-39	1	2 370～2 376 2 379～2 380.9 2 385～2 392	1989.12.1	57.2	38.1	33.3	1997.8.1	5.3	2.7	49.5	油水同层
YAA1-41	2	2271～2 283.4	1989.12.1	22.2	18.9	14.8	1994.2.1	7.4	4.4	40.4	油水同层

图3-29为YAA1-41井生产动态图。1989年12月1日，第1次射孔2 517～2 524 m井段，压裂投产，产液为全水，关闭；1990年12月1日，第2次射孔2 271～2 283.4 m井段，压裂投产，日产液22.2 m³/d，日产油18.9 t/d，含水率14.8%；后期日产液7.4 m³/d，日产油4.4 t/d，含水率40.4%。综合分析认为，2 271～2 283.4 m井段为油水同层，如图3-30所示。

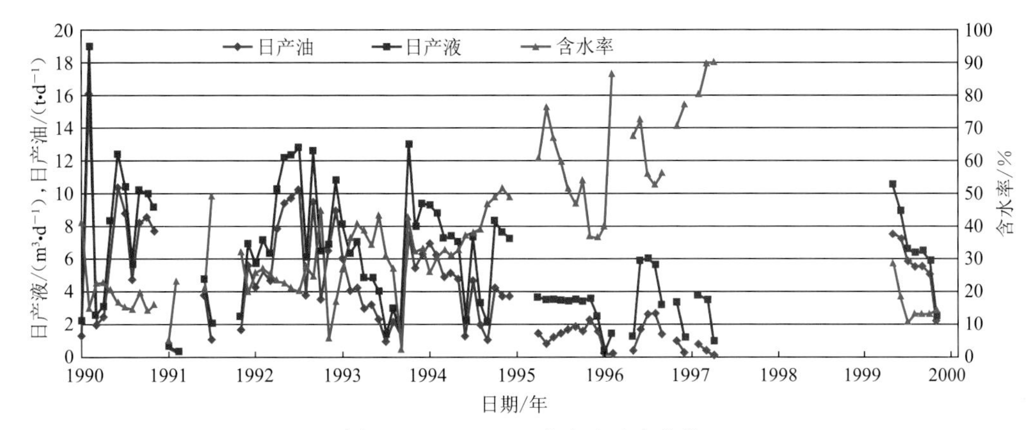

图3-29 YAA1-41井生产动态曲线

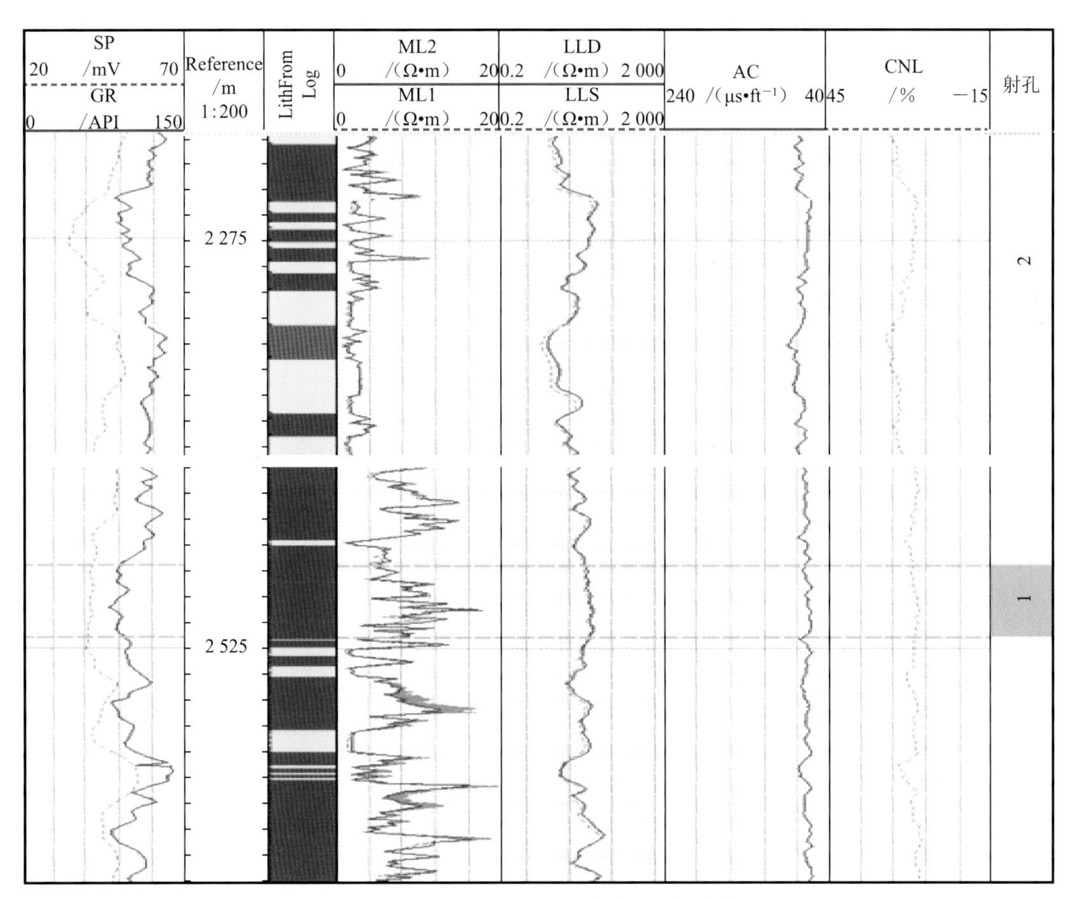

图3-30 YAA1-41井射孔层位示意图

综合分析认为，储层物性较好且储层相对均一的砂岩储层中不存在水层；储层结构复杂、非均质性强、物性相对较差的砂砾岩储层中存在油水同层和含油水层。

3）有效储层识别标准

根据钻井取心、试油及生产动态数据，绘制有效储层识别图版（图 3-31～图 3-35），确定有效储层识别标准；进一步结合生产动态特征及储层测井响应特征，将有效储层划分为两类（表 3-8）。

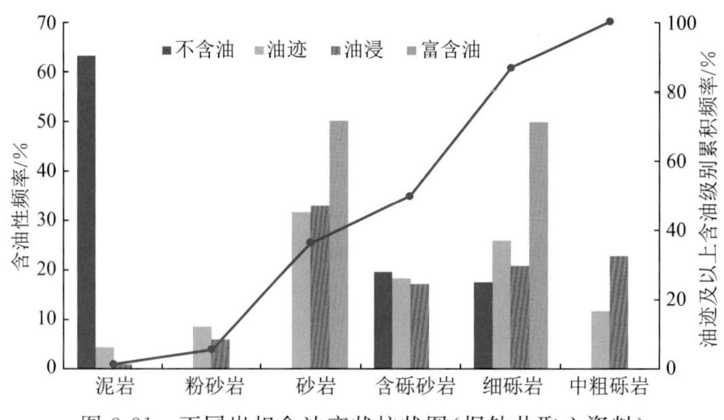

图 3-31　不同岩相含油产状柱状图（据钻井取心资料）

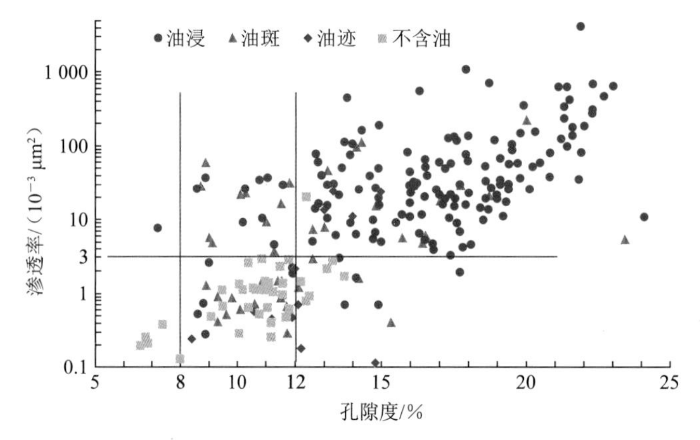

图 3-32　含油产状与物性参数关系曲线（据物性分析资料）

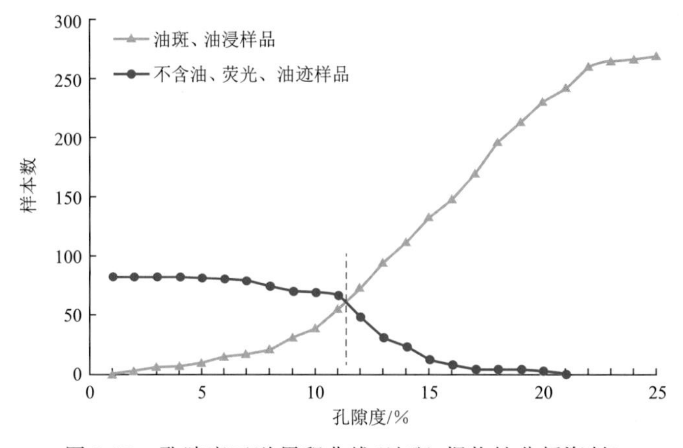

图 3-33　孔隙度正逆累积曲线（油斑，据物性分析资料）

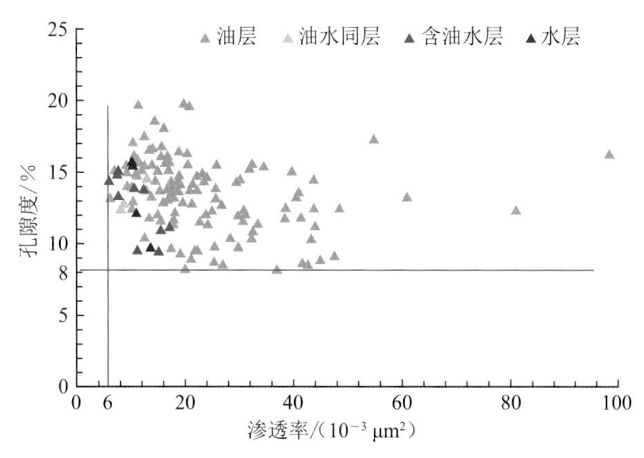

图 3-34　不同流体性质储层孔渗交会图(据开发动态资料)

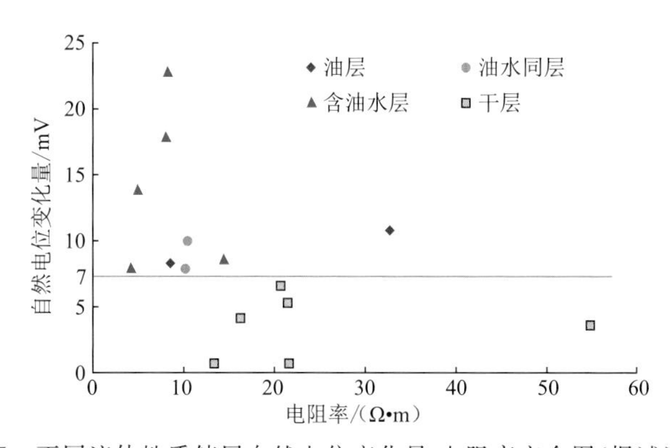

图 3-35　不同流体性质储层自然电位变化量-电阻率交会图(据试油资料)

表 3-8　有效储层类型及评价标准统计表

有效储层类型	岩相类型	微电极	自然电位变化/mV	电阻率/(Ω・m)	孔隙度/%
Ⅰ类	砂岩相,含砾砂岩相,细砾岩相	幅度中高值,存在明显幅度差	>7	>6	>12
Ⅱ类	含砾砂岩相,细砾岩相,中粗砾岩夹薄层砂岩相	幅度高值,存在一定幅度差	>7	>6	>8

图 3-36 为 YAA1-33 井射孔层段及电测曲线图,射孔层段 2 394～2 406 m,为砂岩储层,自然电位曲线异常;微电极曲线有明显正幅度差;电阻率区间为 15～34 Ω・m,测井资料计算孔隙度 13.3%。1989 年 12 月该井单层压裂投产,日产液 30.4 m^3/d,日产油 21 t/d。综合分析认为,该层为Ⅰ类有效储层,油层。

图 3-37 为 YAA1-11 井射孔层段及电测曲线图,射孔层段 2 184～2 188 m 和 2 194～2 197 m,为砾岩储层,自然电位曲线异常;微电极曲线齿化严重,存在一定程度负幅度差;电阻率区间为 8～13 Ω・m;测井资料计算孔隙度 13.8%～15.2%。1989 年 12 月该井补孔改层压裂投产,初始日产液 5.2 m^3/d,日产油 3.5 t/d,开井 6 d 后供液不足。综合分析认为,该层为Ⅱ类有效储层,油层。

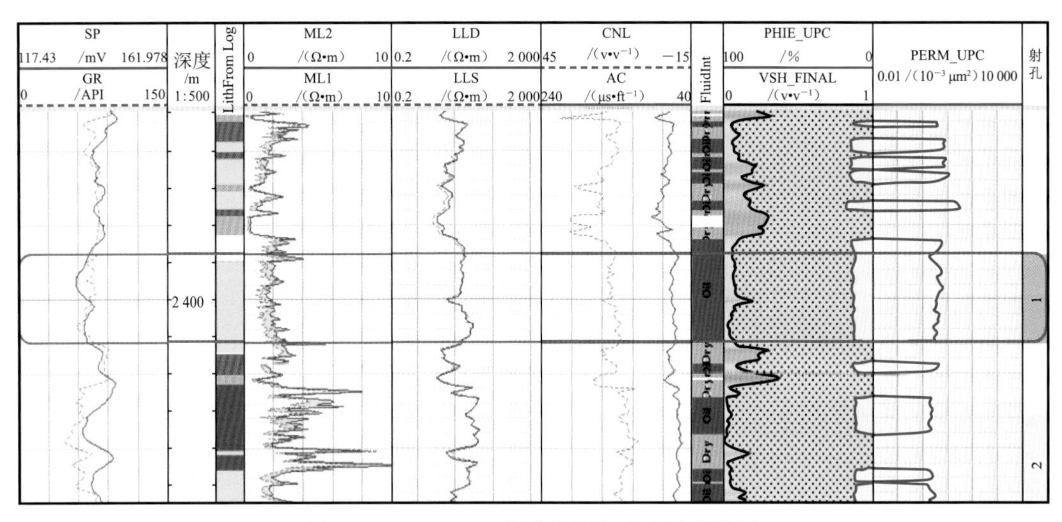

图 3-36 YAA1-33 井射孔层段及电测曲线图

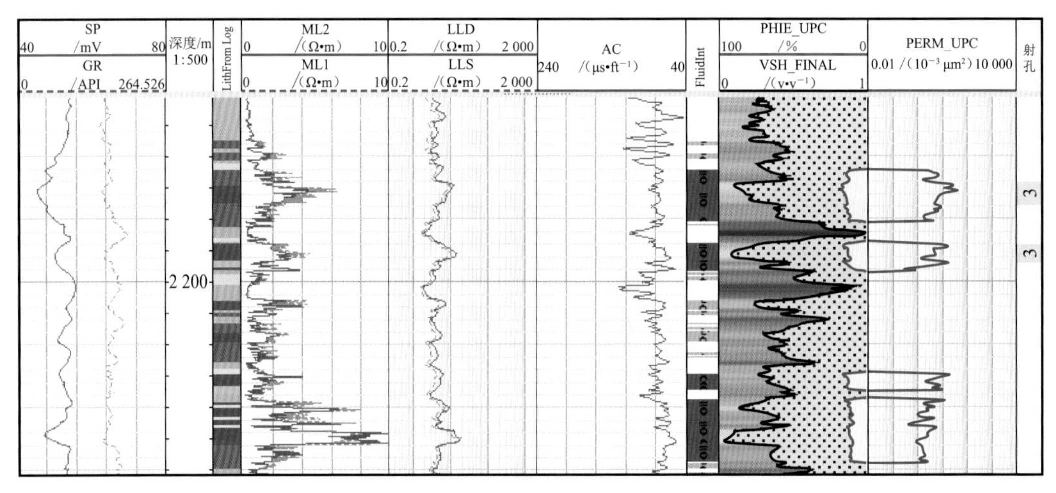

图 3-37 YAA1-11 井射孔层段及电测曲线图

3.3.2 储层流体识别

1）基于核磁测井资料的流体识别

核磁共振测井是一种特殊的裸眼井测井方法，它能够为地层的油气评价提供重要信息。核磁共振的重要用途之一便是储层流体的识别。在岩性复杂、利用常规测井技术无法识别油气的储层中，核磁共振测井的移谱及差谱技术更体现出其独特的优势，对于具有不同物理特性的油气，如超稠油、稠油、轻质油及气层，核磁共振谱具有不同的特征。

（1）理论基础。

核磁共振识别流体的差谱方法是根据天然气和轻质油与水的纵向弛豫时间 T_1 的差异发展起来的双 TW 法。在亲水岩石中，天然气和轻质油有相对较长的 T_1，而水则由于与岩石孔隙表面相接触而具有相对较短的 T_1，因而烃类与孔隙水完全磁化所需要的时间存在一定差异。对于孔隙水而言，较短的极化时间就足以使其完全磁化；而轻质油与天然气则需要相对较长的时间才能完全磁化。所以，如果有烃类存在，长、短极化时间得到的 T_2 分布就会有明显差异(图 3-38)。理论上讲，两个 T_2 分布相减，水的信号可以相互抵消，而油与气的信号则残留在差谱中，因此可以根据差谱方法识别油气。对于稠油层，在差谱信息上，稠油在 1 s 内基本上已经完全极化，表现为无或者较弱的差谱信号显示；相反，对于水层，在 1 s 的等待时间内，大孔径中的水信号没有完全被极化，有明显的差谱信号显示。对于中等黏度的油，当其黏度与轻质油接近时，其响应特征与轻质油类似；当其黏度与稠油接近时，其响应特征与稠油类似。

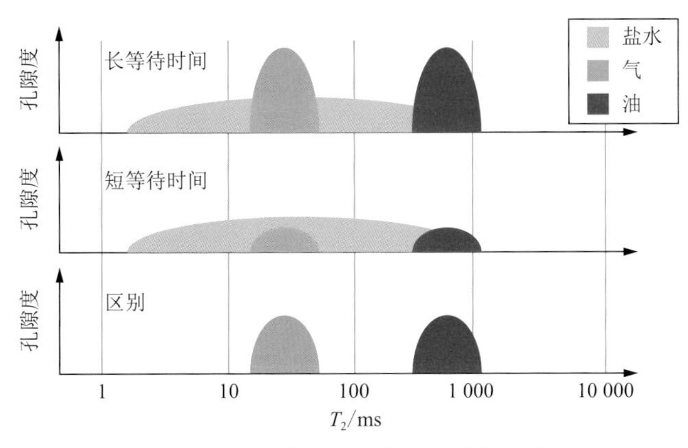

图 3-38 核磁共振差谱法识别油气示意图

核磁共振识别流体的移谱方法利用不同的回波间隔 TE 进行测量，从而得到不同的信息。对利用长、短回波间隔测量得到的信息进行反演，得到不同回波间隔的两个不同的谱分布。通过比较可以发现，长回波间隔下气的 T_2 分布发生了明显的衰减并且向左存在明显的位移，而轻质油和水的扩散系数小，T_2 分布只是稍微向左移动。气层与轻质油和水相比表现为明显的移谱现象，很容易与水区分，而轻质油与水相比表现为基本相似的移谱现象(图 3-39)。对于中等黏度原油，从移谱测井上看，油层与水层存在明显差异，水层表现为迅速前移，其峰值移到油峰前面。对于稠油层，从移谱测井上看，无论是水层还是稠油层，其 T_2 谱的右边界均表现为前移的趋势，但稠油层的 T_2 峰值前移程度远低于水层。

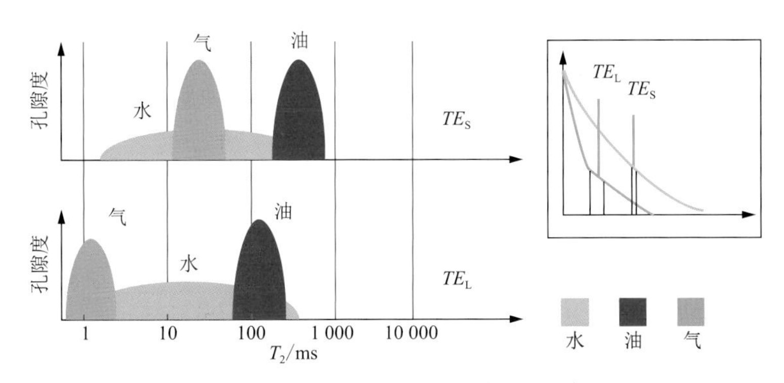

图 3-39 核磁共振差谱法识别油气示意图

(2) 核磁测井不同流体谱特征分析。

根据核磁共振流体识别原理，对本区核磁共振井进行流体识别研究。如图 3-40 蓝框所示，在差谱图上，油与水的 T_1 存在明显差异，油信号明显，表现为明显油层特征；在移谱图上，油层与水层存在明显差异，油水信号分离，反映出油层的特征；同时，T_2 谱上可动流体饱和度比较大，因此综合解释为油层。

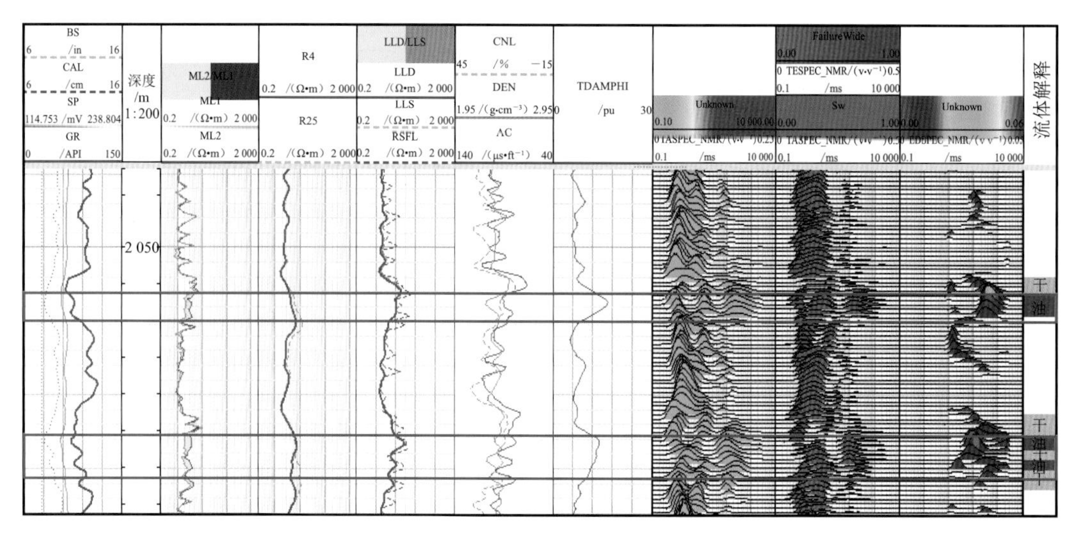

图 3-40　YAA1X63 井核磁共振流体识别成果图

(1 in=25.4 mm)

如图 3-41 所示，在差谱图上，表现为较弱的水信号；在移谱图上，表现为无油气信号；同时，T_2 谱上可动流体饱和度比较小，因此综合解释为水层或者干层。

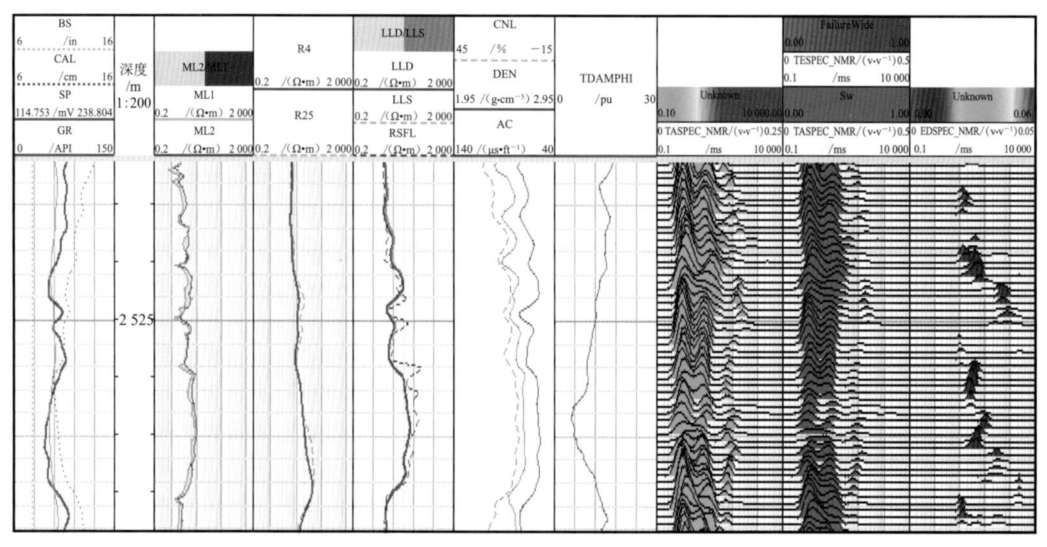

图 3-41　YAA1-5 井核磁共振流体识别成果图

2) 基于常规测井资料的流体识别

受岩石骨架影响，仅依靠电阻率难以识别流体类型。因此，根据生产动态数据，分岩相类型绘制电阻率-孔隙度交会图。如图3-42～图3-44所示，确定含砾砂岩相油层与油水同层的含水饱和度分界线为38%，而砾岩相和砂岩相受资料限制，无法确定界限值。

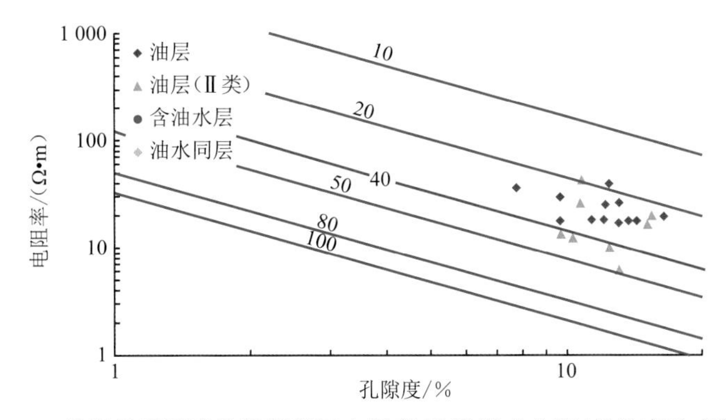

图3-42 砾岩相不同流体类型储层电阻率-孔隙度交会图(据生产动态数据)

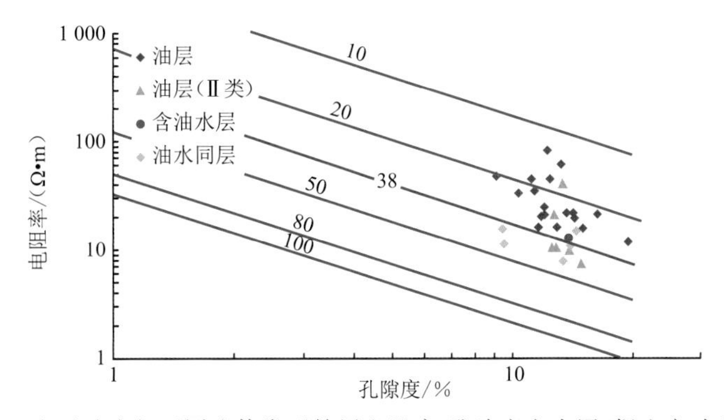

图3-43 含砾砂岩相不同流体类型储层电阻率-孔隙度交会图(据生产动态数据)

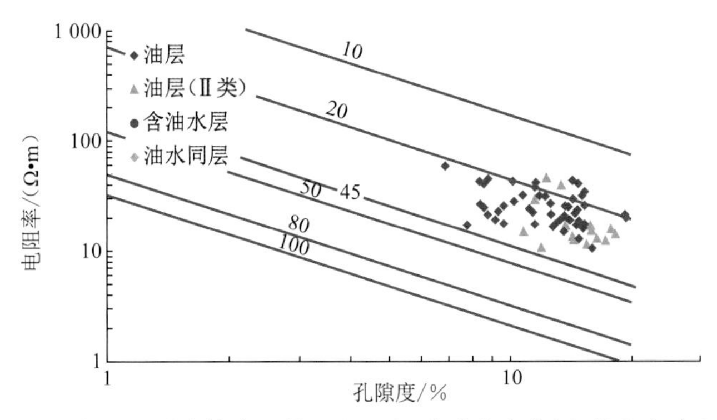

图3-44 砂岩相不同流体类型储层电阻率-孔隙度交会图(据生产动态数据)

>>>>>> 第 4 章

砂砾岩体有效储层分布

对有效储层的研究可为制定开发方案奠定重要基础。本章充分吸收前人研究成果，结合有效储层评价结果，应用测井、地震等资料，采用实验室分析、计算机建模等多种研究手法，对有效储层物性影响因素、连通体分布、砂砾岩储层地质建模方法等进行详细研究及阐述。

4.1 砂砾岩储层物性影响因素分析

储层物性特征是多种因素共同作用的结果，包括沉积环境和构造运动等宏观因素，还有颗粒成分、物理化学性质、结构构造、填隙物、杂基成分及含量等微观因素，且宏观、微观因素相互影响、相互制约，从而形成了储层分布的特征。通过对永北地区的岩心观察、微观构造等研究认为，影响永 1 块目的层有效储层物性的主要因素为沉积作用和成岩作用。

4.1.1 储层物性特征

通过永北地区 YAA1-5 井和 YAA1X63 井两口取心井 331 个岩样的物性统计数据(表 4-1)可以看出，永 1 块砂砾岩体储层整体属于中—低孔低渗储层，孔隙度分布在 1.5%～34.3%之间，平均为 14%；渗透率分布在 0.033×10^{-3}～$1\ 071.993\times10^{-3}\ \mu m^2$之间，平均为 $39.9\times10^{-3}\ \mu m^2$。此外，不同小层间孔隙度、渗透率的差异较大。

表 4-1　YAA1-5 井和 YAA1X63 井各小层物性统计表

井位	小层	孔隙度/%		渗透率/(10^{-3} μm²)		样品数/个
		范围	平均值	范围	平均值	
YAA1-5	$Es_4 2_2$	2.6～21.3	13.11	0.288～1 071.99	121.87	37
	$Es_4 2_3$	1.5～34.3	15.03	0.033～528.01	44.50	231
YAA1X63	$Es_4 2_1$	6.3～22.0	14.31	0.049～26.30	6.86	7
	$Es_4 2_2$	3.6～13.9	8.13	0.064～0.08	0.07	3
	$Es_4 5_2$	9.1～13.1	10.83	0.280～20.10	2.62	17
	$Es_4 5_3$	2.9～14.1	11.04	0.287～96.10	5.55	29
	$Es_4 8_3$	6.6～8.4	7.22	0.194～0.38	0.25	5

表 4-1 表明，YAA1-5 井在 $Es_4 2_2$ 和 $Es_4 2_3$ 小层的储层物性要比 YAA1X63 物性好。永 1 块物性变化非常快，渗透率最低为 0.033×10^{-3} μm²，最高可达 1 071.99 $\times10^{-3}$ μm²，相差 5 个数量级，可见储层非均质性极强。

4.1.2　储层孔隙特征

YAA1-5 井和 YAA1X63 井的 32 份铸体薄片、扫描电镜资料表明，永 1 块的砂砾岩储层发育了原生孔隙、次生孔隙和裂缝 3 种储集空间（表 4-2）。其中，原生孔隙主要是粒间孔；次生孔隙包括长石溶孔、碳酸盐溶孔、粒间溶孔、颗粒溶孔等，是本区主要的孔隙类型；裂缝孔隙相对较少。主水道中的砾岩储层有很好的物性，可能与岩石内发育的裂缝有关。

表 4-2　YAA1X63 井和 YAA1-5 井储层孔隙发育情况统计表

井位	层位	深度/m	岩石定名	主要孔隙类型
YAA1X63	$Es_4 2$	2 039.31	含碳酸盐质中粒长石岩屑砂岩	原生孔
YAA1X63	$Es_4 5$	2 226.55	含白云质不等粒长石岩屑砂岩	原生孔
YAA1X63	$Es_4 5$	2 230.40	含泥质白云质不等粒长石岩屑砂岩	次生孔
YAA1X63	$Es_4 5$	2 233.14	含灰质不等粒长石岩屑砂岩	次生孔
YAA1X63	$Es_4 5$	2 248.90	含碳酸盐质泥质砾质不等粒长石岩屑砂岩	次生孔、裂缝
YAA1-5	$Es_4 2$	2 217.62	含白云质含砾中粒长石砂岩	原生孔、次生孔
YAA1-5	$Es_4 2$	2 218.48	含泥质砾质不等粒岩屑砂岩	次生孔
YAA1-5	$Es_4 2$	2 219.54	白云质长石细砂岩	次生孔
YAA1-5	$Es_4 2$	2 223.72	砂质砾岩	次生孔
YAA1-5	$Es_4 2$	2 229.04	细粒岩屑砂岩	原生孔
YAA1-5	$Es_4 2$	2 229.49	含泥质细粒岩屑砂岩	次生孔
YAA1-5	$Es_4 2$	2 235.14	砂质砾岩	原生孔、次生孔
YAA1-5	$Es_4 2$	2 236.71	细粒岩屑砂岩	原生孔、次生孔

续表

井　位	层　位	深度/m	岩石定名	主要孔隙类型
YAA1-5	$Es_4 2$	2 237.20	含泥质岩屑粗粉砂岩	次生孔
YAA1-5	$Es_4 2$	2 240.07	砾质不等粒岩屑砂岩	原生孔
YAA1-5	$Es_4 2$	2 242.54	含泥质含砾不等粒岩屑砂岩	次生孔
YAA1-5	$Es_4 2$	2 244.95	含泥质含砾不等粒岩屑砂岩	原生孔、次生孔
YAA1-5	$Es_4 2$	2 248.63	砂质砾岩	原生孔
YAA1-5	$Es_4 2$	2 250.39	砂质砾岩	次生孔
YAA1-5	$Es_4 2$	2 251.84	中粒岩屑砂岩	次生孔
YAA1-5	$Es_4 2$	2 252.27	细粒岩屑砂岩	次生孔
YAA1-5	$Es_4 2$	2 254.34	细粒岩屑砂岩	原生孔、次生孔
YAA1-5	$Es_4 2$	2 257.18	砂质砾岩	次生孔
YAA1-5	$Es_4 2$	2 258.92	砂质砾岩	次生孔
YAA1-5	$Es_4 2$	2 261.27	砾　岩	原生孔、次生孔
YAA1-5	$Es_4 2$	2 263.94	细砾岩	次生孔
YAA1-5	$Es_4 2$	2 266.61	含白云质含砾不等粒岩屑砂岩	次生孔
YAA1-5	$Es_4 2$	2 267.19	砾　岩	次生孔
YAA1-5	$Es_4 2$	2 269.91	含砾不等粒岩屑砂岩	次生孔
YAA1-5	$Es_4 2$	2 272.77	含白云质含砾不等粒岩屑砂岩	次生孔
YAA1-5	$Es_4 2$	2 275.14	细砾岩	次生孔
YAA1-5	$Es_4 2$	2 276.25	含砾不等粒岩屑砂岩	原生孔、次生孔

由于沉积环境和成岩作用对储集物性的影响，不同油组发育的孔隙类型有所差异，永1块 $Es_4 2$ 和 $Es_4 5$ 油组孔隙发育类型如图 4-1 和图 4-2 所示。

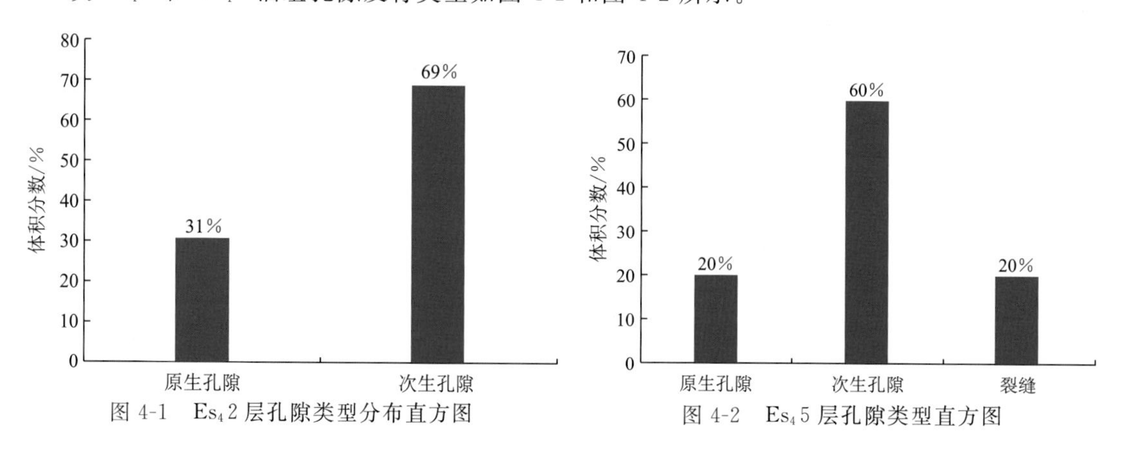

图 4-1　$Es_4 2$ 层孔隙类型分布直方图　　图 4-2　$Es_4 5$ 层孔隙类型直方图

$Es_4 2$ 油组不发育裂缝，次生孔隙占总孔隙的 69%；$Es_4 5$ 油组发育裂缝，与 $Es_4 2$ 油组相似，次生孔隙占总孔隙的百分比达到了 60%。

岩石铸体薄片资料显示，样品的平均孔隙半径在 5～32 μm 之间，属于毛细管孔隙中的小孔隙和中孔隙级别。为了测定喉道大小与分布，采用压汞法表征孔隙结构，对永 1 块 YAA1X63 井和 YAA1-5 井共 10 个样品做了压汞测试，YAA1X63 井的孔喉特征参数如表 4-3 所示。

表 4-3　永 1 块 YAA1X63 井砂砾岩储层孔喉特征参数表

井　名	井深/m	孔隙度/%	渗透率/(10^{-3} μm^2)	最大连通喉道半径/μm	孔喉半径中值/μm	均质系数	退汞效率/%	最大汞饱和度/%
YAA1X63	2 040.53	21.7	147	14.220	1.307	0.254	56.80	85.20
YAA1X63	2 226.55	11.2	0.348	0.365	—	0.234	38.68	17.66
YAA1X63	2 233.14	8.1	0.202	0.382	—	0.309	46.69	36.89
YAA1X63	2 240.55	10.8	0.972	0.366	—	0.232	42.00	33.29
YAA1X63	2 248.90	11.5	0.649	0.537	—	0.280	61.95	35.62

铸体薄片、压汞曲线资料表明储层的主流喉道半径主要分布在 1～5 μm 之间，依据孔隙和喉道的分级标准，得出永 1 块总体属于小孔细喉型和中孔细喉型储层。

根据孔喉分布的歪度及孔喉的分选性，可以将压汞曲线分为 2 类孔喉结构(图 4-3)。

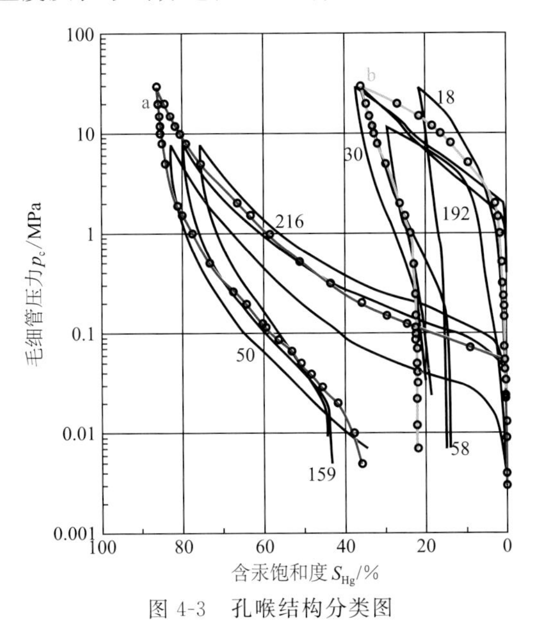

图 4-3　孔喉结构分类图

(样品 18：YAA1X63 井，2 226.55 m；样品 30：YAA1X63 井，2 233.14 m；样品 50：YAA1-5 井，2 235.67 m；样品 58：YAA1X63 井，2 248.90 m；样品 159：YAA1-5 井，2 256.41 m；样品 192：YAA1-5 井，2 263.81 m；样品 216：YAA1-5 井，2 268.71 m)

(1) 小孔细喉型结构：分选差，细歪度，岩性主要为泥质粉细砂岩、粉细砂岩，孔隙度小于 8%，压汞曲线形态为 b 形，其压汞曲线形态如图 4-3 绿色线所示，孔喉分选差，平均孔喉半径小于 0.3 μm，退汞效率平均为 15%，此类孔隙结构常见于扇三角洲前缘水道前缘和扇三角洲平原辫状水道间微相。

(2) 中孔细喉型结构：分选一般，粗歪度，这种孔隙结构的储层为本区最好的储层，岩石颗粒主要为含砾砂岩、中粗砂岩,孔隙度大于8%,压汞曲线形态为a形,其压汞曲线形态如图4-3红色线所示,孔喉分选一般,平均孔喉半径大于1 μm,退汞效率平均为41%,此类孔隙结构常见于物性好的扇三角洲前缘辫状水道微相。

4.1.3 层内韵律特征

单砂层内碎屑颗粒的粒度大小在垂向上的变化称为粒度韵律,粒度韵律对渗透率的垂向变化有很大的影响。渗透率韵律大体可分为正韵律、反韵律、复合韵律和均质韵律4类。

永1块只有YAA1-5井和YAA1X63井有岩心孔渗测试分析数据,结合渗透率数据划分这两口取心井的韵律类型,并统计其所在的沉积微相类型。

1) 正韵律

渗透率自下而上变小。一般底部颗粒粗、孔隙大、渗透率高,向上颗粒变细、孔隙变小、渗透率降低。正韵律占有较大的比重,占统计韵律的32%。

2) 反韵律

渗透率自下而上变大。一般底部颗粒细、孔隙小、渗透率低,向上颗粒变粗、孔隙变大、渗透率升高。反韵律出现的频率最小,占13%。

3) 均质韵律

垂向上渗透率基本一致或差别不大。岩性、物性比较均匀,无明显的韵律性变化。均质韵律出现的频率为14%,比反韵律稍多一点。

4) 复合韵律

正韵律与反韵律的组合,包括复合正韵律、复合反韵律、正反复合韵律、反正复合韵律。复合韵律出现的最多,占48%。

韵律发育模式受控于沉积体垂向水动力的变化,在不同的沉积微相中,韵律发育情况不尽相同。

如图4-4和图4-5所示,扇三角洲平原和扇三角洲前缘发育的韵律模式不同,两种亚相中,复合韵律均发育的最多。

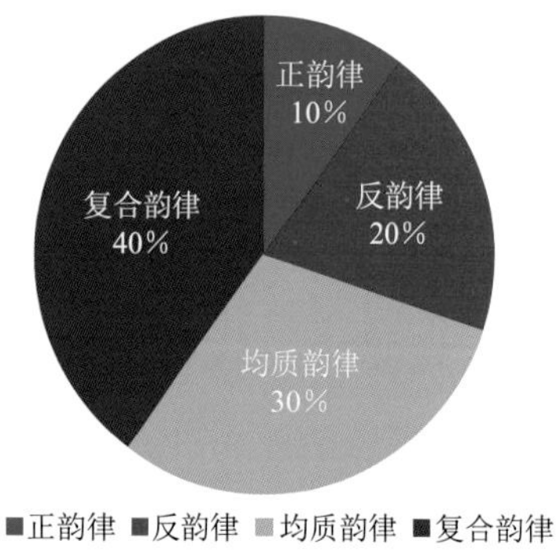

图4-4　扇三角洲平原韵律发育扇形图

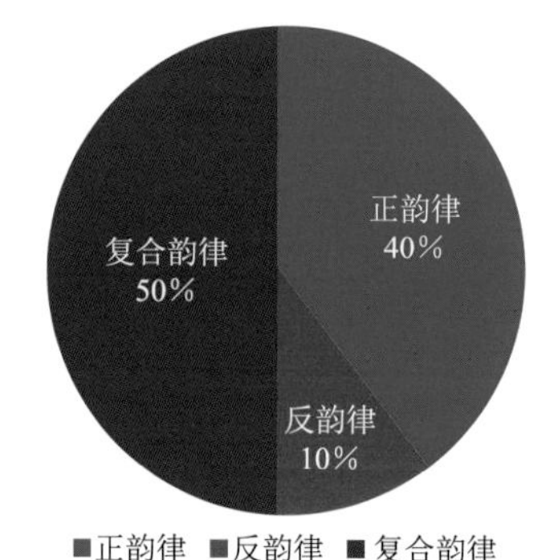

图4-5　扇三角洲前缘韵律发育扇形图

扇三角洲平原主水道微相近物源,水体能量高,沉积速度快,砂砾岩混杂堆积,通常在底部泥岩处出现冲刷面,代表一次洪水事件,沉积作用以浊流为主。当主水道地形变化或能量减弱时，粗碎屑迅速堆积，沉积物较粗，分选差，沉积厚度大，则会有均质韵律产生。在一次洪水事件从发生到消亡的全过程中，水动力条件由下而上逐步变弱，故往往会发育正韵律，占韵律总数的27％（图4-6）。当阵发性洪水发生时，主水道会出现混杂砾岩的冲刷—叠加—再冲刷—再叠加的多次沉积过程，水动力交替变化，因而会出现多期水道叠加的复合正韵律模式。主水道微相中也出现了反韵律，其特征是下部发育含砾（粒径小）砂岩，往上逐渐发育细砾岩、中砾岩，然后变为颗粒支撑砾岩（颗粒流成因），砾石的排列具有方向性。反韵律发育在更近物源、坡度更陡的扇三角洲平原上，反映了扇三角洲体系中的水动力从初始到末期不是简单地逐渐衰减，而是周期性地发生由弱—强—弱的过程。主水道中由正、反韵律组合的复合韵律发育的最多。

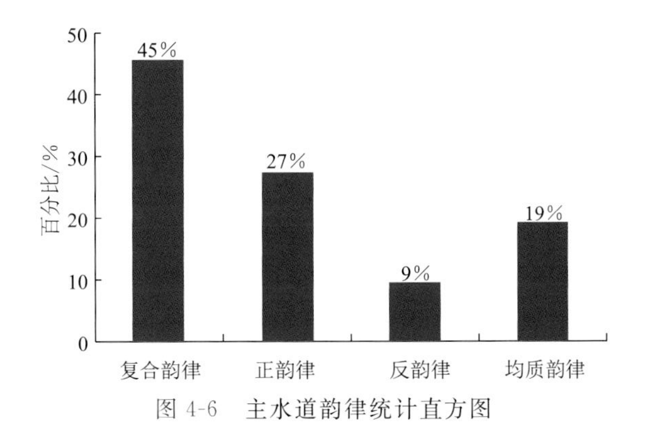

图4-6　主水道韵律统计直方图

扇三角洲前缘亚相是冲积扇入湖后向湖盆中央延伸的部分，沉积作用以碎屑流和颗粒流为主。由于主水道中较粗的中粗砾岩已经沉积，辫状水道的岩性主要为颗粒支撑或杂基支撑的中细砾岩、含砾砂岩和块状砂岩。辫状水道是主水道的延伸，因而在韵律发育上具有主水道的继承性。发育正韵律和多期辫状水道叠加的复合正韵律，其中正韵律发育的最多，为46％。另外，辫状水道也常常发育正反复合韵律，这常常是前积作用发育的反韵律和辫状水道的叠加。

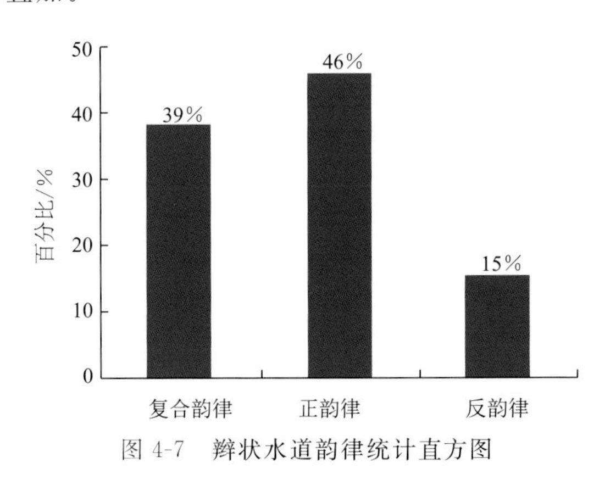

图4-7　辫状水道韵律统计直方图

水道前缘位于辫状水道前端，包括河口坝和前缘席状砂，是洪水期辫状水道漫溢所致。岩性主要是含砾砂岩和细粉砂岩，水动力条件由下而上逐步变强，因而发育反韵律。

4.1.4 沉积控制作用

沉积作用控制着岩石的类型、粒度、结构等，不同沉积环境具有不同的水动力条件，所形成的岩石类型、粒径大小、分选性、磨圆度、杂基含量和岩石的组分等均有差异，从而导致不同沉积环境下储层物性有很大差别。

1）*岩石成分对储层物性的影响*

岩石成分主要包括碎屑成分和填隙物成分。碎屑是母岩机械破碎的产物，填隙物主要包括泥质、杂基等。

在永1块砂砾岩储层岩石的碎屑组分中，石英、长石、岩屑含量接近，石英含量介于20%～48%之间，平均为33.9%，长石含量介于19%～43%之间，平均为33.8%，岩屑含量为10%～58%，平均为32.1%，此外还存在少量燧石和云母。

石英为刚性颗粒，不易受压溶作用影响而变形、溶蚀，从而可有效保护原生孔隙。长石的亲水性和亲油性较强，被油或水润湿时，长石表面可形成液体薄膜，这些液体薄膜一般不能移动，这样在某种程度上可减少孔隙的流动截面积，导致渗透率变小；长石颗粒表面常有次生高岭石和绢云母，它们对油气具有吸附作用，而且吸水膨胀后可堵塞原来的孔隙和喉道，从而导致储层物性变差。此外，长石不耐风化，易发生溶蚀作用，使孔隙增大，从而提高岩石孔隙度和渗透率。从长石含量与孔隙度关系图（图4-8）可以看出，随着长石含量增加，储层孔隙度增大，即长石含量与储层孔隙度呈正相关。这说明溶蚀作用对长石颗粒的影响大于流体对长石颗粒的影响。

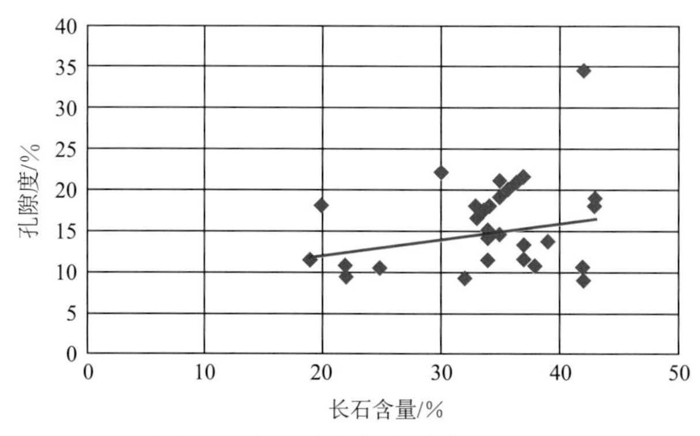

图4-8　长石含量与孔隙度关系图

采用福克的三端元砂岩分类方法，岩石类型主要分为长石岩屑砂岩和岩屑长石砂岩，其中YAA1-5井主要是长石岩屑砂岩，YAA1X63井主要是岩屑长石砂岩（图4-9）。在岩石成岩过程中，岩屑容易发生塑性变形，致使砂岩致密化，原生孔隙难以保存。永1块岩屑组分以变质岩和沉积岩岩屑为主，分别占岩屑总量的45.4%和45.3%，变质岩岩屑多为千枚岩、页岩等塑性岩屑，也含有少量云母。从岩屑含量与孔隙度关系图（图4-10）可以看出，随着岩屑含量的增加，储层孔隙度降低，即岩屑含量与储层孔隙度呈负相关。

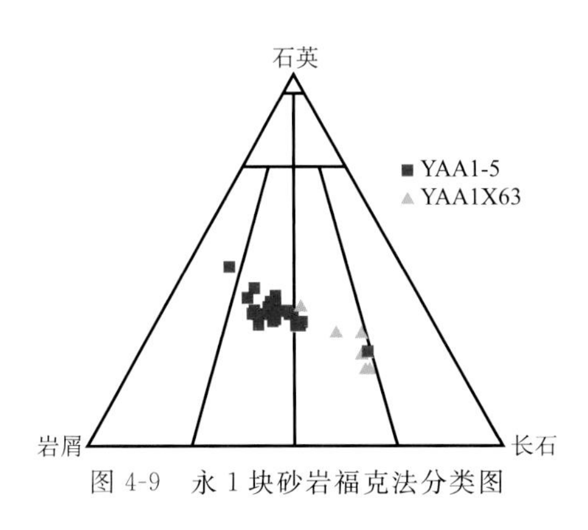

图 4-9 永 1 块砂岩福克法分类图

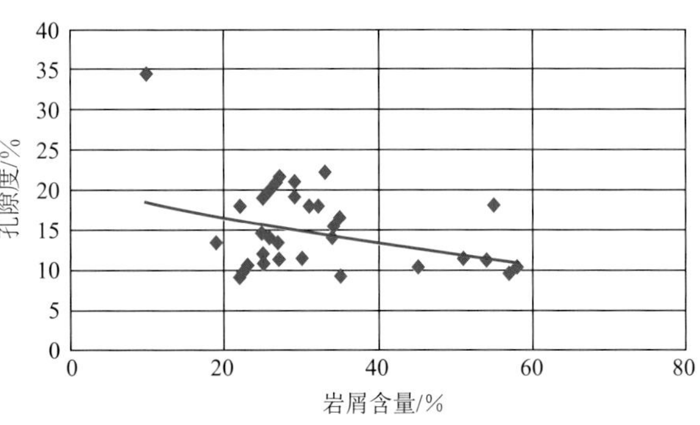

图 4-10 岩屑含量与孔隙度关系图

岩屑成分中的塑性岩屑含量高,容易降低储层物性。由于塑性岩屑抗压性弱,受压易变形,因此在这些塑性组分含量高的地方,压实作用比较强烈。尤其是在埋藏初期,在压实作用下,这些塑性岩屑易被压实变形,挤入粒间孔隙中形成假杂基,堵塞喉道,降低储层的孔隙度和渗透率。

一方面,永 1 块砂岩长石含量较高,意味着后期成岩作用时,这些组分易被酸性流体溶蚀而形成溶蚀孔,形成次生孔隙带,从而改善储层质量;另一方面,长石蚀变会导致自生伊利石的形成,从而伴随自生石英的沉淀,大大降低岩石渗透性。

永 1 块泥质杂基含量介于 2%~35%之间,变化比较大,平均值为 8%,含量较高。杂基含量越多,表明沉积物沉积时水动力能量较弱,或高能环境快速堆积,分选作用弱,沉积物没有经过再改造作用,不同粒度的泥和砂混杂堆积,不利于原生孔隙的发育。从杂基含量与渗透率关系图(图 4-11)可以看出,随着杂基含量的增加,储层渗透率降低,即泥质杂基与渗透率呈负相关。

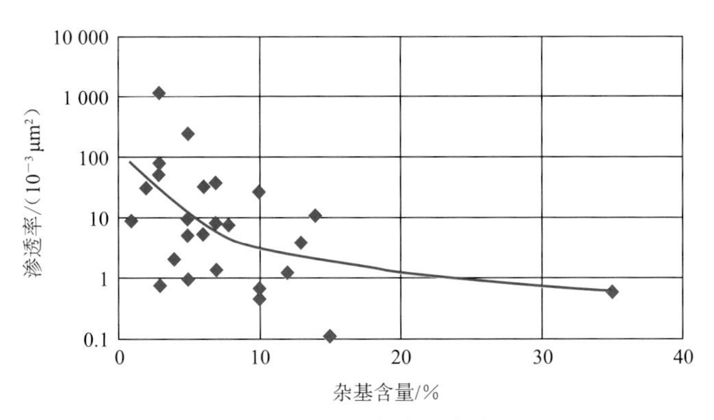

图 4-11 杂基含量与渗透率关系图

利用 YAA1-24 井、YAA1-5 井、YAA1X63 井 3 口取心井的 31 个 X-衍射黏土矿物数据,得到本区黏土矿物含量(图 4-12)介于 2%~44%之间,平均值为 10.6%。黏土矿物包括伊/蒙间层、伊利石、高岭石、绿泥石,其中伊/蒙间层最多,占 38.6%,伊利石次之。

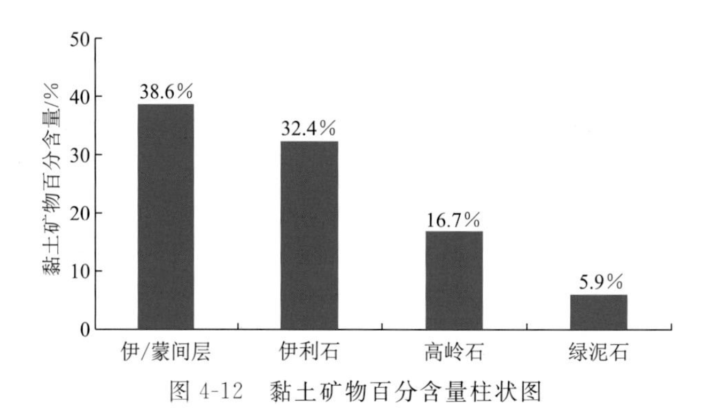

图 4-12　黏土矿物百分含量柱状图

2）沉积相对储层物性的影响

不同微相的物性差异在本质上是由岩相组合差异造成的。岩心分析数据表明，不同微相间孔隙度的差异较小，但渗透率存在较大差异（表 4-4）。

表 4-4　不同沉积微相、不同岩相物性数据表

微　相	岩　相	样品数	孔隙度/%	渗透率/(10^{-3} μm^2)			平均孔隙度/%	平均渗透率/(10^{-3} μm^2)
				最大值	最小值	平均值		
主水道	颗粒支撑砾岩	42	16.17	130.97	3.58	38.69	16.17	45.17
	杂基支撑砾岩	18	14.35	50.20	7.57	30.24		
	含砾砂岩	14	17.31	407.61	5.11	69.17		
	中粗砂岩	31	16.72	271.70	4.07	51.81		
水道间	杂基支撑砾岩	4	12.97	49.42	21.90	32.41	16.60	32.18
	含砾砂岩	11	17.37	73.57	18.86	39.76		
	中粗砂岩	13	18.08	78.06	5.38	31.83		
	泥质砂岩	3	12.24	7.59	3.87	5.61		
辫状水道	颗粒支撑砾岩	10	14.35	11.45	4.79	9.28	15.02	58.14
	含砾砂岩	18	16.60	528.01	3.67	100.13		
	中粗砂岩	8	16.26	96.10	76.55	86.32		
	细粉砂岩	13	12.59	27.92	5.68	20.24		
水道前缘	中粗砂岩	7	15.35	142.87	22.48	63.55	11.84	26.15
	细粉砂岩	12	11.21	20.10	13.65	16.87		
	泥质砂岩	8	9.72	25.18	4.51	7.34		

扇三角洲前缘辫状水道的物性最好，平均孔隙度为 15.02%，平均渗透率为 58.14×10^{-3} μm^2，其中物性较好的岩相为含砾砂岩相和中粗砂岩相；扇三角洲平原主水道微相的储层物性次之，平均孔隙度为 16.17%，平均渗透率为 45.17×10^{-3} μm^2，其中含砾砂岩相和中粗砂岩相物性较好，颗粒支撑砾岩相物性中等；扇三角洲前缘水道前缘微相和扇三角洲平原水道间微相的储层物性较差，水道间微相的平均孔隙度为 16.60%，平均渗透率为 32.18×

10^{-3} μm^2，水道前缘微相的平均孔隙度为 11.84%，平均渗透率为 26.15×10^{-3} μm^2；前扇三角洲的储层物性最差，以物性较差的泥质砂岩和泥岩为主，不能作为有效储层。

3）岩相对储层物性的影响

在油气储层研究与油藏评价过程中，储层岩石类型是储层研究的基础，它对储层沉积、成岩具有决定性作用。岩性不同，岩石内部组分及结构不同，抗压、抗溶蚀等能力差异较大，导致储层储集能力存在差异。

通常情况下，颗粒粒径越大，孔隙和喉道越大，储层的渗透率越高，但当颗粒间的孔隙被细小颗粒充填时，渗透率则会降低。通过对取心井的分析，将岩相类型分为颗粒支撑中细砾岩相、杂基支撑泥质砾岩相、粒序层理含砾砂岩相、块状中粗砂岩相、水平层理细粉砂岩相、泥质粉砂岩相 6 类，其中泥质粉砂岩相未达到物性下限，不能作为有效储层。

利用岩心物性分析化验资料，统计了 5 类可作为有效储层的岩相的平均孔隙度和渗透率（图 4-13）。统计表明，不同岩相的孔隙度略有差别，渗透率存在较大差异。粒序层理含砾砂岩相的物性最好，平均孔隙度为 16.72%，平均渗透率高达 55.38×10^{-3} μm^2；块状中粗砂岩相次之，平均孔隙度为 16.93%，平均渗透率达 44.987×10^{-3} μm^2；颗粒支撑中细砾岩相和杂基支撑泥质砾岩相物性较差，平均孔隙度在 15% 左右，平均渗透率在 36×10^{-3} μm^2 左右，颗粒支撑中细砾岩相的物性略好于杂基支撑泥质砾岩相；水平层理细粉砂岩相物性最差，平均孔隙度为 12.82%，平均渗透率仅为 29.931×10^{-3} μm^2。总体来说，粒序层理含砾砂岩相为中孔中渗，块状中粗砂岩相和颗粒支撑中细砾岩相为中孔低渗，杂基支撑泥质砾岩相和水平层理细粉砂岩相为低孔低渗。因此，储层中含砾砂岩相比例越大，储层物性越好，该储层作为优质储层的可能性越大；反之，储层中细粉砂岩相比例越大，储层物性越差，越难作为优质储层。

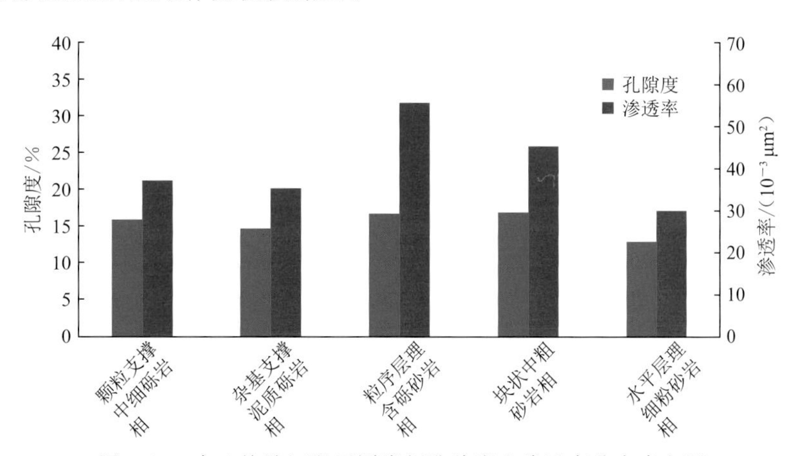

图 4-13　永 1 块沙四段不同岩相孔隙度和渗透率分布直方图

4.1.5　成岩控制作用

铸体薄片和扫描电镜分析鉴定表明，砂岩总体较致密，分选中—差，磨圆度为次棱状，以颗粒支撑为主，胶结方式主要为孔隙式胶结，也伴有少量基底式胶结，面孔率约为

22%。胶结物类型包括石英次生加大、方解石、铁方解石、白云石、铁白云石以及高岭石。从压汞曲线的形态可以看出，砂岩分选较差，且为偏细歪度。岩石的微观孔隙特征除了受宏观上沉积作用的影响外，在微观上，后期的成岩作用也对储层原生孔隙和次生孔隙的发育具有重要影响。对储层影响明显的成岩作用主要有压实作用、胶结作用和溶蚀作用。

1）早期成岩作用

早期成岩作用主要包括压实作用及胶结作用。压实作用以物理变化为主，指沉积物沉积后在上覆重力及静水压力作用下，水分排出，碎屑颗粒紧密排列，塑性组分被挤入孔隙，导致沉积物总体积减小、孔隙度降低、渗透率变差的过程。压实作用是一种破坏性的成岩作用，它损失的孔隙度不可逆转，是颗粒发生点接触—线接触—凹凸接触的变化。胶结作用是指矿物质从原始孔隙溶液中沉淀出来，并将松散的沉积物固结起来的作用，属破坏性的成岩作用，可发生在成岩阶段的各个时期。胶结作用也是影响储层孔隙度和渗透率的主要因素，甚至会阻塞储层孔隙空间，降低孔渗。

压实作用的微观标志有：① 颗粒致密，并产生一定的定向排列，颗粒间由不接触或点接触向线接触发展；② 硬颗粒（石英、石英岩屑）挤入软性颗粒（泥质岩屑、云母等），使软性颗粒发生变形，甚至形成假基质充填在硬颗粒之间，使原生孔隙减少；③ 硬颗粒发生破裂和破碎；④ 晶体出现双晶弯曲及波状消光。

本区的胶结物以碳酸盐胶结为主，其次为自生黏土矿物胶结和石英次生加大。在碳酸盐胶结中，以白云石和铁方解石胶结作用最强，且随着埋深增加而逐渐增强。此外，在中成岩阶段，石英次生加大现象普遍存在，随着埋深增加，次生加大边的宽度也逐渐增大。自生黏土矿物中以伊/蒙间层黏土矿物的胶结作用最强，伊利石的胶结作用次之，高岭石和绿泥石的胶结作用相对较弱。

2）晚期成岩作用

晚期成岩作用主要为溶蚀作用。溶蚀作用是产生次生孔隙、改善储层质量的主要成岩作用。永 1 块储层的次生孔隙度在 0～15%之间，溶蚀作用在垂向上主要发育在 1 950～2 350 m 深度段，该深度段处于中成岩 A 期，有机酸含量较大，有利于溶蚀作用的发生。

本区储层虽然受到较强烈的压实和胶结作用，但仍发育有良好的储层，这主要是由于溶蚀作用产生了次生孔隙。研究区砂砾岩体储层岩石成分中含有大量的长石、岩屑及碳酸盐胶结物等易溶矿物，由于有机质成熟排出有机酸，溶蚀碳酸盐胶结物和长石等多种颗粒，极易形成次生孔隙。岩石薄片中经常可见长石、白云石溶蚀后形成的粒内溶孔以及碳酸盐胶结物溶蚀后形成的粒间孔隙。通过大量的镜下观察发现，次生孔隙主要包括粒间溶孔、粒内溶孔、裂隙、成岩收缩孔和微孔隙 5 种。其中，最有利的储集空间是原生和次生粒间孔（图 4-14）。岩石相对溶蚀作用具有一定的影响作用，含砾砂岩相及中粗砂岩相由于其分选好、杂基含量低，更易发生溶蚀作用，物性较好；而砾岩相、细粉砂岩相由于粒度太细或分选差、杂基含量高等因素，溶蚀作用不发育，因此物性较差。

（a）粒间孔不均分布，YAA1X63井，2 040.53 m，100×

（b）粒间孔隙充填粒状方解石（Cc）、钠长石（Ab），方解石和钠长石有溶蚀现象，YAA1X63井，2 226 m，2 000×

（c）长石（Fs）溶蚀及粒间孔隙充填石英（Q）、方解石（Cc）、片状伊/蒙间层（I/S），YAA1X63井，2 232.59 m，2 000×

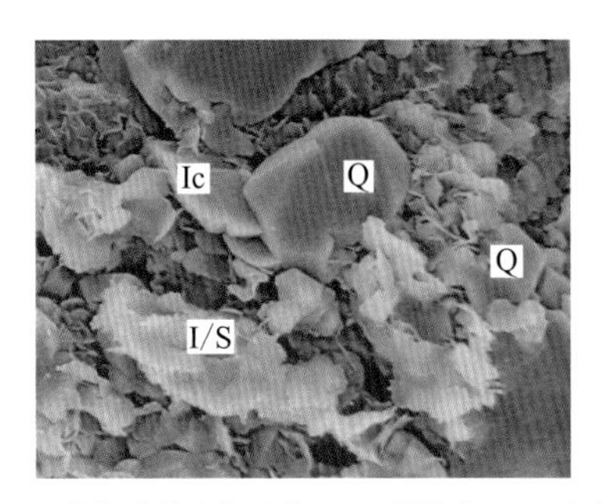

（d）粒间孔隙充填石英（Q）、菱铁矿（Ic）、片状伊/蒙间层（I/S），YAA1X63井，2 248.35 m，2 000×

图4-14 永北地区永1块沙四段砂岩扫描电镜照片

4.2 有效储层连通体分布

综合各类资料，对永1块砂砾岩体的连通性进行分析，并对有效储层的展布规律进行描述。

4.2.1 有效储层连通性分析

完成单井有效储层划分后，建立多井对比剖面，可进行多井有效储层连通关系分析，同时对有效储层横向及垂向连续性进行分析，研究层间隔层及层内夹层的分布规律。根据动态资料比较丰富的永1块28口井33个井对的干扰测井、示踪剂及动态响应特征，确定该地区的井间连通关系(图4-15)。以YAA1-7—YAA1-20—YAA1-22井组和YAA1X69—YAA1-20—YAA1X68井组为例，详细阐述连通性分析的方法及结果。

1）YAA1-7—YAA1-20—YAA1-22井组

该井组位于永1块东北部，距离物源较近。YAA1-20井与YAA1-7井井距为214.2 m，与YAA1-22井井距为295.0 m。

动态资料显示，在对YAA1-20井注水后，YAA1-22井和YAA1-7井在对应时段均出现日产液量、含水量及压力升高的现象，且日产油量不变，说明该井组在对应射孔层段存在连通关系。根据射孔层段位置及多层合采的动态变化特点，得到该井组的动态连通分析表(表 4-5)。

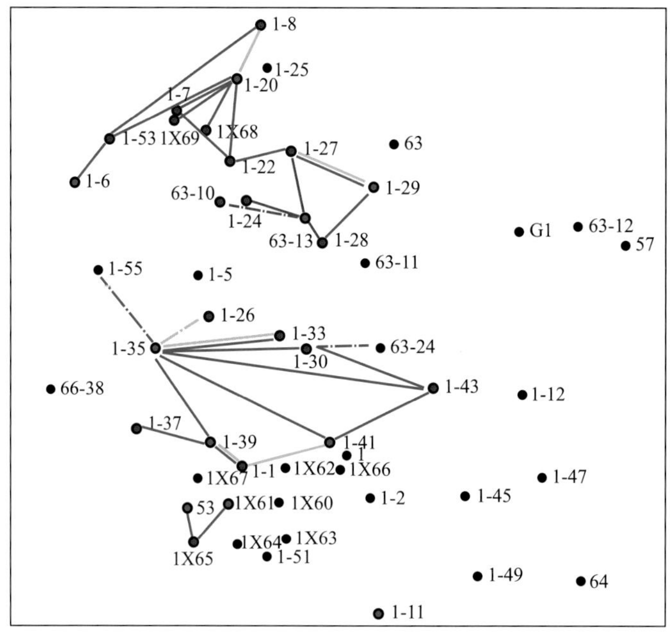

图 4-15 井间动态连通关系图

表 4-5 YAA1-7—YAA1—20—YAA1-22 井组动态连通情况表

注入井		采出井		备 注
井 号	射孔层位	井 号	射孔层位	
YAA1-20	$Es_4 1_3$	YAA1-22	$Es_4 1_3$,$Es_4 2_1$,$Es_4 2_3$	连 通
YAA1-20	$Es_4 1_2$,$Es_4 1_3$,$Es_4 2_1$,$Es_4 2_2$	YAA1-7	$Es_4 2_2$	不连通
			$Es_4 1_3$	连 通
			$Es_4 1_1$,$Es_4 1_2$	可能连通
			$Es_4 1_3$,$Es_4 2_1$	连 通
			$Es_4 1_2$,$Es_4 1_3$	连 通

从沉积微相剖面(图 4-16)可以看出,该井组以扇三角洲平原主水道微相为主,仅在 YAA1-7 井 $Es_4 1_3$ 和 $Es_4 2_1$ 小层出现扇三角洲前缘辫状水道微相,由于辫状水道微相具有与主水道微相相似的岩性组合,故可能存在连通。因此,从沉积微相成因角度来看,该井组 $Es_4 1_1$ 小层至 $Es_4 2_2$ 小层均存在连通可能性。

从砂砾岩体叠置关系剖面(图 4-17)可以看出,该井组砂体横向切叠关系复杂,垂向上叠置关系以孤立式为主,且 YAA1-20 井砂砾岩厚度相对较大。

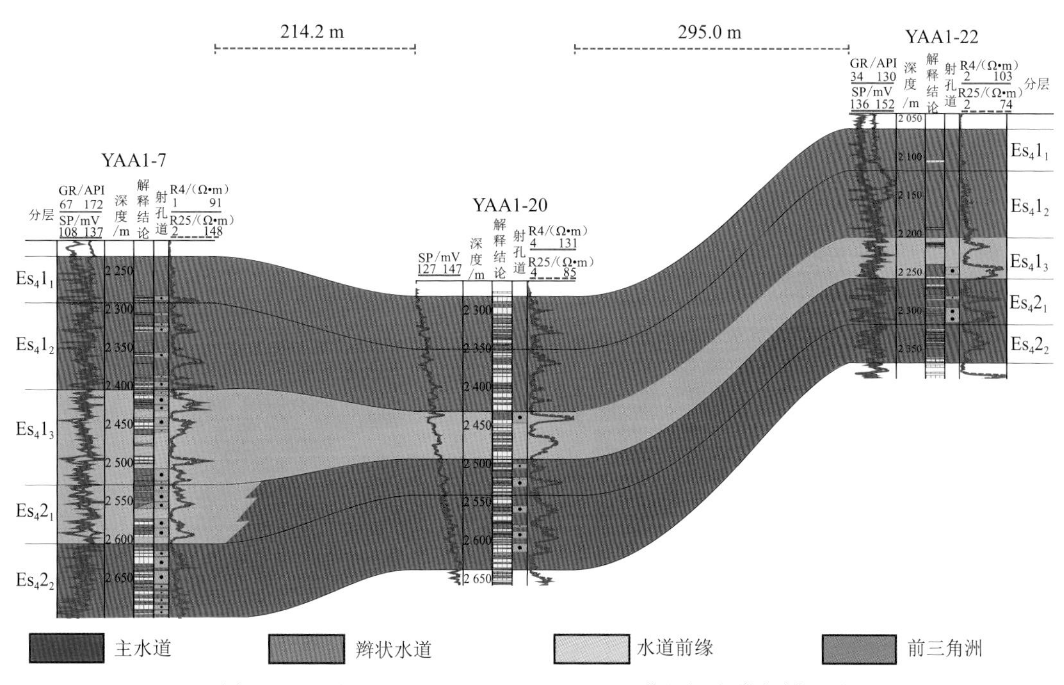

图 4-16　YAA1-7—YAA1-20—YAA1-22 井组沉积微相剖面图

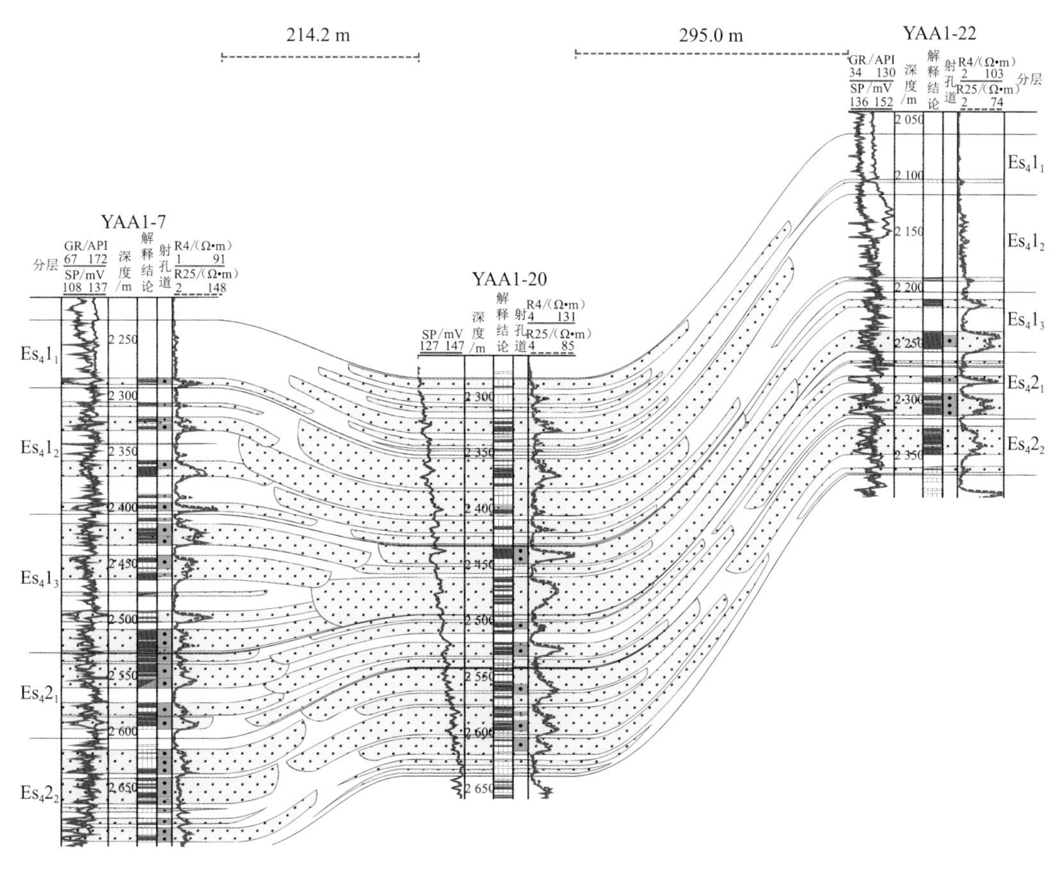

图 4-17　YAA1-7—YAA1-20—YAA1-22 井组砂砾岩体叠置关系剖面图

根据动态连通性分析结果，结合剖面沉积微相展布特征和砂砾岩体垂向叠置关系得出：YAA1-20 井与 YAA1-7 井在 $Es_4 1_2$，$Es_4 1_3$ 和 $Es_4 2_1$ 小层相互连通，在 $Es_4 1_1$ 小层不连通；YAA1-20 井与 YAA1-22 井在 $Es_4 1_3$ 小层相互连通，在 $Es_4 1_1$，$Es_4 1_2$，$Es_4 2_1$ 和 $Es_4 2_2$ 小层不连通(图 4-18)。

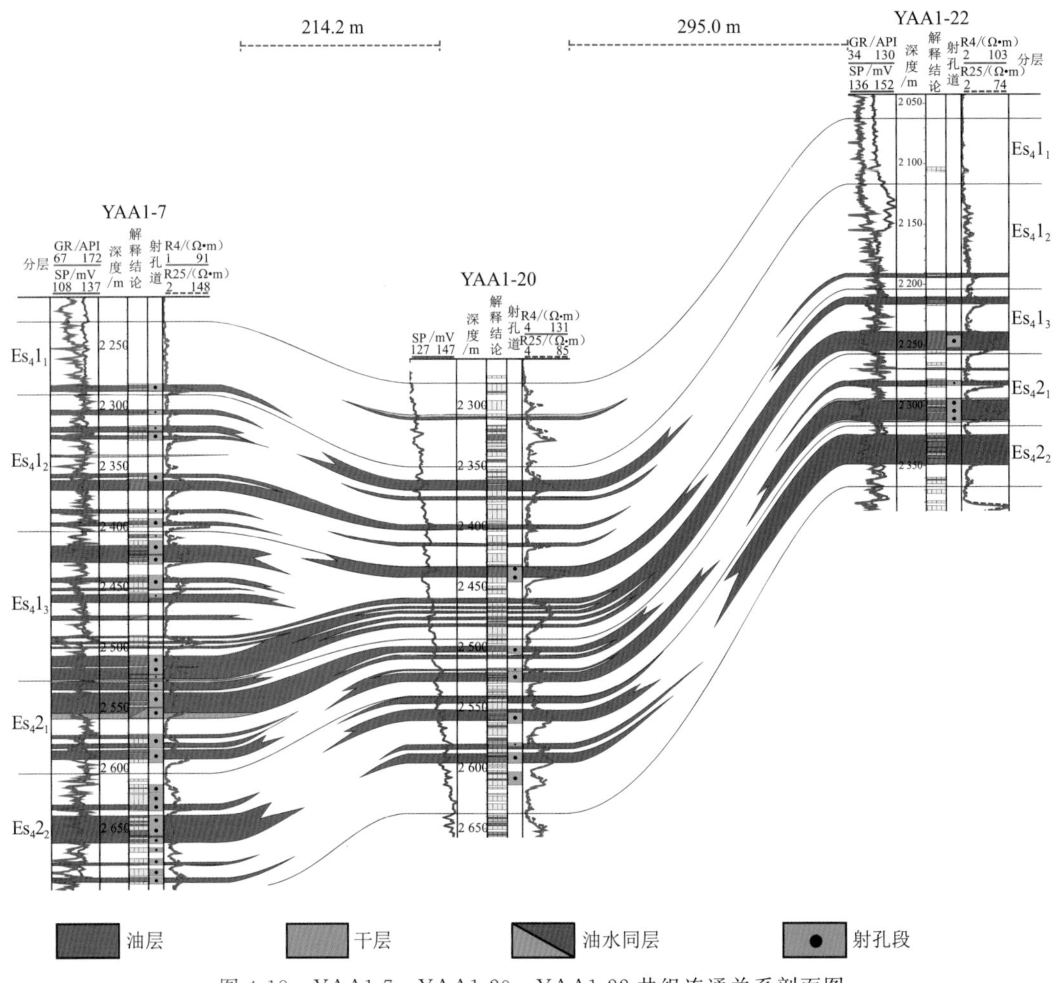

图 4-18 YAA1-7—YAA1-20—YAA1-22 井组连通关系剖面图

通过对多个井组连通剖面的分析研究得到，本区微相连通方式主要分为 3 类：主水道与主水道连通、辫状水道与辫状水道连通、主水道与辫状水道连通，其中单一主水道或辫状水道侧向连通宽度可达 380 m，两个水道侧向叠置连通宽度可达 850 m。此外，导致井间不连通的原因主要分为两类：① 辫状水道和水道前缘不可连通；② 不同水道虽存在砂体叠置，但如果岩性差异较大或出现物性夹层形成渗流屏障则不可连通。

2) YAA1X69—YAA1-20—YAA1X68 井组

该井组位于永 1 块东北部，距离物源较近。YAA1-20 井与 YAA1X69 井井距为 239.9 m，与 YAA1X68 井井距为 228.5 m。

动态资料显示，在对 YAA1-20 井注水后，YAA1X68 井日产液量、含水量及压力均明显升高，YAA1X69 井也有相应趋势的变化，根据射孔层段位置及多层合采的特点，得到该井组的动态连通分析表(表 4-6)。

表 4-6　YAA1X69—YAA1-20—YAA1X68 井组动态连通情况表

注入井		采出井		备　注
井　号	射孔层位	井　号	射孔层位	
YAA1-20	$Es_4 1_2$、$Es_4 1_3$、$Es_4 2_1$、$Es_4 2_2$、$Es_4 2_3$	YAA1X69	$Es_4 2_2$，$Es_4 2_3$	连　通
		YAA1X68	$Es_4 2_3$，$Es_4 2_4$	连　通
			$Es_4 1_1$，$Es_4 1_2$，$Es_4 1_3$，$Es_4 2_1$，$Es_4 2_2$，$Es_4 2_3$	连　通

从沉积微相剖面(图 4-19)可以看出，该井组在 $Es_4 1_2$ 小层到 $Es_4 2_3$ 小层以扇三角洲平原主水道微相和扇三角洲前缘辫状水道微相为主，辫状水道微相是主水道微相的前端，岩性组合相似，主水道微相的粒度相对较粗。从成因上认为，同一水道内同一微相或岩性组合相似微相可能相互连通，因此，该井组在 $Es_4 1_2$ 小层到 $Es_4 2_3$ 小层可能存在连通。

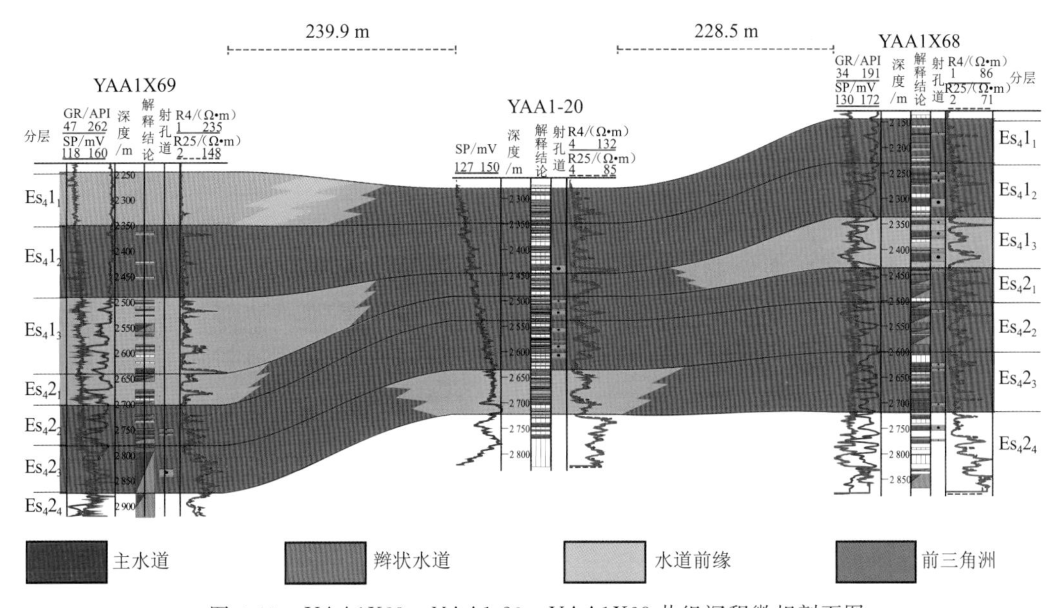

图 4-19　YAA1X69—YAA1-20—YAA1X68 井组沉积微相剖面图

从砂砾岩体叠置关系剖面(图 4-20)可以看出，该井组砂体横向切叠关系复杂，垂向上叠置关系主要为孤立式和叠加式。

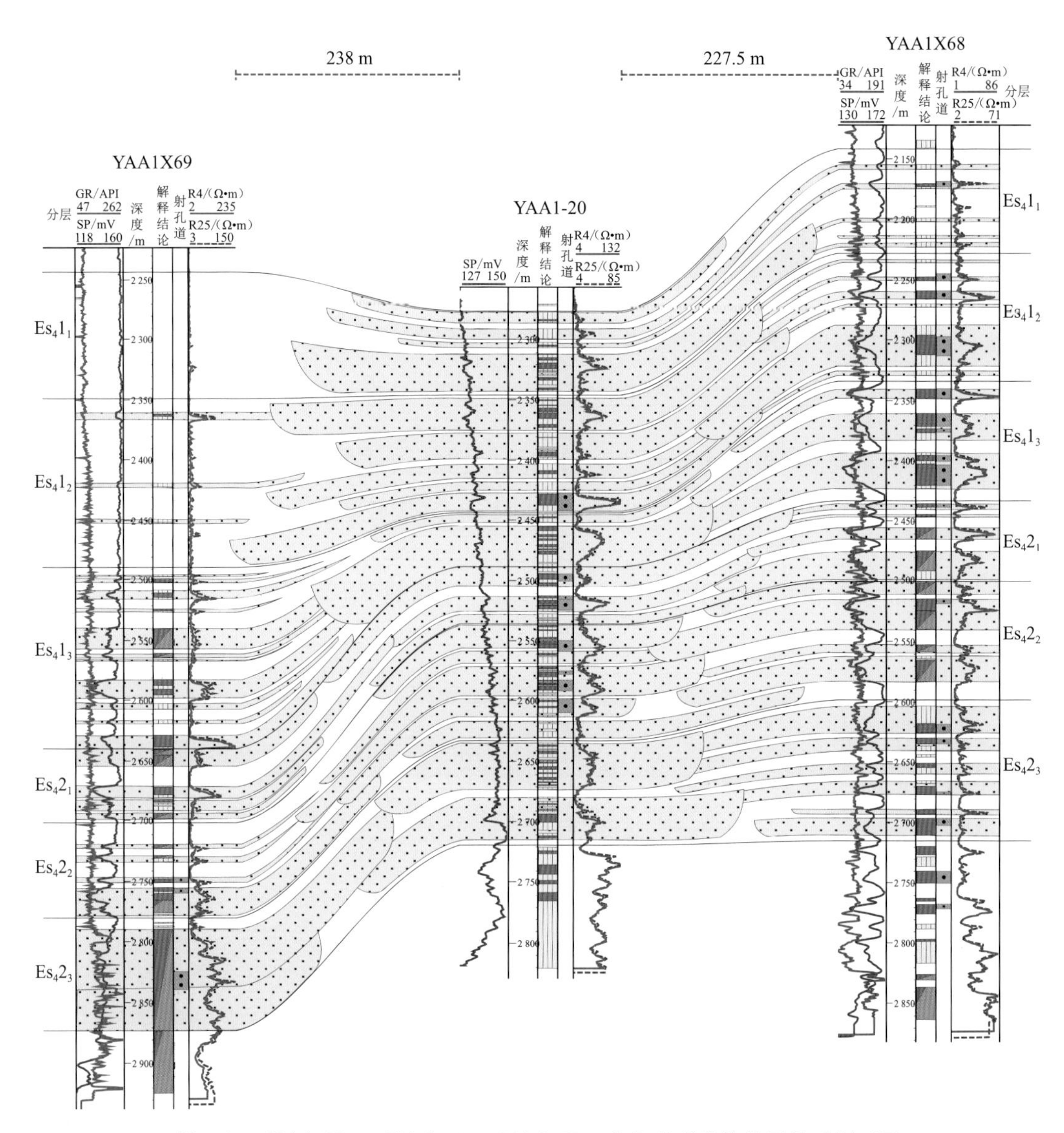

图 4-20 YAA1X69—YAA1-20—YAA1X68 井组砂砾岩体叠置关系剖面图

根据动态连通性分析结果，结合剖面沉积微相展布特征和砂砾岩体垂向叠置关系得出：YAA1-20 井与 YAA1X69 井在 $Es_4 2_2$ 小层相互连通，在 $Es_4 1_2$，$Es_4 1_3$ 和 $Es_4 2_3$ 小层不连通；YAA1-20 井与 YAA1X68 井在 $Es_4 1_2$，$Es_4 1_3$，$Es_4 2_1$，$Es_4 2_2$ 和 $Es_4 2_3$ 小层相互连通，在 $Es_4 1_1$ 小层不连通（图 4-21）。

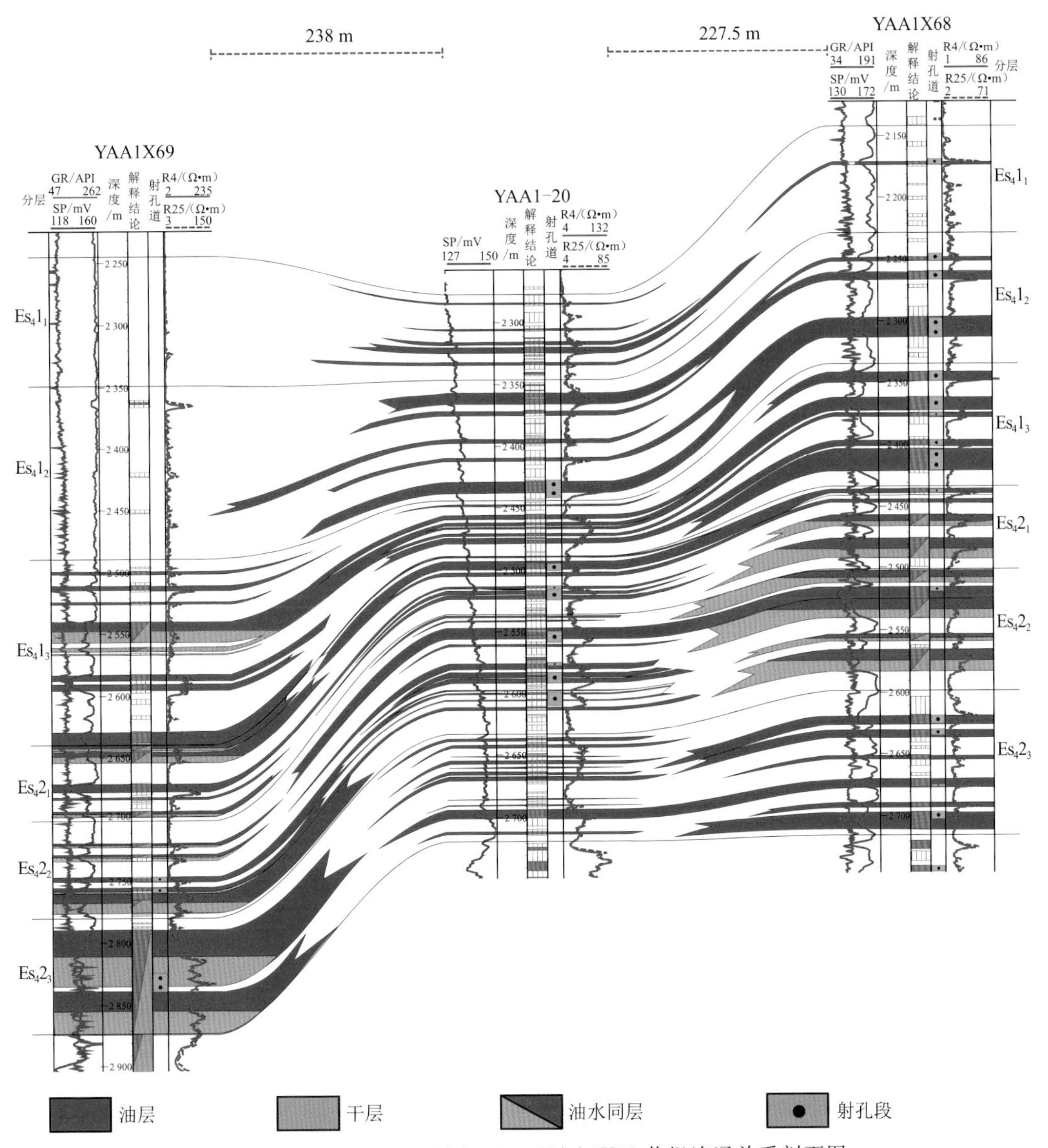

图 4-21　YAA1X69—YAA1-20—YAA1X68 井组连通关系剖面图

4.2.2　有效储层分布规律

有效储层的平面分布特征对油气勘探及后期开发都有指导意义，通过分析沉积相、储层特征、孔渗、岩性、构造、成岩及地震属性等平面特征，进一步对优势储层进行判断，指导下一步油气勘探。

沉积微相对储层分布具有一定的控制和预测作用，孔隙度和渗透率的分布对储层物性具有最直接、最真实的反映，研究发现，有效储层多发育在物性较好的扇三角洲前缘辫状水道中，辫状水道中大量发育含砾砂岩、中细砾岩及中粗砂岩沉积，横向连通性较好。

地震属性是指地震波在地层中受储层物性及其中流体性质的影响，造成接收的地震波振幅、频率、能量的变化经数学变换而做出的有关地层属性的几何形态、运动学、动力学特征的反映。通过对不同地震属性的提取，可以在一定程度上反映储层砂体几何形态和分布特征。永北地区永 1 块的地震属性与砂体分布特征具有一定的继承性，与沉积相带的分布特征类似，因而可以作为有效储层连通体平面分布预测的依据。

在已知储层类型和沉积背景的基础上，以孔隙度和渗透率为依据，在沉积微相和地震属性的控制下，对永北地区永 1 块 8 个砂组 31 个小层的有效储层连通体分别进行初步预测(图 4-22)。连通体划分的依据主要为：孔隙度大于 12%，渗透率大于 4×10^{-3} μm^2，均方根振幅为 1 250～2 320 dB。

永 1 块沙四段共发育 42 个连通体，主要发育在辫状水道微相或主水道向辫状水道的过渡段。其中，得到生产动态证实的连通体有 14 个，最大 0.87 km^2，最小 0.41 km^2，平均 0.65 km^2，大部分小层连通体个数为 1 个，个别为 2 个(表 4-7)。

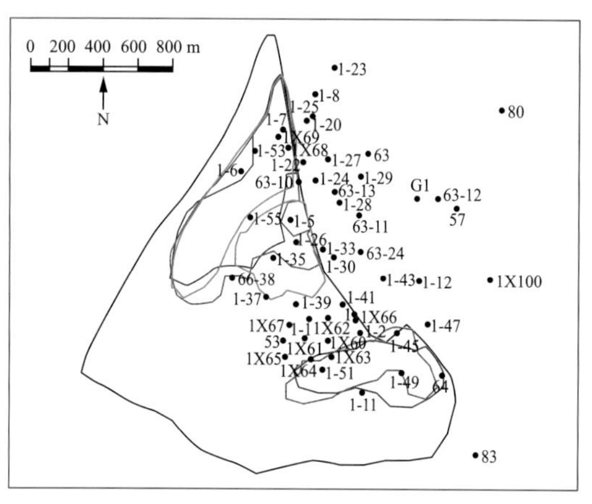

(a) Es_41

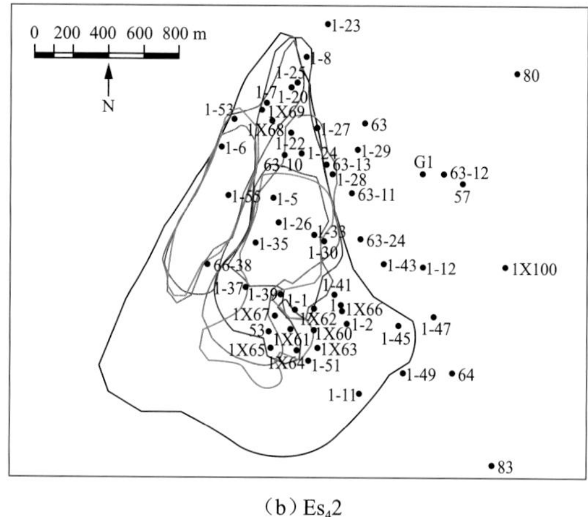

(b) Es_42

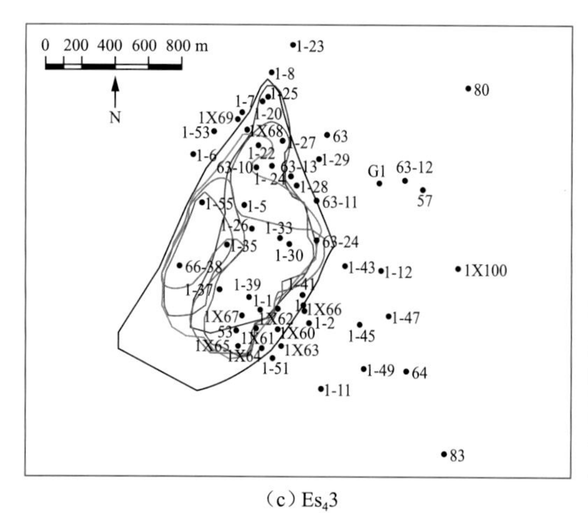

(c) Es_43

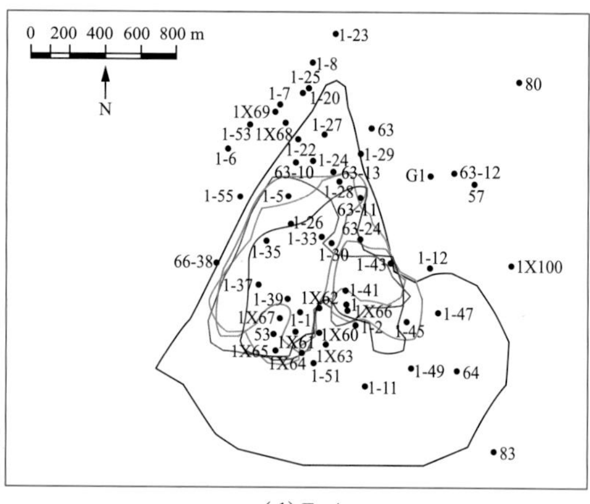

(d) Es_44

图 4-22　永 1 块各层有效储层连通体分布预测图

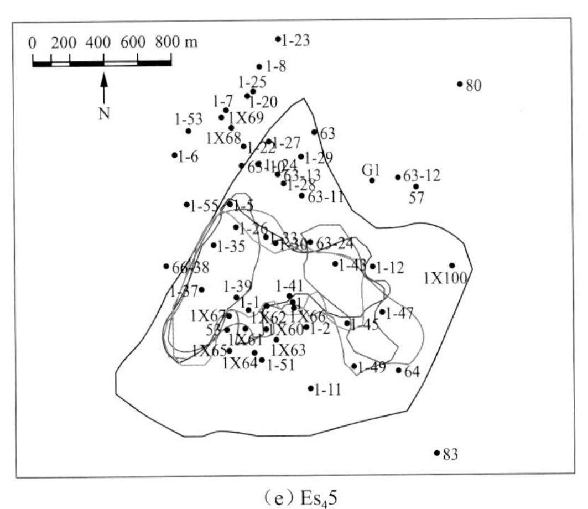

(e) Es_45

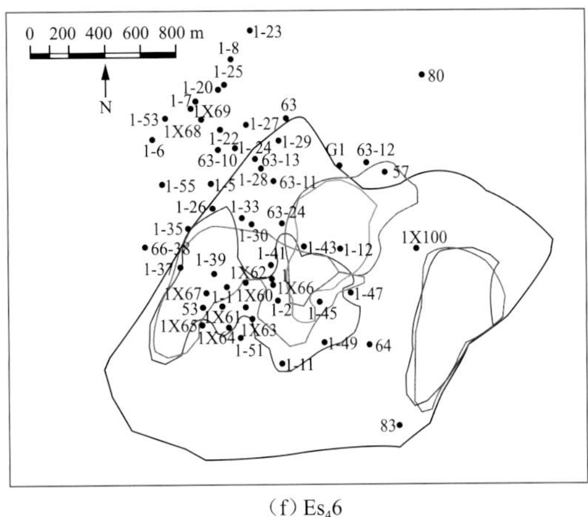

(f) Es_46

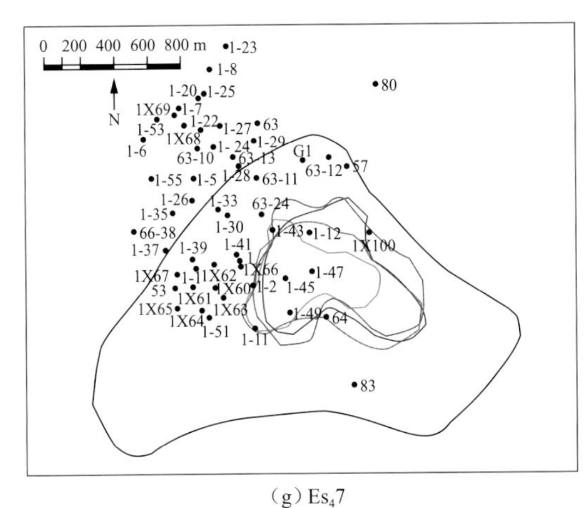

(g) Es_47

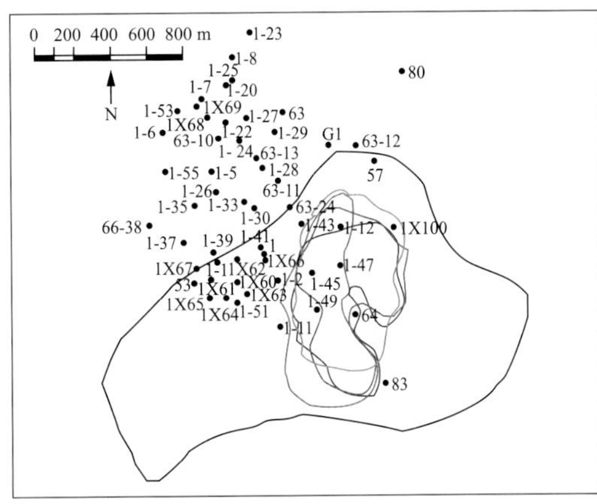

(h) Es_48

图 4-22(续)　永 1 块各层有效储层连通体分布预测图

表 4-7　动态验证连通体数据统计

层　位	个数/个	面积/km²	层　位	个数/个	面积/km²
$Es_4 1_1$	1	0.54	$Es_4 3_2$	1	0.59
$Es_4 1_2$	1	0.73	$Es_4 3_3$	1	0.71
$Es_4 1_3$	1	0.48	$Es_4 3_4$	1	0.63
$Es_4 2_1$	1	0.41	$Es_4 4_1$	1	0.82
$Es_4 2_2$	1	0.81	$Es_4 4_4$	1	0.63
$Es_4 2_3$	1	0.53	$Es_4 5_1$	1	0.87
$Es_4 2_4$	1	0.61	$Es_4 5_2$	1	0.87

4.3　厚层砂砾岩体三维地质建模及储层质量评价

储层地质模型是油藏地质模型的核心，是储层特征及其非均质性在三维空间的分布和变化的具体表征。储层建模实际上就是建立表征储层物性的储层参数的三维空间分布及变化模型。储层参数包括孔隙度、渗透率、储层厚度等。孔隙度直接决定油气储量的大小，渗透率则控制油田的开发效果和油气产量的大小，而储层厚度与油藏规模息息相关。建立储层参数模型的目的是通过对孔隙度、渗透率和储层厚度的定量研究，准确界定有利储层的空间位置及其分布范围，从而为油田开发方案的制定和调整提供直接的地质依据。

厚层砂砾岩体三维地质建模以盐227块为例，该区块在地质建模过程中存在独特的问题。首先，盐227块钻井数量少，总井数为12口，因此存在大量的无井区，在建模过程中缺少井控，可信度难以保证。其次，盐227块水平井数多，12口井中有9口井为水平井，这为变差函数求取带来很大难度。常规变差函数求取需要在平面内大致均匀地分布多个数据点，而水平井资料则为分布极不均匀的数据串。第三，盐227块沙四段发育近岸水下扇沉积厚层砂砾岩体，内部分层界线不清，非均质性极强，这都为地质建模带来一定困难。

在综合分析盐227块地质情况的基础上，采用地震协同建模的总体思路，提出"水平井变差函数求取"及"水平井地震协同岩相建模"两项新技术，依照图4-23所示建模思路，以井资料作为硬数据，以地震资料协同，首先应用序贯高斯模拟的方法建立盐227块岩相模型；在此基础上，采用"相控随机模拟"的思路，建立本区孔隙度模型，并以此为约束，建立渗透率模型。

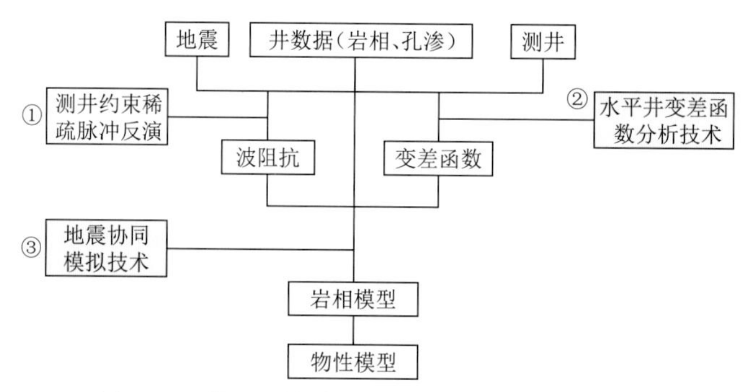

图4-23　盐227块沙四段厚层砂砾岩体建模思路

在地质建模的过程中，数据准备是非常关键的一步工作，所建模型的准确度在很大程度上依赖于数据的准确性及丰富程度。基础数据分为井数据和地震数据，其中井数据主要包括井坐标数据、地层分层数据、单井岩相解释数据、孔隙度和渗透率数据等12口井资料，而地震数据主要包括15.2 km^2 的地震三维数据体，井震结合进行地质建模研究。

4.3.1　水平井变差函数求取方法

变差函数是地质统计学的基本工具，能够反映区域化变量的空间特征，特别是透过随机性反映区域化变量的结构性。所谓区域化变量，是指以空间点 u 的3个直角坐标(x，y，z)为自变量的随机场 $Z(x,y,z)=Z(u)$。当对它进行一次观测后，就可得到它的一个实现 $Z(u)$，它是一个普通的三元实值函数或称空间点函数。区域化变量具有两重性：观测前把它看成随机场，依赖于坐标(x,y,z)；观测后把它看成一个空间点函数，即在具体的坐标上有一个具体的值。许多地质现象和地质特征，如空间展布的砂体、储层孔隙度、渗透率等都可以看作区域化变量。

变差函数是地质统计学用来描述区域化变量空间相关性的工具，把 1 个地质体看成空间中的 1 个域 V（图 4-24），V 内的 x，$x+h$ 是沿某一方向相距 h 的两个点，其观测值分别为 $Z(x)$ 和 $Z(x+h)$，二者的差值 $Z(x)-Z(x+h)$ 就是 1 个有明确地质意义的结构信息，因而也可以看成 1 个变量。如果沿 x 方向被相同矢量 $\boldsymbol{h}$ 分割为许多点对时，即可得到一组差值，而该差值的平方的期望即为变差函数：

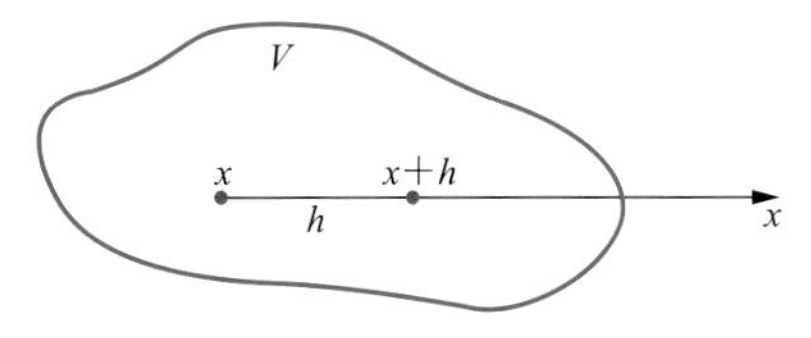

图 4-24 域 V 内的变量值

$$2r(h)=E\{[Z(x)-Z(x+h)]^2\} \quad \forall x$$

式中 x——空间中某一点的坐标；

h——滞后距；

E——期望。

在内蕴假设的条件下，上述期望值 $E[Z(x)-Z(x+h)]^2$ 仅仅依赖于分割它们的距离 h 和方向 a，而与所考虑的 x 在 V 内的位置无关。因此，变差函数也可定义为：变差函数是在任一方向 a，相距 $|h|$ 的两个区域化变量值 $Z(x)$ 及 $Z(x+h)$ 的增量的方差，它是 h 和 a 的函数，其表达式为：

$$r(h,a)=\frac{1}{2}E\{[Z(x)-Z(x+h)]^2\}$$

从本质上讲，变差函数用 1 个与特定的变量和所研究地区有关的结构距离 $r(h)$ 来代替欧几里得距离 h，变差函数距离衡量的是 1 个未取样值 $Z(x)$ 和附近的 1 个数据点的值之间平均相异的程度。例如，如果已知 2 个不同位置处的数据值 $Z(x+h)$ 和 $Z(u+h')$，在估计 $Z(u)$ 时，相异程度较大的样品值应该赋于较小的权值。

变差函数一般用变差函数曲线来表示，它是一定的变差函数值 $r(h)$ 与距离 h 的对应图。图 4-25 为理想变差函数曲线。图 4-25 中，C_0 称为块金效应，它表示 h 很小时两点间的样品的变化，在地质变量中一般为 0；C_1 称为拱高；$C=C_0+C_1$ 称为总基台值。a 称为变程，当 $h\leqslant a$ 时，任意两点间的观测值有相关性，并且相关程度随距离的变大

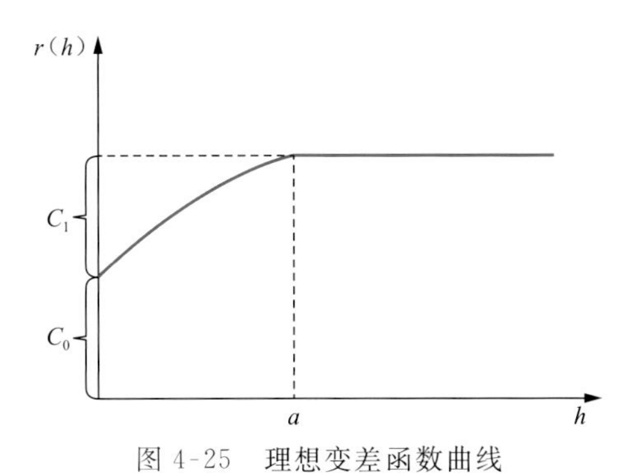

图 4-25 理想变差函数曲线

而减小；当 $h>a$ 时，样品间就不存在相关性。a 的大小反映了研究对象（如油藏）中某一区域化变量（如孔隙度）的变化程度，可以用在小于 a 范围以内的已知信息对待估区域进行预测。

在实际储层建模过程中，一般利用研究区已知的所有点对计算变差函数，得到实验变差函数曲线，然后对变差函数曲线进行拟合，得到变差函数的数学模型，将该模型直接用于对未知样品的估计。最常见的理论变差函数包括球状模型、高斯模型和指数模型等。

在随机建模时，需要根据不同的储层参数，依据实验变差函数的计算结果，选用相应的理论模型进行拟合和结构分析，从而得到反映参数结构特征的变差函数模型，为随机模拟的实现提供基础。

结合盐 227 块的实际情况，垂向变程可以通过直井资料以常规方法进行求取。应用常规方法求取水平向变程要求在不同方向上均具有一定数量的井点数据（图 4-26a），而盐 227 区内水平井较多，井数据呈分布极不均匀的数据串的形式（图 4-26b），因此，直接应用常规方法求取本区水平向变程会导致块金值高、变差函数不收敛、变程无法准确确定等问题（图 4-27）。

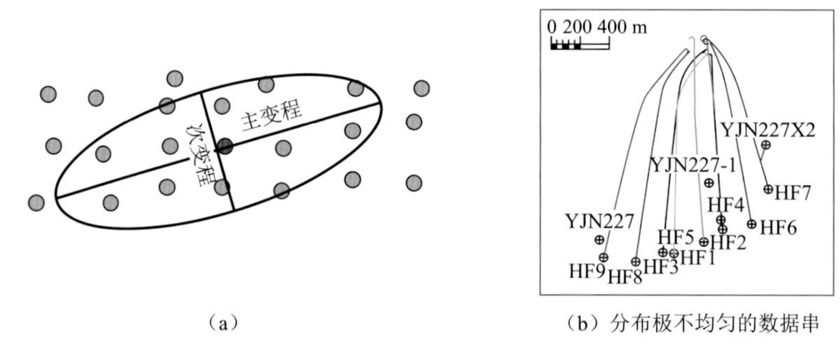

（a）　　（b）分布极不均匀的数据串

图 4-26　常规变差函数求取方法存在问题

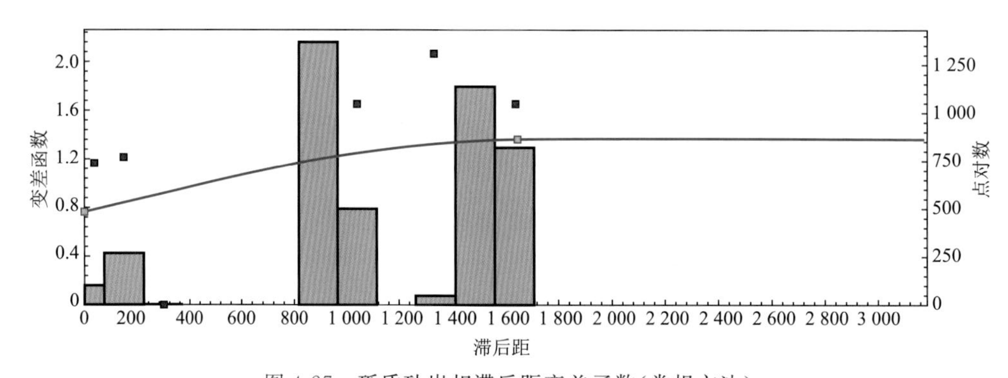

图 4-27　砾质砂岩相滞后距变差函数（常规方法）

针对以上问题，提出了水平井变差函数求取方法，以充分应用水平井资料准确求取水平向变程。该方法包括两个步骤：

（1）一维变程求取：在某种属性（如岩相）变差函数求取过程中，针对每口水平井，沿其水平段井轨迹，分析该属性的一维变差函数，得到每口水平井该属性沿水平段走向的一维变程。

(2) 变差函数拟合：以 9 口水平井的一维变程作为半径，在平面内拟合变程椭圆，则该椭圆的长轴和短轴分别代表水平向主次变程的方向及大小。

该种变差函数求取方法充分利用了水平井资料，在变差函数求取过程中能够在水平方向上设置较小的滞后距，大大增加有效数据的采集，有效解决常规方法存在的井点数据少、块金值高、变差函数不收敛、变程无法准确确定等问题(图 4-28)。

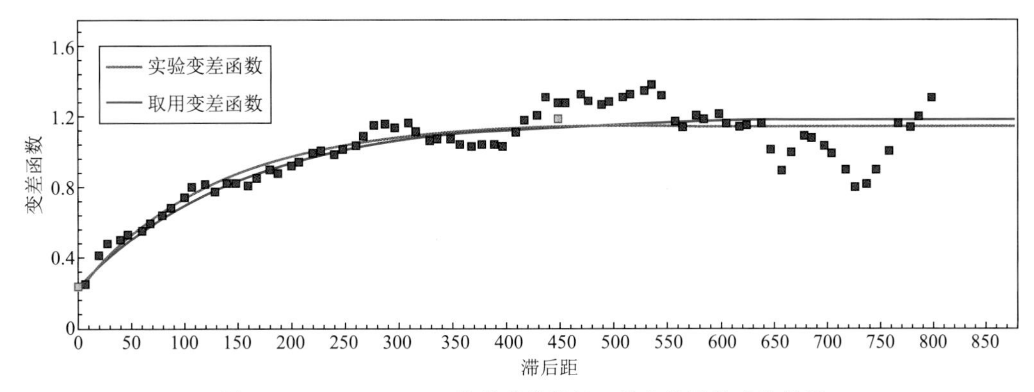

图 4-28　YJN227-2HF 井砾质砂岩相一维变差函数求取结果

以岩相为例，对变差函数求取结果进行展示(图 4-29，表 4-8)。

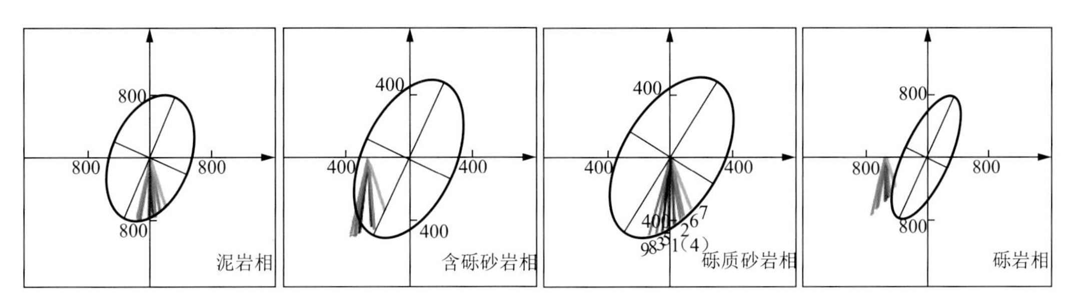

图 4-29　岩相变差函数求取结果

(1～29 分别代表 YJN227-1HF～YJN227-9HF 井)

表 4-8　岩相变差函数统计

岩　相	主变程/m	次变程/m	方位角/(°)
泥岩相	825	512	23.4
含砾砂岩相	532	298	25.5
砾质砂岩相	497	305	24.6
砾岩相	855	245	23.0

4.3.2　水平段地震数据的协同建模方法

单纯变差函数模拟明显受到主、次变程构成的搜索椭圆的影响，由于变差函数拟合的多解性，导致模拟结果具有多解性，井间属性预测存在很大的不确定性。该方法对井距大小敏感性较强，在井密的地方具有较高的精确性和可靠性，在大井距甚至无井的地方，难以进行储层属性参数变差函数的结构分析，使得属性模型的精度和可靠性大大降低，因此随机建模必须引入地震数据作为确定性的约束，随机建模结合确定性事件的能力越强，意味着模型越可靠。

地震协同建模的形式主要为波阻抗反演数据体协同建模，即首先在测井约束下，应用约束稀疏脉冲反演的方法建立地震波阻抗反演三维数据体(图 4-30)，随后井震结合，分析各类岩相与波阻抗之间的相关关系，以实现地震资料对少井区岩相模型的控制。因此，准确获得各类岩相与波阻抗之间的关系，成为地震协同建模的关键。

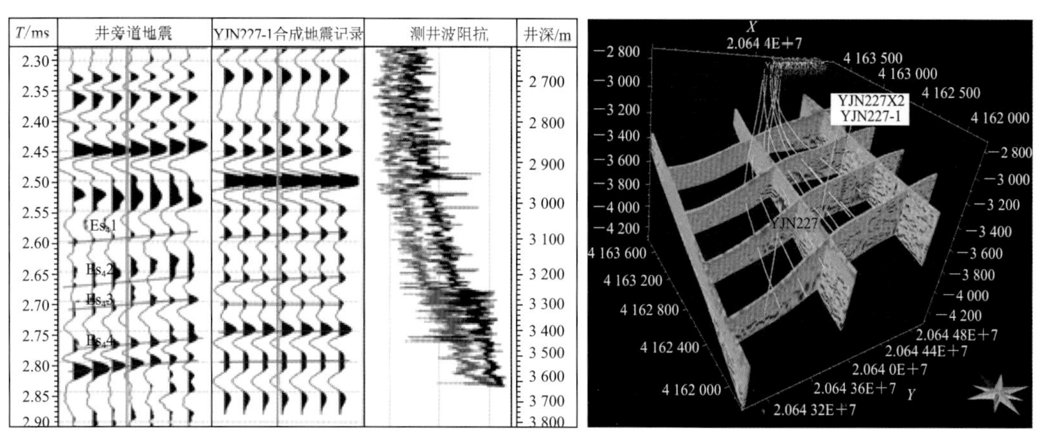

图 4-30　YJN227-1 井合成地震记录及盐 227 块波阻抗反演数据体

常规井震协同求取岩相与波阻抗相关关系的方法以直井资料为主，通过岩相类型与波阻抗大小的统计，得到每种岩相的波阻抗分布频率直方图，从而对地质建模进行指导。但此种方法在本区内应用存在困难。由于工区内水平井较多，因此主要应用水平井资料进行井震岩相-波阻抗分析。然而，由于水平向网格一般较大(20 m×20 m)，因此水平井水平段 1 个网格间距内存在多个岩相变化(图 4-31)。由于地震波阻抗数据体精度较低，不同类型的岩相常对应相同的波阻抗值，因此水平井段井震拟合关系较差(图 4-32)。

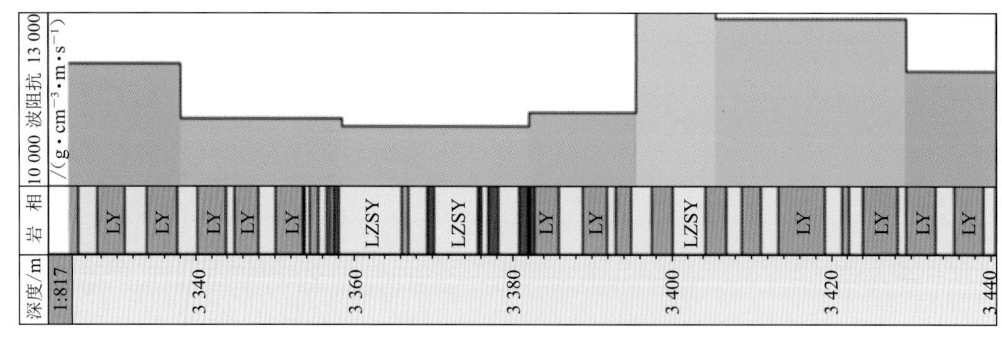

图 4-31　YJN227-8HF 水平段井震关系图

LY—砾岩相；LZSY—砾质砂岩相

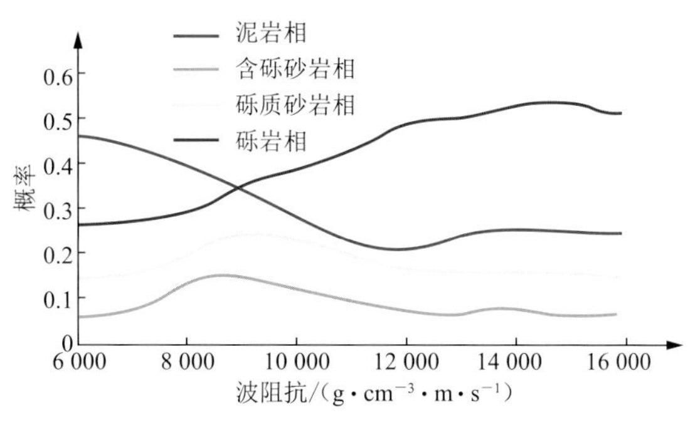

图 4-32 岩相-波阻抗分布频率图

为了解决上述问题,考虑从测井资料入手,以声波时差曲线及密度曲线为基础,首先计算测井波阻抗曲线,通过统计分析,认为该测井波阻抗曲线与岩相的对应关系较好,但测井波阻抗与真实的地震波阻抗在频率、精度等方面差异较大,该对应关系不能反映地下地质真实情况。因此,通过分析测井波阻抗与地震波阻抗在频率上的关系,利用高频滤波的方法将测井波阻抗曲线的频率以高频滤波的方式降低,得到与地震频率相当的滤波后的测井波阻抗曲线(图 4-33)。通过分析,认为该曲线仍然与岩相有较好的对应关系(图 4-34),此关系能够反映岩相与波阻抗的真实关系,可以用于地震协同建模中。

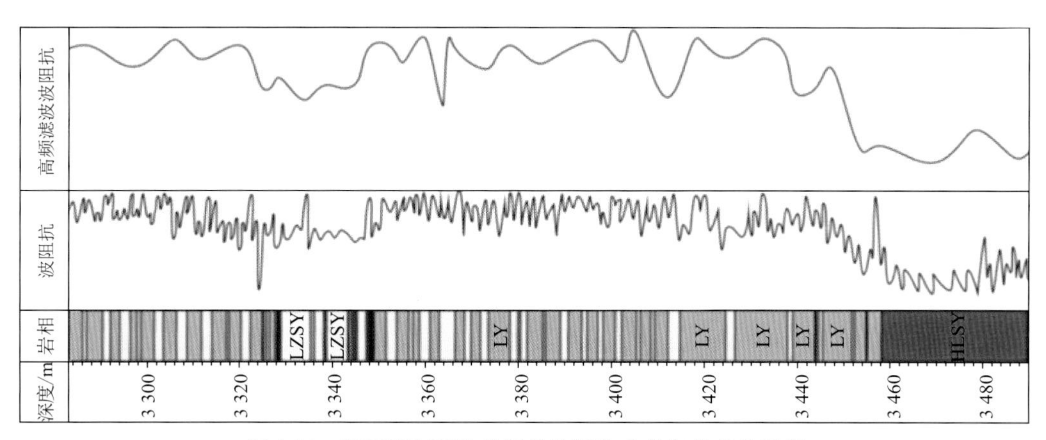

图 4-33 YJN227-8HF 井测井波阻抗曲线与岩相关系图

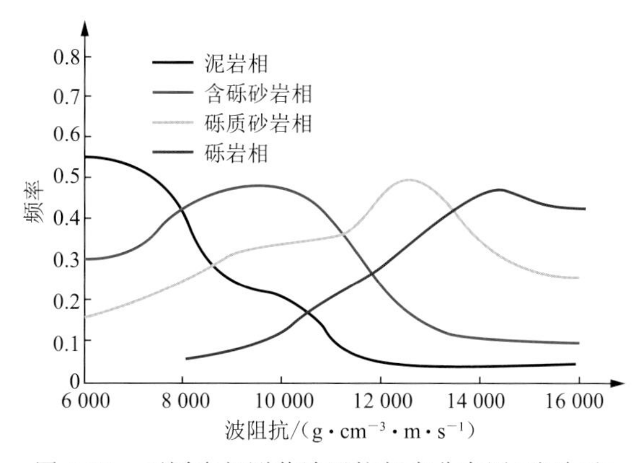

图 4-34 不同岩相测井波阻抗频率分布图(滤波后)

上述方法有效解决了常规地震协同模拟方法不适用于本研究区的情况，通过测井波阻抗曲线的过渡，建立起岩相与波阻抗的相互对应关系，以利用地震资料控制无井区岩相的分布，减小模型的不确定性。

4.3.3 砂砾岩三维地质模型建立

1）三维构造地层格架模型

为了提高建模精度，遵循了等时建模原则，即建立单砂层级的三维地层构造模型，作为以后属性建模的基础。

在建模过程中，考虑了岩相的展布特征。由于 $Es_4$1 及 $Es_4$2 砂组基本为泥岩相，砂砾岩体基本不发育，因此重点针对 $Es_4$3 及 $Es_4$4 砂组进行地质建模。由于砂组级别地质体垂向厚度较大，故直接建模精度较低。统计垂向上各类岩相发育的比例，发现岩相比例在垂向上存在差异，并大致可分为 6 个建模单元，其中 1 层泥岩相发育较多，2 层和 4 层含砾砂岩发育较多，3 层、5 层和 6 层砾岩发育较多(图 4-35)。分析认为，岩相所占比例体现了沉积水动力的差异，依照分层建模的思路，在建模过程中将 $Es_4$3 及 $Es_4$4 砂组各分 3 个层建立地质模型。

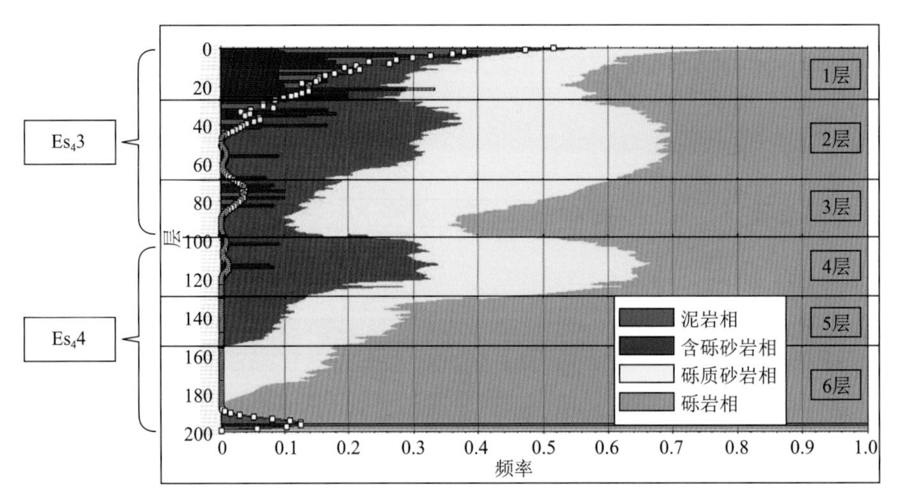

图 4-35 砂组内部建模单元划分

盐 227 块研究区面积为 3.99 km²，应用了 12 口井资料。建模层位为 $Es_4$3 和 $Es_4$4 砂组，包括 7 个层面和 6 个建模单元，平面网格精度达到 20 m×20 m，垂向网格精度达到 1 m，总网格数为 2 050 401 个(图 4-36)。

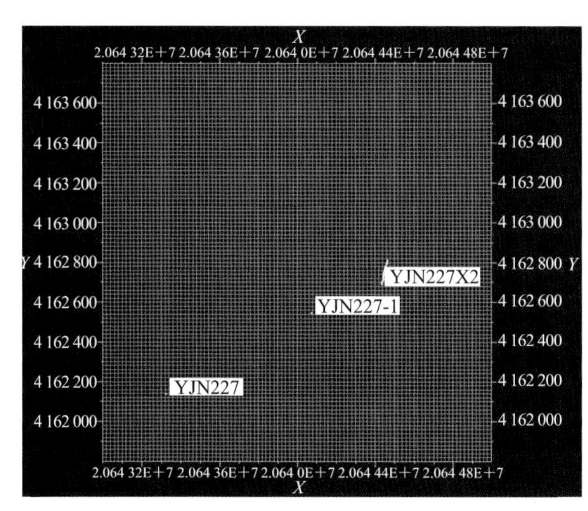

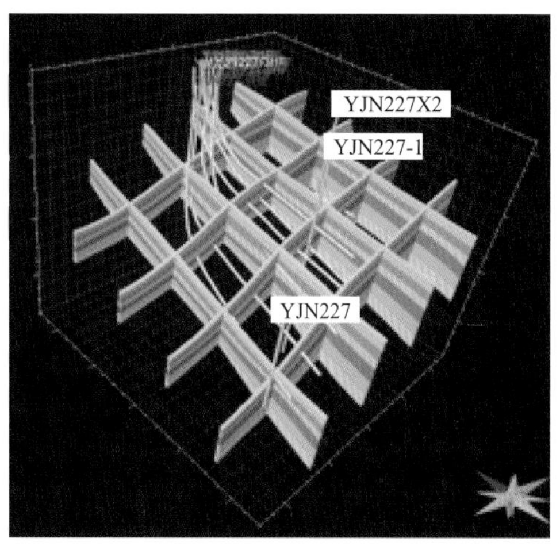

图4-36　盐227块平面网格化及构造三维模型示意图

2）三维岩相和物性模型建立

储层地质模型把储层各项物理参数在三维空间的分布定量地表征出来，即把储层网格化，给每个网格赋以各自的参数值以反映储层参数的三维空间变化。因此，利用井资料开展的储层地质模型建模技术的关键是如何根据已知的控制点资料内插、外推资料点间及以外的油藏特性。根据这一特点，建立储层地质模型的方法可分为两大类，即确定性方法和随机方法。

确定性建模方法认为资料控制点间的插值是唯一解，是确定的。传统地质工作方法的内插编图就属于这一类建模方法，克里格作图和一些数学地质方法作图也属于这一类建模方法。开发地震的储层解释成果和水平井沿层直接取得的数据或测井解释成果都是确定性建模的重要依据。

随机建模方法承认地质参数的分布有一定的随机性，而人们对它的认识总会存在一些不确定的因素，因此建立地质模型时考虑随机性引起的多种可能出现的实现，以供地质人员选择。随机模拟的目的：一是使开发方案最佳化，二是把地质描述的不确定性转化为经济指标的不确定性。随机模拟可以超越地震分辨率，它可以模拟岩石参数三维英尺级的变化。因此，随机模拟是指建立与观察一致且有大量合适地质特征的一维、二维、三维综合地质结构和（或）特征场数据。这种定量化的意义在于查明地质描述中各种不确定性对油藏成因、现在和将来的状态的影响。

本次岩相建模采用序贯高斯模拟的方法，以井数据作为硬数据，以地震数据作为软数据进行协同约束，以减少无井区模型的不确定性。采用前述变差函数求取的结果，结合水平井段岩相-波阻抗相关关系，建立盐227块岩石相模型（图4-37）。在此基础上，采用相控随机建模的思路，应用序贯高斯模拟的方法建立本区的孔隙度模型（图4-38），并应用孔隙度模型进行协同，建立盐227块的渗透率模型（图4-39）。

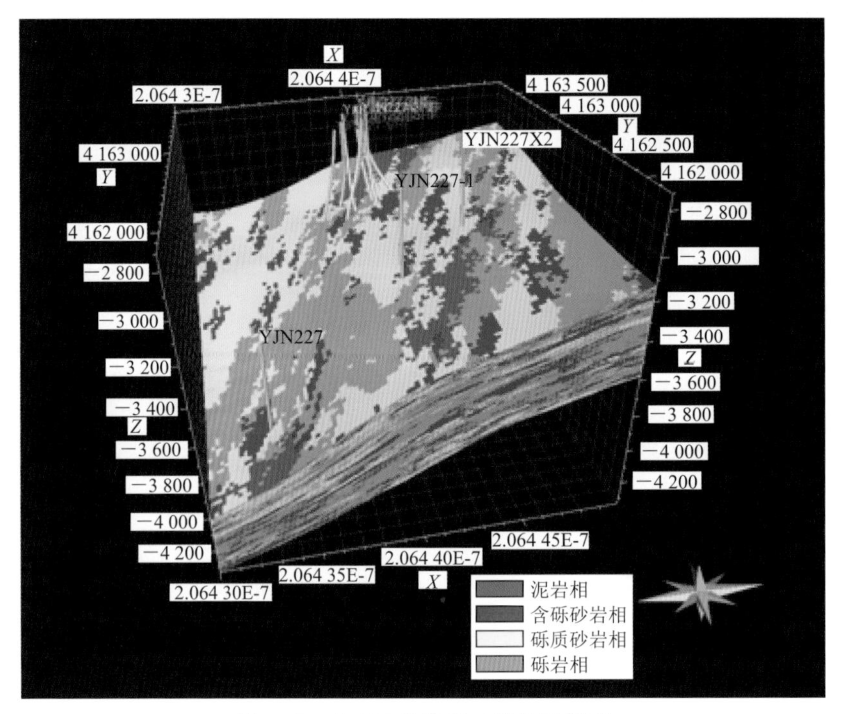

图 4-37　盐 227 块岩相三维地质模型

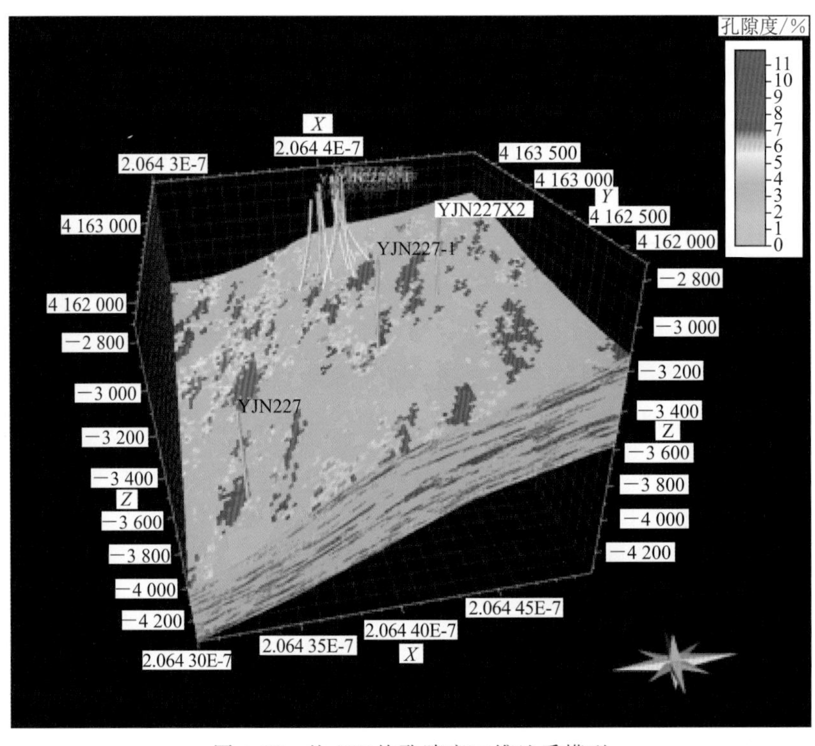

图 4-38　盐 227 块孔隙度三维地质模型

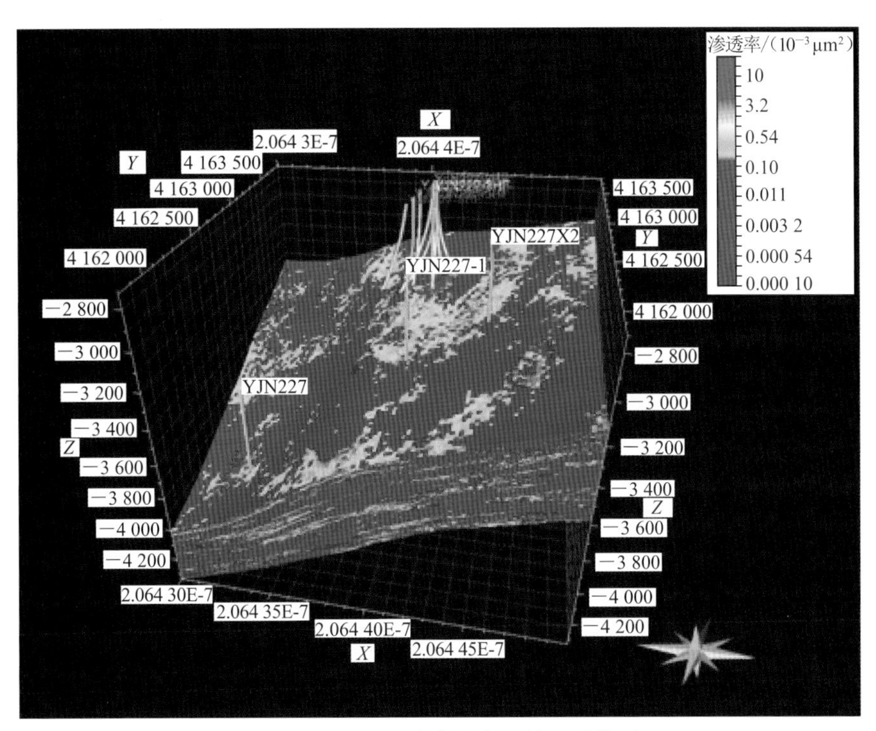

图 4-39　盐 227 块渗透率三维地质模型

4.3.4　基于地质模型的砂砾岩储层质量评价

1）基于地质模型的砂砾岩非均质性评价方法

盐 227 块属于近岸水下扇沉积，研究区内储层主要为砂砾岩体，其中含砾砂岩相和砾质砂岩相的储层物性较好，砾岩相的储层物性差。为了研究区内储集体的分布特征，揭示砂砾岩体的非均质性，必须明确盐 227 块沙四段地层各类岩石相，尤其是含砾砂岩相和砾质砂岩相的展布特征。

常规砂砾岩体展布特征研究从井资料入手，结合单井岩相解释，从平面、剖面两个方面描述砂砾岩体的展布规律。然而，盐 227 块存在直井数量少、水平井所占比例较高、无井区面积大等问题，严重制约了砂砾岩体展布规律的研究。因此，以岩相三维地质模型为依据，详细讨论各岩相的空间演化特征，以期为储层质量差异特征分析奠定基础。

(1) 砂砾岩分层评价：针对盐 227 块直井数量少的特点，结合各岩相发育比例在垂向上的差异(图 4-35)，认为其反映了沉积水动力的强弱。由于每层砂砾岩体的岩相比例不同，因此通过绘制每层的砂地比、含砾砂岩相与地层厚度比、砾质砂岩相与地层厚度比等图件，可以明晰砂砾岩体分布规律，并可为后续的非均质性评价打下基础。

(2) 水平井分段评价：在砂砾岩体分层的基础上，水平井随之被分为数段(图 4-40)。通过地质模型空间、剖面对比研究的手法，结合动态数据，考虑水平井水平段钻遇储层的质量及规模，研究水平井产能的控制因素，以揭示储层非均质性特征。

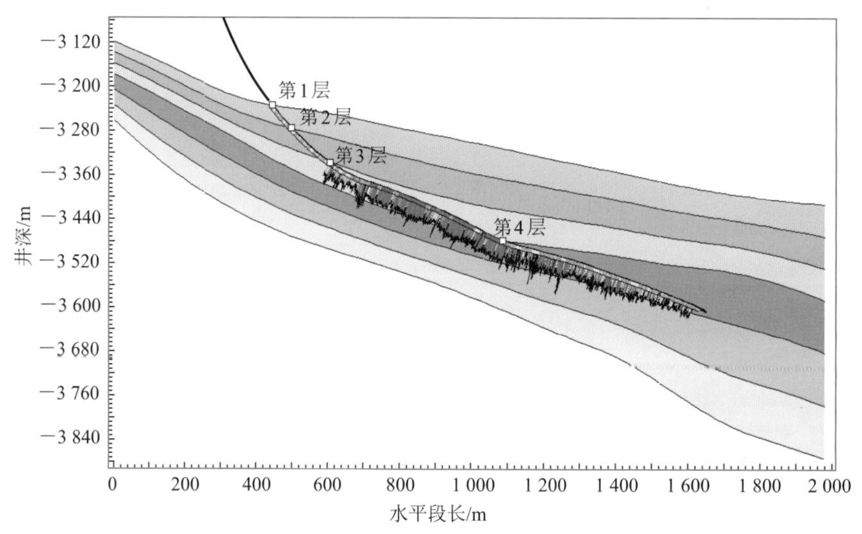

图 4-40　YJN227-1HF 井分层剖面(孔隙度曲线)

2) 砂砾岩体储层质量差异特征

利用岩相模型孔隙度截断的方法,研究盐 227 块优质储层的分布特征。如图 4-41 所示,优质储层主要为含砾砂岩相及砾质砂岩相,储集体多呈断续条带状,由北东至南西展布,最大的连通体长约 600 m,宽约 400 m,而较小的连通体长约 300 m,宽约 200 m。在本区中部,储层叠置连片分布。

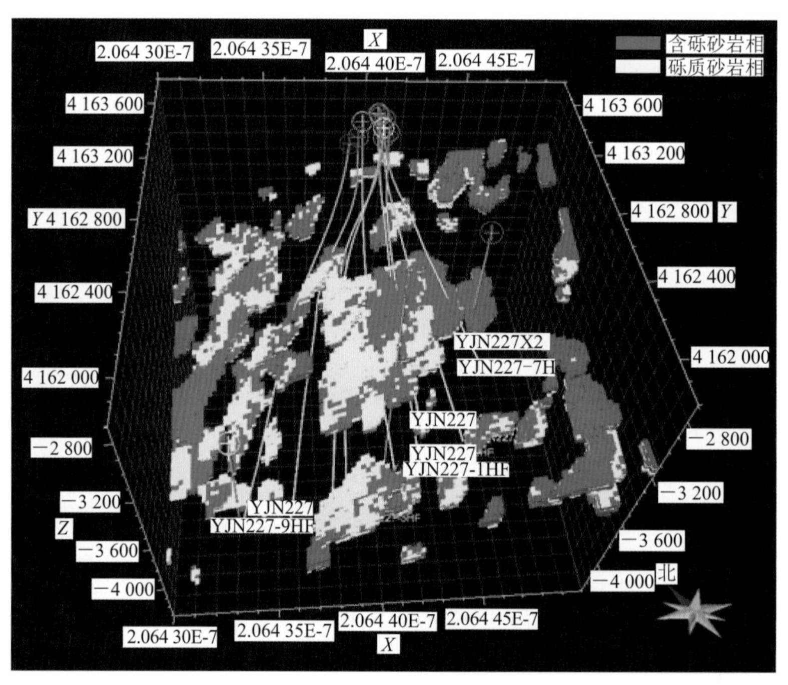

图 4-41　$Es_4$3 及 $Es_4$4 优质储层空间展布图(孔隙度大于 5.5%)

以岩相模型为基础,绘制盐 227 块含砾砂岩相与地层厚度比、砾质砂岩相与地层厚度比等图件(图 4-42、图 4-43)。从图中可以看出,第 2 层和第 4 层砂砾岩体的砂岩相尤其是含砾砂岩相分布面积较大且较连片；第 3 层和第 5 层砂砾岩体的砂岩相所占比例中等，其中砾质砂岩相所占比例较高；第 1 层和第 6 层的砾岩相广泛发育，而砂岩相分布局限且不连片，规模较小。

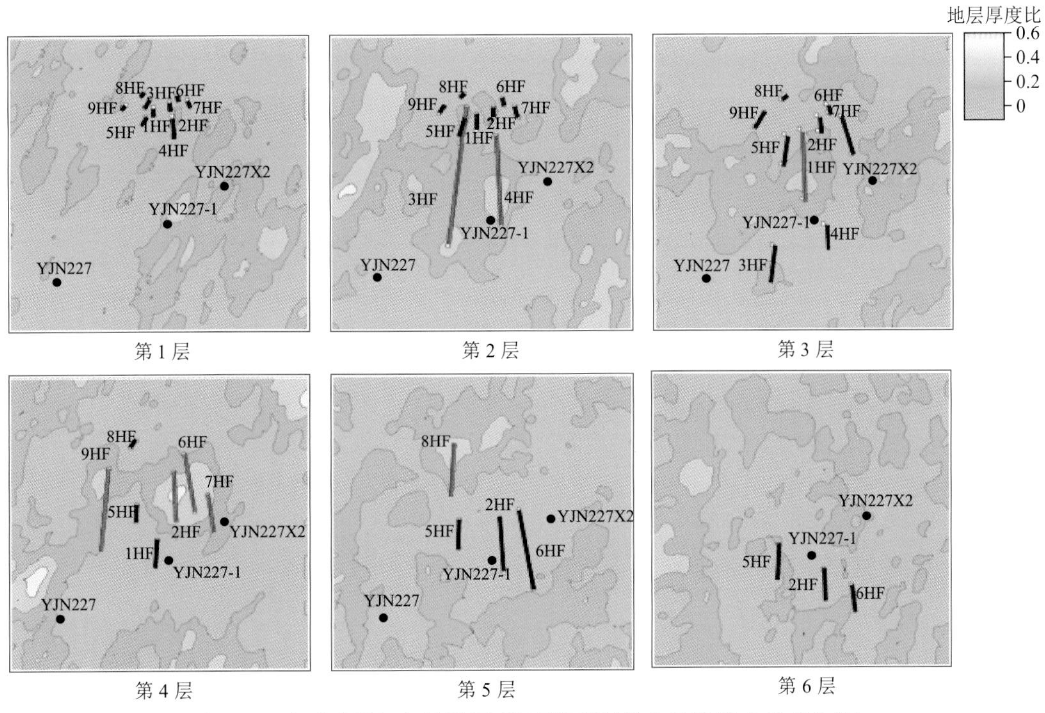

图 4-42　含砾砂岩相与地层厚度比平面图(粉色井段代表高产井段)

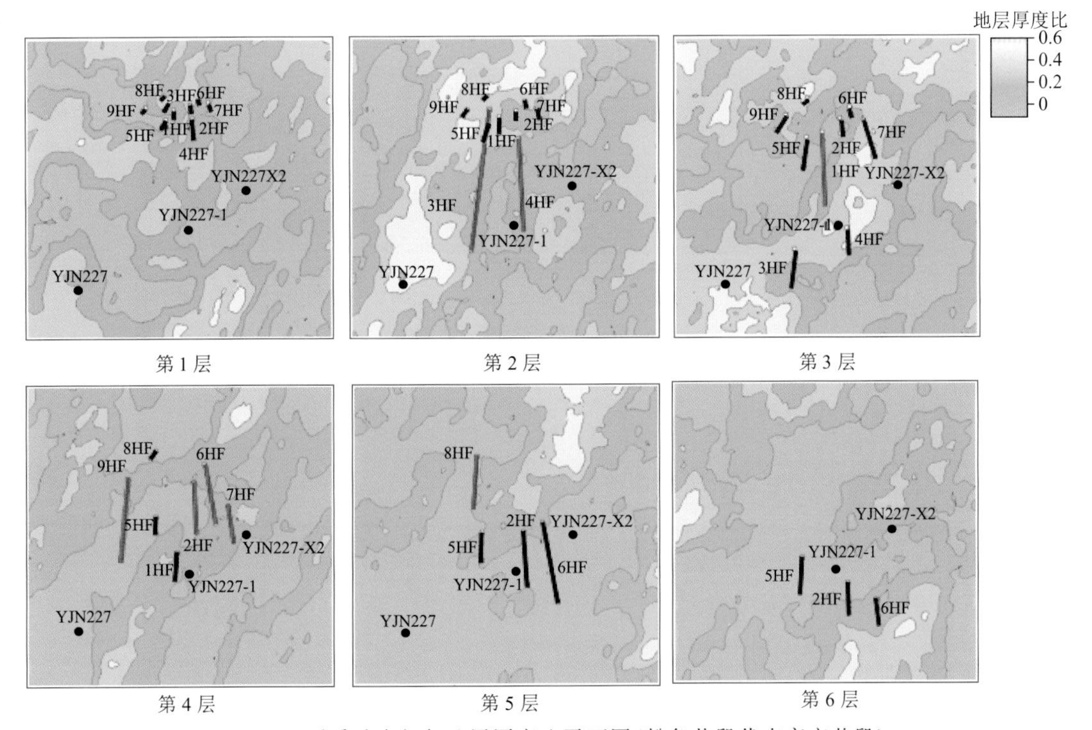

图 4-43　砾质砂岩相与地层厚度比平面图(粉色井段代表高产井段)

从孔渗模型入手，通过绘制各层垂向平均孔隙度及渗透率平面图（图 4-44、图 4-45），研究物性参数在空间的变化规律。从图中可以看出，在平面上，优质储层主要分布于研究区中部；在垂向上，第 2 层及第 4 层相对较好，优质储层面积较大且较连片；第 3 层相对较好，优质储层面积中等；第 1 层、第 5 层及第 6 层差，优质储层发育局限，规模较小，连续性较差。

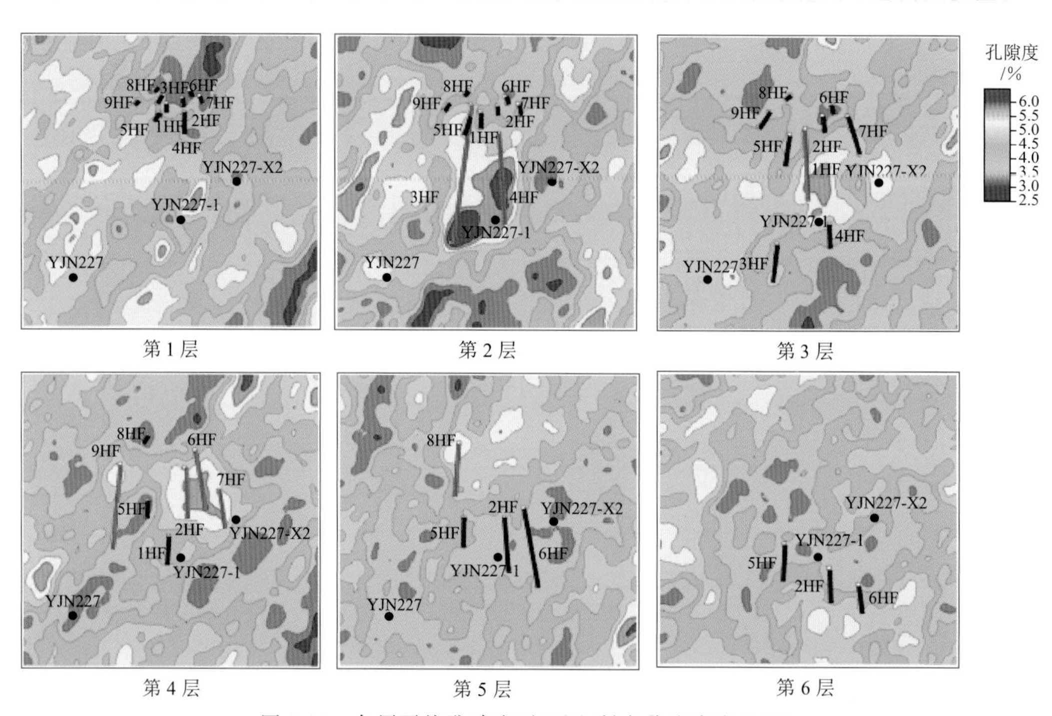

图 4-44　各层平均孔隙度平面图（粉色代表高产井段）

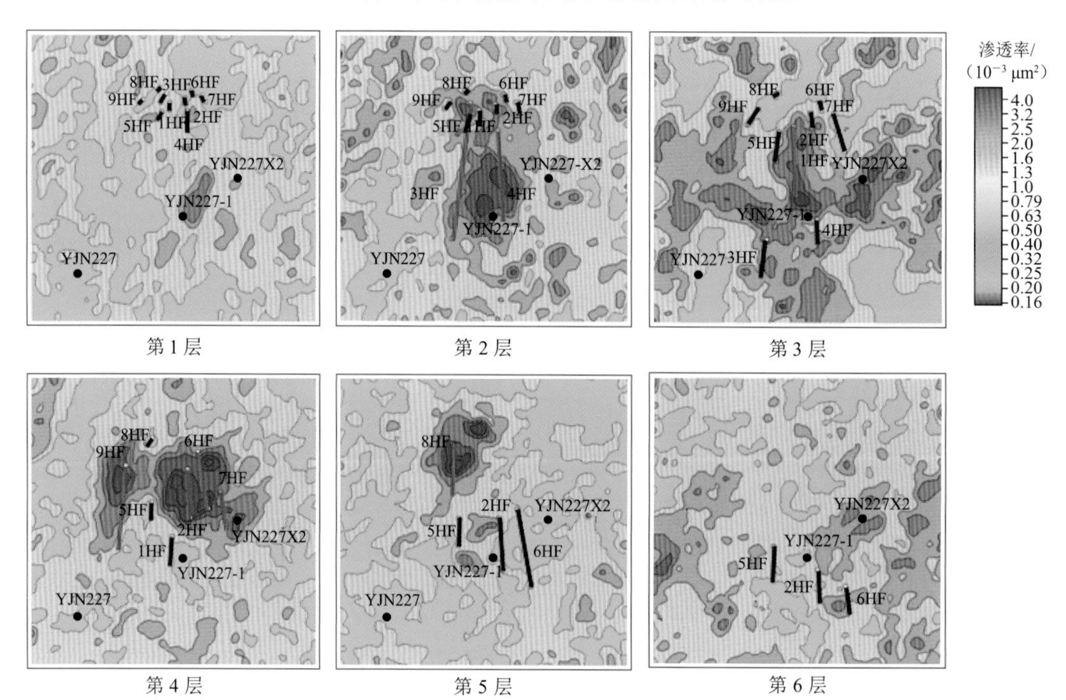

图 4-45　各层平均渗透率平面图（粉色代表高产井段）

从模型入手,结合水平井产能数据(表 4-10),分析水平井产能的控制因素。分析认为,水平段储层规模及储层质量共同控制了水平井的产能。

表 4-10 盐 227 区水平井钻遇岩相及产能数据表

井 号	水平井层段						产 能	
	第1层	第2层	第3层	第4层	第5层	第6层	初期日产油/(t·d^{-1})	目前累产油/(10^4 t)
YJN227-1HF	G	S2,G	S1	G	—	—	12.6	0.[illegible]
YJN227-2HF	—	—	—	S1	G	G	23.1	0.[illegible]
YJN227-3HF	S2	S1,S2	S2	—	—	—	31.5	1.37
YJN227-4HF	G	S1,S2	G	—	—	—	16.7	0.81
YJN227-5HF	G	S2,G	G	G	G	G	0.2	0.06
YJN227-6HF	G	G	G	S1,S2	G	G	21.2	0.75
YJN227-7HF	G	G	S2,G	S1,G	—	—	16.6	0.87
YJN227-8HF	—	—	S2,G	G	S1,G	—	4.5	0.27
YJN227-9HF	G	S2,G	S2,G	S1,G	—	—	1.5	0.14

注:S1 代表含砾砂岩相,S2 代表砾质砂岩相,G 代表砾岩相

YJN227-3HF 井初期日产油超过 30 t/d,目前累产油超过 1×10^4 t,是盐 227 区内产量最高的水平井。该井水平段总长度为 1 183 m,水平段全部处于砂岩相(砾质砂岩和含砾砂岩)中,未钻遇砾岩相,总体储层质量高。其中,钻遇含砾砂岩相的井段长度为 910 m,占全部井段的 76.9%(图 4-46)。由孔隙度模型剖面图可知,该井井段基本上全部位于孔隙度较高的层段中(图 4-47)。

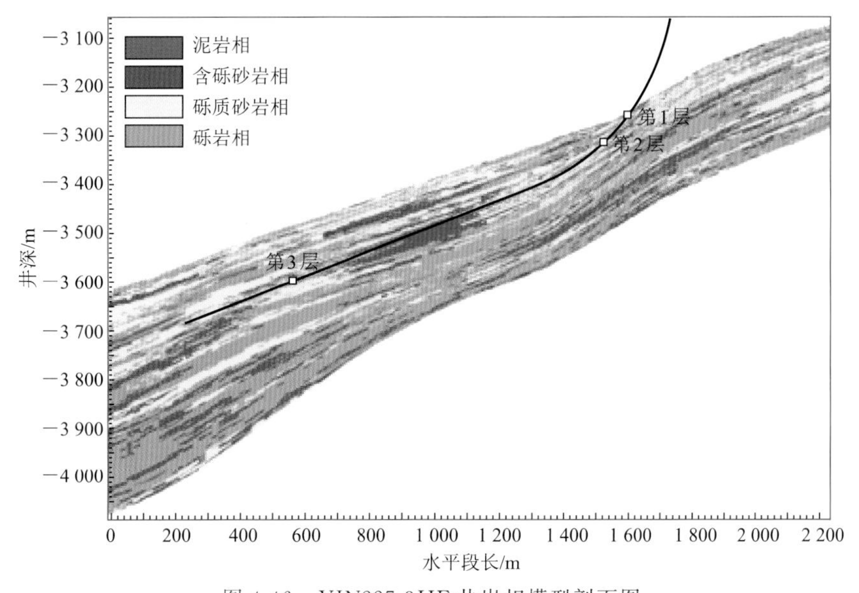

图 4-46 YJN227-3HF 井岩相模型剖面图

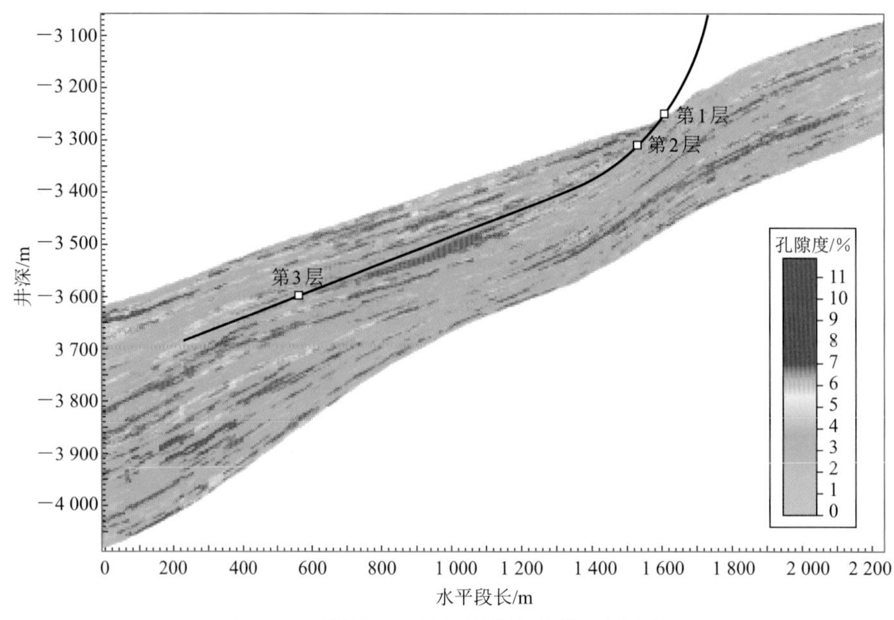

图 4-47 YJN227-3HF 井孔隙度模型剖面图

YJN227-5HF 井初期日产油 0.2 t/d，目前累产油 0.06×10^{4} t，是研究区内产量最低的水平井。

该井水平段总长度为 1 132 m，钻遇砂岩相（砾质砂岩和含砾砂岩）的水平井段长度为 112 m，而 90.1%的井段钻遇储层质量较差的砾岩相（图 4-48）。由孔隙度模型剖面图可知，该井井段除在顶部钻遇很薄的一层高渗带外，其余井段基本上全部位于孔隙度较低的层段中（图 4-49）。

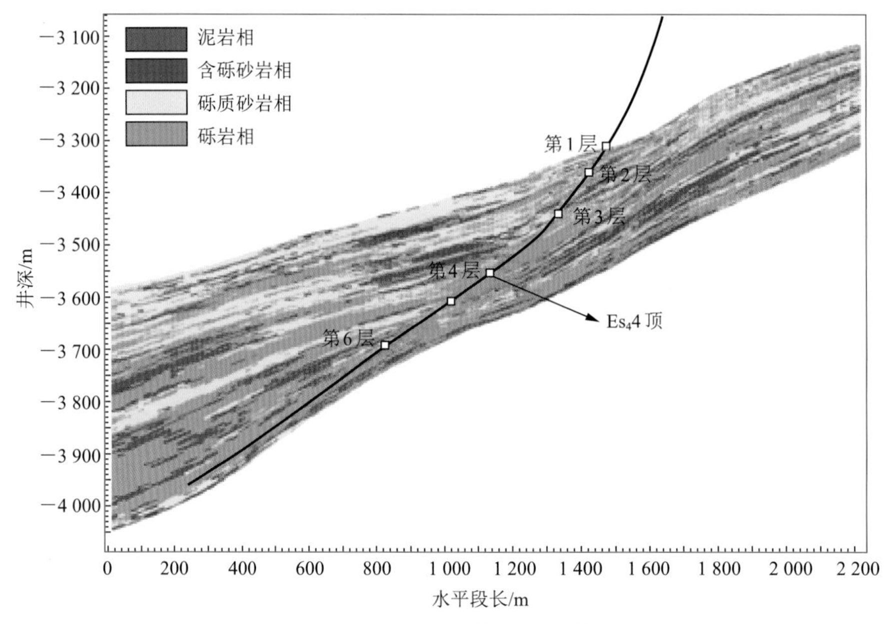

图 4-48 YJN227-5HF 井岩相模型剖面图

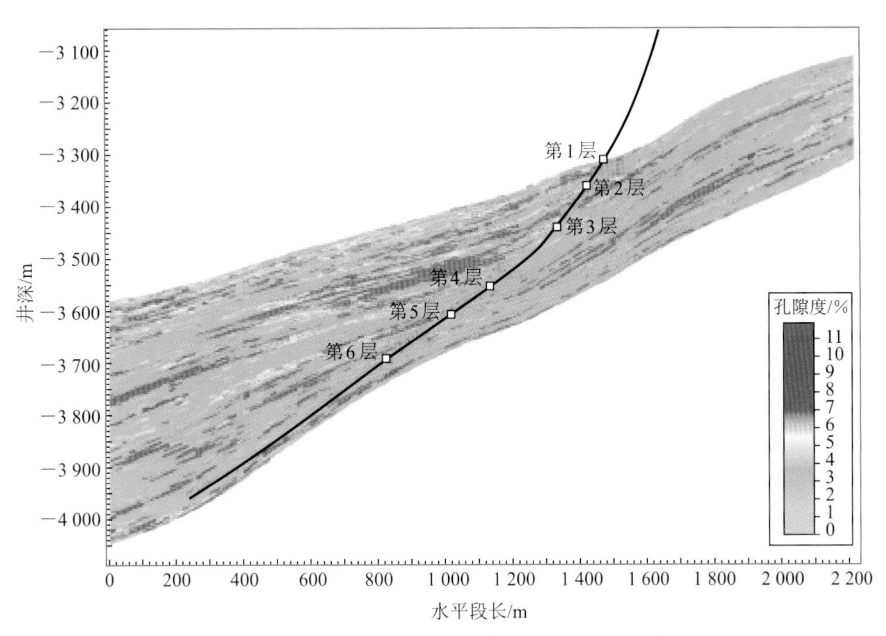

图 4-49　YJN227-5HF 井孔隙度模型剖面图

第5章

砂砾岩油藏产能影响因素

以盐家地区已投产的典型区块为研究单元，针对典型区块储层的地质特征及井网、井型、开发方式等，分析各单元、各单井产能及影响因素，确定不同开发方式下的产量变化规律，这对于提出有助于提高产能的开发对策、改善砂砾岩油藏开发效果、提高经济效益具有重要意义。

5.1 盐22块直井压裂产能影响因素及变化规律

5.1.1 盐22块砂砾岩油藏概况

1）构造特征

盐22块沙四段砂砾岩体位于东营凹陷北部陡坡带东段盐16古冲沟的前方，盐22块砂体构造特征为：地层由北向南倾，东西向为鼻状构造，轴部中心位置在YJN22-43井、YJN22X5井连线一带，闭合幅度为200 m左右，两翼地层倾角为10°～15°。盐22块含油面积为2.3 km^2，地质储量为877×10^4 t，如图5-1所示。

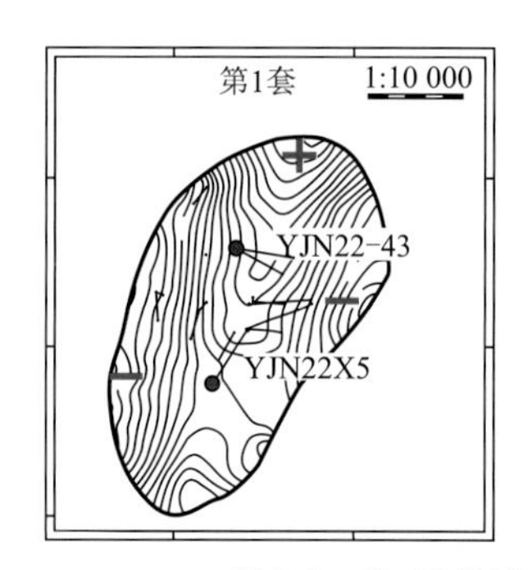

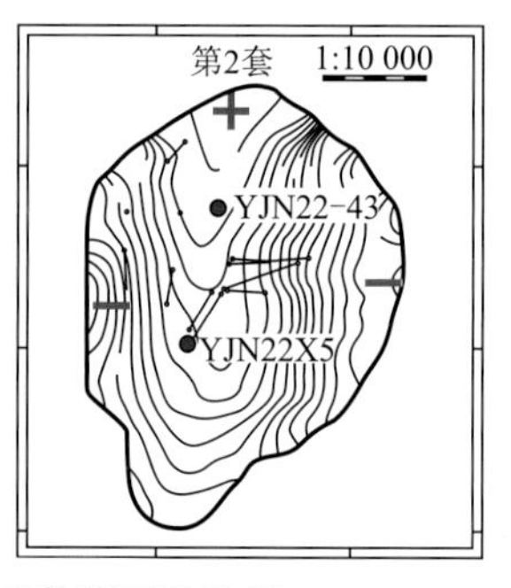

图5-1 盐22块砂砾岩体顶面构造图

根据多极子声波成像测井和地面微地震的裂缝监测结果，最终确定盐 22 块最大主应力方向即裂缝延伸方向，为北偏东 58°，如图 5-2 所示。

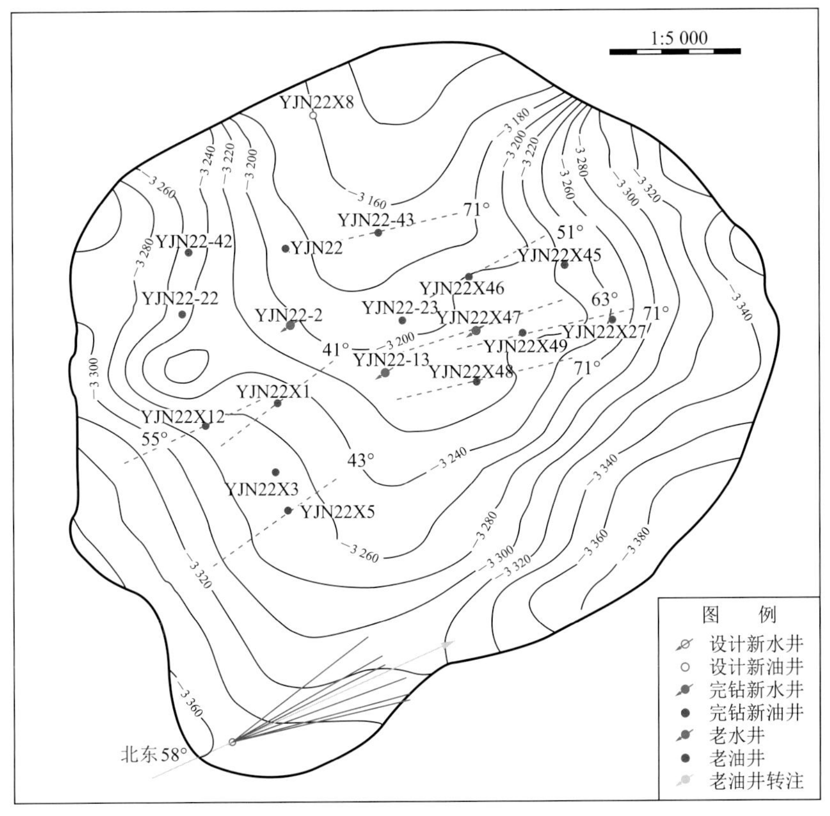

图 5-2　盐 22 块地应力分布图

2）期次划分

盐 22 块共划分为 3 套 9 个期次（表 5-1），其中第 2 套的 5，6，7 期次与第 3 套的 8，9 期次为注水开发动用层位。图 5-3 为盐 22 块连通体分布图。

表 5-1　盐 22 块连通体期次划分表

套	期　次	地层厚度/m	平均值/m	连通体个数/个
第 1 套	1	41	46	5
	2	51		4
第 2 套	3	44	48	3
	4	51		4
	5	41		4
	6	50		3
	7	54		3
第 3 套	8	71	79	10
	9	87		5

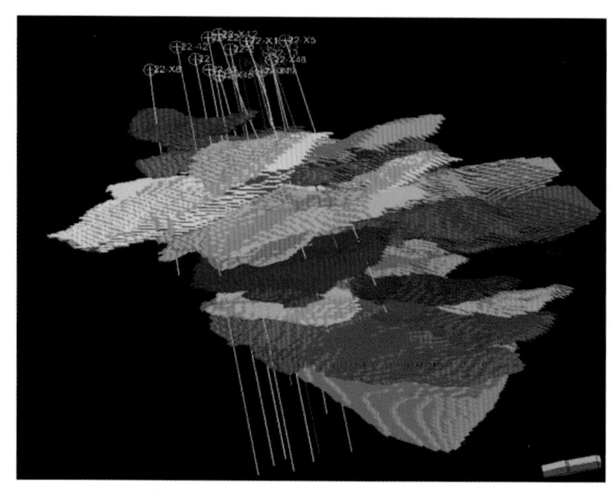

图 5-3 盐 22 块连通体分布图

3）储层物性

根据岩心分析，纵向上第 4 期、第 6 期的物性较好，第 9 期的物性较差，如表 5-2 所示。

表 5-2 盐 22 块纵向分层物性统计表

期次	样品块数	孔隙度/%			渗透率/($10^{-3}\mu m^2$)			变异系数	级差	突进系数
		最大值	最小值	平均值	最大值	最小值	平均值			
3	11	12.8	7.6	10.0	12.7	0.7	3.6	1.0	18	3.5
4	51	16.5	6.6	11.4	33.6	0.5	7.7	0.8	67	4.4
5	34	11.3	5.3	8.7	13.5	0.5	3.2	0.9	27	4.2
6	61	13.2	6.0	10.0	27.1	0.5	4.1	1.0	54	6.6
7	95	13.5	5.4	9.2	14.6	0.5	3.6	1.0	29	4.0
8	29	11.7	5.4	8.7	12.7	0.5	3.6	0.9	25	3.6
9	20	10.0	5.5	6.7	4.0	0.7	1.7	0.6	6	2.3
合计	301	16.5	5.3	8.9	33.6	0.5	4.1	0.9	67	6.6

盐 22 块各砂砾岩体的层内非均质性严重，各砂体渗透率变异系数在 0.6～1.0 之间，级差在 6～67 之间，突进系数在 2.3～6.6 之间(图 5-4)。通过对盐 22 块取心井的岩心观察，可见高角度裂缝存在，并且裂缝含油较多，形成砂砾岩的高渗通道，进一步增大了储层内部的渗透率非均质性。

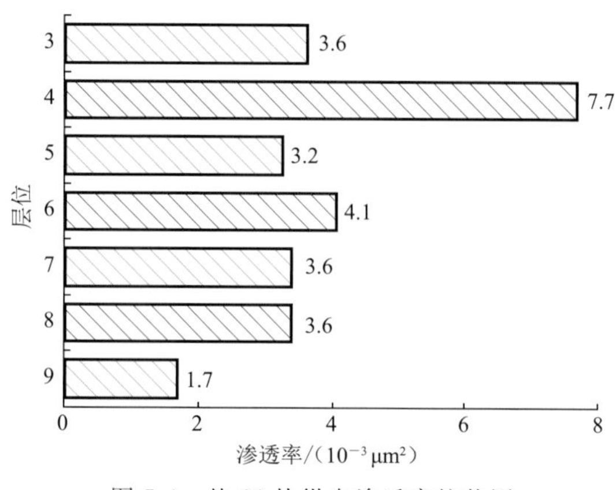

图 5-4 盐 22 块纵向渗透率柱状图

5.1.2　盐 22 块油藏产能变化特征

根据盐 22 块实际生产情况，可以将其划分为 3 个生产阶段：弹性开发阶段（2005.9—2008.1）、大井距开发阶段（2008.2—2010.1）和小井距开发阶段（2010.2—目前）。其中，大井距开发阶段的平均注采井距为 350 m，小井距开发阶段的平均注采井距为 175 m。

1）弹性开发阶段

由盐 22 块在弹性开发阶段生产数据统计表（表 5-3）以及初期/末期产油能力分级表（表 5-4）可以看出，盐 22 块初期平均产油能力为 14.09 t/d，末期平均产油能力为 4.98 t/d，因此在弹性开发阶段，盐 22 块初期产能相对较高，产量递减速率较快，且单井产能差异较大。

表 5-3　弹性开发阶段单井生产数据统计表

井　号	时　间	砂层组	累产油/t	累产水/m^3	初期月产油/(t·月$^{-1}$)	初期月产水/(m^3·月$^{-1}$)	初期产油能力/(t·d^{-1})	末期月产油/(t·月$^{-1}$)	末期月产水/(m^3·月$^{-1}$)	末期产油能力/(t·d^{-1})
YJN22-22	2006.10—2008.1	8	4 440	1 214	769	291	25.48	301	37	9.95
YJN22X45	2006.11—2008.1	8	3 747	3 206	37～563	109～454	12.25～23.46	73	75	2.41
YJN22-42	2006.10—2008.1	6,7	2 910	1 047	263～329	49～105	13.02～20.41	89	54	2.044
YJN22X5	2006.11—2008.1	8,9	5 064	1 175	48～491	130～253	2.78～19.64	34	29	2.81～15.48
YJN22X12	2007.4—2008.1	8	2 104	300	58～546	193～54	5.73～17.61	120	0	3.96
YJN22-43	2006.10—2008.1	8	3 078	226	35～441	42～96	15.9～17.49	88	3	5.82
YJN22-23	2007.4—2008.1	8	2 314	361	188～589	31～244	10.44～14.53	84	21	2.779
YJN22-2	2006.6—2008.1	8,9	3 902	684	29～286	192～258	1.60～14.20	43	19	2.67
YJN22X3	2007.10—2008.1	9	2 859	1 488	111～338	338～190	5.25～11.61	152	66	6.29
YJN22-13	2007.5—2008.1	8	1 788	384	33～250	243～72	1.94～8.57	96	3	3.18
YJN22	2005.9—2008.1	3,4,6	5 171	3 638	38	3～19	7.60	169	212	5.59
YJN22X8	2006.11—2008.1	3,1	1 951	3 361	10～128	300～290	1.24～6.09	48	89	1.58
YJN22X27	2007.10—2008.1	8	379	843	39	320	5.97	160	142	5.29

续表

井　号	时　间	砂层组	累产油/t	累产水/m³	初期月产油/(t·月⁻¹)	初期月产水/(m³·月⁻¹)	初期产油能力/(t·d⁻¹)	末期月产油/(t·月⁻¹)	末期月产水/(m³·月⁻¹)	末期产油能力/(t·d⁻¹)
YJN22X1	2006.10—2008.1	8	7 081	415	19	41	4.61	105	19	3.47
合　计			46 788	18 342	119.857～344.982	46.786	8.13～14.08	111	54.9	4.13

表 5-4　盐 22 块弹性开发阶段初期/末期产油能力分级表

初　期				末　期			
能力分级	计　数	百分比/%	平均产油能力/(t·d⁻¹)	能力分级	计　数	百分比/%	平均产油能力/(t·d⁻¹)
0～8	4	28.571	6.07	0～4	8	57.143	2.77
8～15	4	28.571	12.23	4～8	4	28.571	5.75
15～20	3	21.428	18.25	8～12	1	7.143	9.46
>20	3	21.428	23.12	12～16	1	7.143	15.16
合　计	14	100	14.09	总　计	14	100	4.98

2）大井距注水开发阶段

盐 22 块自 2008 年 2 月进入注水开发阶段，其中大井距注水开发阶段为 2008 年 2 月—2010 年 1 月，投产井数为 13 口，注水井 2 口，其中 YJN22X5 井阶段初期产油能力最高为 15.46 t/d，YJN22X8 井阶段初期产油能力最低为 1.59 t/d（表 5-5）。

表 5-5　岩 22 块大井距注水开发阶段单井生产数据统计表

井　号	时　间	砂层组	累产油/t	累产水/m³	初期产油能力/(t·d⁻¹)	末期月产油/(t·月⁻¹)	末期月产水/(m³·月⁻¹)	末期产油能力/(t·d⁻¹)	初期动液面/m	末期动液面/m	含水/%
YJN22	2008.2—2010.1	3,4,6	4 478	6 004	5.59	340	311	11.22	528	686	40.0～72.2
YJN22-13	2008.2—2010.1	8	1 408	201	3.182	34	2	1.128	1 650	1 650	1.9～100
YJN22-22	2008.2—2010.1	8	3 693	1 710	9.96	109	61	3.61	1 650	1 650	11.4～57.1
YJN22-23	2008.2—2010.1	8	3 322	212	2.78	95	2	3.14	174	1 355	20.0～48.1
YJN22-42	2008.2—2010.1	6,7	1 686	843	2.04	52	44	2.16	1 298	1 650	32.1～73.3
YJN22-43	2008.2—2010.1	8	2 827	690	5.82	109	23	3.60	1 650	1 650	3.3～74.6

续表

井　号	时　间	砂层组	累产油/t	累产水/m³	初期产油能力/(t·d⁻¹)	末期月产油/(t·月⁻¹)	末期月产水/(m³·月⁻¹)	末期平均产油能力/(t·d⁻¹)	初期动液面/m	末期动液面/m	含水/%
YJN22X1	2008.2—2010.1	8,6	2 615	708	3.47	82	6	2.71	190	1 567	15.3～25.5
YJN22X12	2008.2—2010.1	8	2 331	203	3.97	33	0	1.32	912	1 588	22.8～54.9
YJN22X27	2008.2—2010.1	8	2 301	4 269	5.29	96	195	2.39	1 650	1 650	37.4～86.3
YJN22X3	2008.2—2010.1	9	2 936	914	6.29	169	27	5.59	1 384	1 554	11.7～37.1
YJN22X45	2008.2—2008.8	7	4 965	4 403	2.42	254	216	9.40	566	679	53.4～46.0
YJN22X5	2008.2—2010.1	8	4 639	250	15.46	153	18	5.06	0	1 650	6.0～10.5
YJN22X8	2008.2—2009.2	6,7,8	1 210	2 605	1.59	1	381	0.038	808	1 650	68.4～99.7
合　计			38 411	23 012	67.862	117.46	98.92	3.95	958	1 459	

由盐 22 块大井距开发阶段的初期/末期产油能力分级表(表 5-6)可以看出,在大井距注水开发阶段,阶段初期平均产油能力为 4.98 t/d,阶段末期平均产油能力为 3.81 t/d,因此在大井距注水开发阶段,盐 22 块的初期产能相对较低,且产量递减速率较慢。

表 5-6　盐 22 块大井距开发阶段初期/末期产油能力分级表

初　期				末　期			
能力分级	计　数	百分比/%	平均产油能力/(t·d⁻¹)	能力分级	计　数	百分比/%	平均产油能力/(t·d⁻¹)
0～4	8	57.143	2.77	0～4	8	72.727	2.51
4～8	4	28.571	5.75	4～8	2	18.182	5.33
8～12	1	7.143	9.46	8～12	1	9.091	11.21
12～16	1	7.143	15.16	总　计	11	100	3.81
合　计	14	100	4.98				

由盐 22 块大井距开发阶段初期/末期含水统计图(图 5-5)与动液面统计图(图 5-6)可以看出,各生产井注水见效差异较大,综合含水稳定;阶段初期综合动液面为 958 m,阶段末期综合动液面为 1 459 m,平均动液面持续下降。

3) 小井距注水开发阶段

盐 22 块自 2010 年 2 月进入小井距注水开发阶段,投产井数为 40 口,注水井为 8 口,其中 YJN22X90 井阶段初期产油能力最高为 21.949 t/d,YJN22X12 井阶段初期产油能

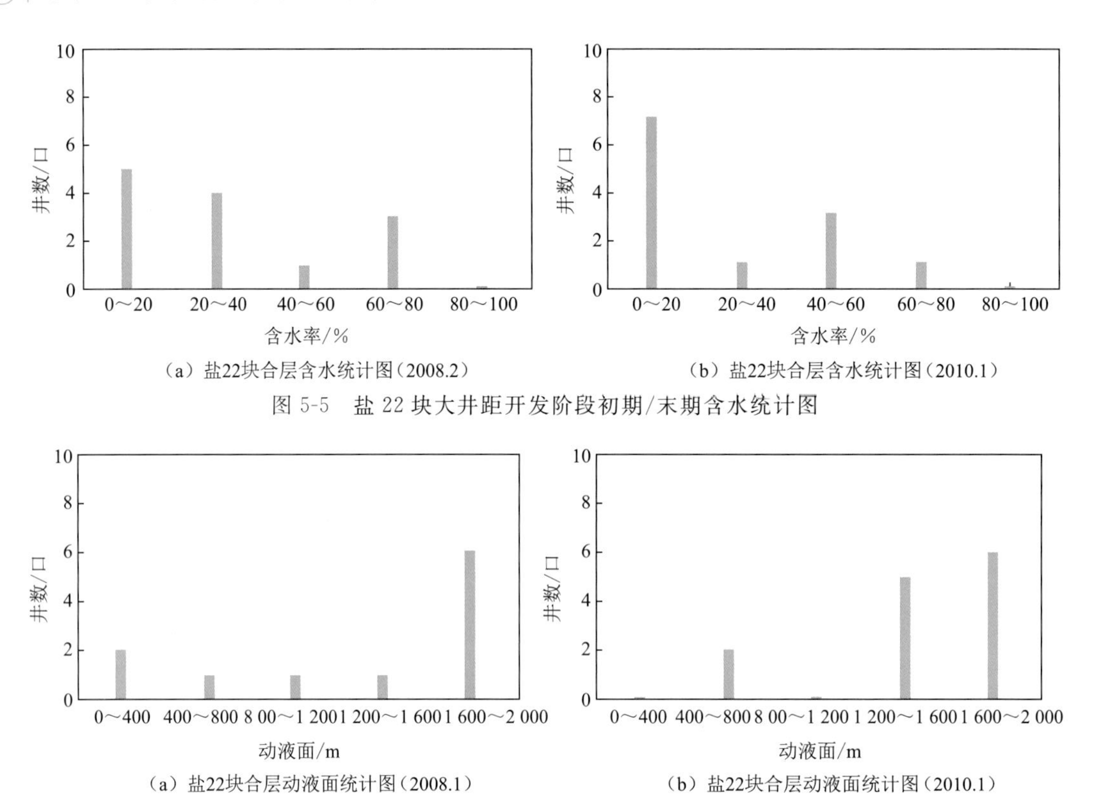

（a）盐22块合层含水统计图（2008.2）

（b）盐22块合层含水统计图（2010.1）

图 5-5　盐 22 块大井距开发阶段初期/末期含水统计图

（a）盐22块合层动液面统计图（2008.1）

（b）盐22块合层动液面统计图（2010.1）

图 5-6　盐 22 块大井距开发阶段初期/末期动液面统计图

力最低为 1.182 t/d(表 5-7)。盐 22 块阶段初期综合含水率为 32%,末期综合含水率为 43%,综合含水有一定的上升,阶段初期动液面为 1 459 m,末期动液面为 1 580 m。

表 5-7　盐 22 块小井距开发阶段单井生产数据统计表

井　号	生产时间	砂层组	阶段累油/t	阶段累水/m^3	阶段初期月产油/(t·月$^{-1}$)	阶段初期月产水/(m^3·月$^{-1}$)	阶段初期产油能力/(t·d^{-1})	末期产油能力/(t·d^{-1})	含水率/%
YJN22	2010.2—2014	3,4,6	9 165	16 499	156	375	5.733	3.872	0.712
YJN22-13	2010.2—2013.6	8,9	1 190	190	34	3	1.251	1.747	0.919
YJN22-22	2010.2—20104.12	7,8,4～6	8 752	3 248	134	42	4.924	1.98	30～100
YJN22-23	2010.2—2014.12	8,7	9 908	1 486	90	0	3.307	3.08～17.383	2.2～43
YJN22-42	2010.2—2014.12	4,6,7	5 454	4 284	90	33	3.305	2.526	0.656
YJN22-43	2010.2—2014.12	7,8,9	9 908	3 891	125	3	4.591	6.457	0.407

续表

井　号	生产时间	砂层组	阶段累油/t	阶段累水/m^3	阶段初期月产油/(t·月$^{-1}$)	阶段初期月产水/(m^3·月$^{-1}$)	阶段初期产油能力/(t·d^{-1})	末期产油能力/(t·d^{-1})	含水率/%
YJN22X1	2010.2—2013.2	4,5,6,7	1 234	672	31	35	2.341	1.814	2.4～94.7
YJN22X11	2012.12—2014.10	8	12 125	1 131	1 375	248	14.811	9.043	0.125
YJN22X12	2010.2—2014.12	8,7	11 500	797	19	0	1.182	2.534	2.4～40.2
YJN22X15	2014.6—2014.12	8,9	1 995	1 157	333	128	15.013	4.967	0.451
YJN22X16	2014.6—2014.12	8	2 395	703	354	146	14.075	5.759	0.281
YJN22X17	2013.3—2014.12	8,9	2 934	764	124	165	5.160	4.569	
YJN22X19	2014.4—2014.12	9	4 021	1 303	290	194	22.036	11.221	0.401
YJN22X20	2013.5—2014.12	7,8,9	5 663	1 118	73	94	7.170	9.900	3.5～56.3
YJN22X21	2013.4—2014.5	7	2 294	2 407	160	167	5.293	2.29～0.962	57.1～100
YJN22X26	2014.3—2014.12	7,8	3 006	1 189	280	164	11.575	8.805	40.9～87.5
YJN22X27	2010.2—2014.12	6,7,8	9 330	10 446	65	121	2.391	6.955	0.6
YJN22X28	2013.5—2014.12	7,8	6 861	1 156	329	240	10.919	11.252	20.8～42.2
YJN22X3	2010.2—2014.12	8,7	9 190	921	105	19	3.856	19.04～2.98	2.4～15.3
YJN22X30	2014.3—2014.12	9	3 751	1 899	69	106	7.532	12.313	42.7～60.6
YJN22X33	2012.12—2014.12	8	314	1 140	42	195	1.743	2.251	0.823
YJN22X38	2014.4—2014.12	8,9	2 731	948	164	155	9.551～14.172	9.542	0.486
YJN22X4	2013.2—2014.12	8,7	912	1 861	48	129	2.381	0.26～2.649	0.756

续表

井　号	生产时间	砂层组	阶段累油/t	阶段累水/m^3	阶段初期月产油/(t·月$^{-1}$)	阶段初期月产水/(m^3·月$^{-1}$)	阶段初期产油能力/(t·d^{-1})	末期产油能力/(t·d^{-1})	含水率/%
YJN22X40	2013.4—2013.12	8	1 988	754	243	227	8.362～11.114	4.068	0.3
YJN22X41	2012.5—2013.5	7,8	2 901	2 264	190	217	9.921～11.365	6.726	0.463
YJN22X45	2010.2—2014.12	7	5 643	2 410	140	61	5.787	1.292	30.5～100
YJN22X46	2010.2—2014.12	7,8	10 032	2 011	204	83	12.961	0.746～12.823	28～95.8
YJN22X47	2010.3—2010.6	7,8	1 194	1 405	298	264	15.520	4.074	47～75.5
YJN22X48	2010.2—2014.12	8	10 543	2 348	334	119	15.791	0.79～11.7	26～86
YJN22X49	2010.2—2014.12	7,8	10 040	7 692	50～373	44～100	12.315～20.145	5.030	24.7～100
YJN22X5	2010.2—2014.12	8	16 676	1 050	139	8	5.108～21.279	4.402	0.054
YJN22X6	2013.7—2014.12	7,8	1 493	2 740	85～133	218～192	3.837	3.167	75.9～97.9
YJN22X60	2013.6—2014.3	7,8	1 864	6 781	168	239	7.612	1.965	58.7～88.8
YJN22X62	2013.6—2014.4	7	1 946	1 440	138	165	8.065	3.046	0.632
YJN22X64	2013.6—2014.7	7,8	1 443	4 288	52	695	1.724～10.954	0.330	51.2～100
YJN22X66	2012.5—2014.12	6,7	2 746	4 134	50～279	248～306	2.157～9.544	1.365	65.5～83.8
YJN22X70	2014.2—2014.12	9	4 865	1 366	69～734	116～257	8.476～24.328	3.128	33.7～62.7
YJN22X73	2014.3—2014.12	9	3 569	2 494	674	333	21.744	8.320	0.631
YJN22X80	2012.5—2014.9	7,8	5 016	1 763	442	151	15.121	3.113	0.48
YJN22X90	2014.2—2014.12	9	6 939	1 743	662	224	21.949	20.322	25～33

表 5-7 盐 22 块小井距开发阶段初期/末期产油能力分级表

初期				末期			
能力分级	计数	百分比/%	平均产油能力/(t·d⁻¹)	能力分级	计数	百分比/%	平均产油能力/(t·d⁻¹)
0～4	10	25.0	2.55	0～4	17	42.5	2.31
4～8	9	22.5	5.97	4～8	10	25.0	5.29
8～12	7	17.5	10.50	8～12	8	20.0	15.38
12～20	7	17.5	14.65	12～20	4	10.0	15.38
>20	7	17.5	21.80	>20	1	2.50	20.32
合计	40	100	10.20	总计	40	100	7.43

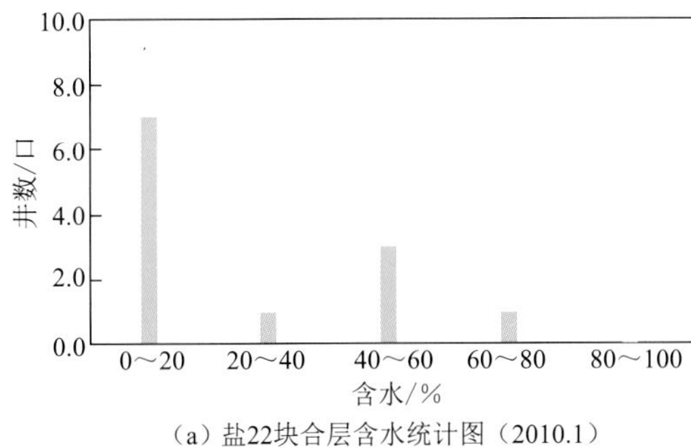

(a) 盐22块合层含水统计图（2010.1）

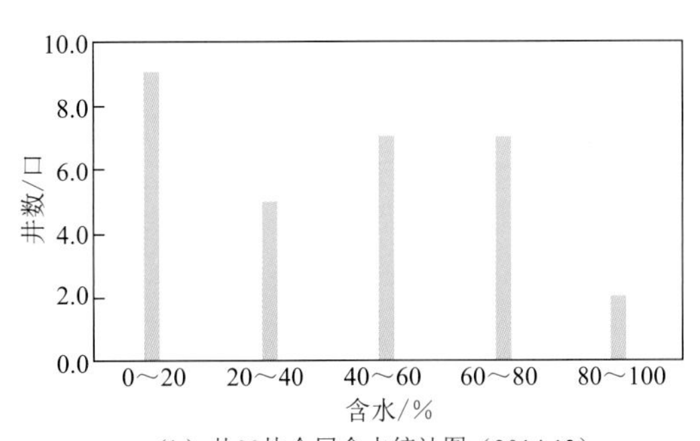

(b) 盐22块合层含水统计图（2014.12）

图 5-7 盐 22 块大井距开发阶段初期/末期含水统计图

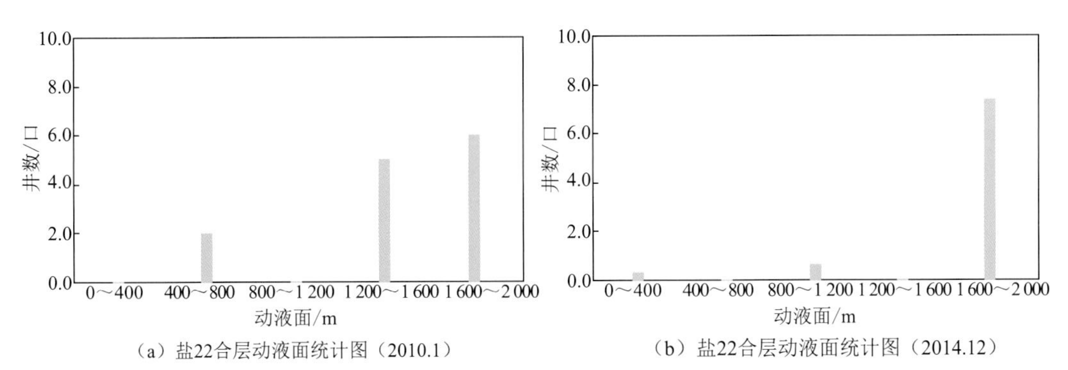

(a) 盐22合层动液面统计图（2010.1） (b) 盐22合层动液面统计图（2014.12）

图 5-8 阶段初期/末期动液面统计图

4）总体特征

盐 22 块砂砾岩油藏产能变化总体特征：

(1) 油井具有较好的产液、产油能力，单井产能差异大，油层吸水能力较强；

(2) 开发初期开始产水，在 10 多年的弹性开发、注水开发中，综合含水变化幅度小，相对稳定；

(3) 弹性开发单井产量逐渐降低，小井距注水开发产量上升，后期逐渐降低，区块整体产量相对稳定。

5.1.3 盐 22 块油藏产能影响因素分析

采用矿场检测数据、油藏数值模拟和理论计算相结合的方法，综合分析盐 22 块油藏产能影响因素：① 以油藏地质参数为基础，综合考虑开发方式、井网井距的影响，利用生产数据进行动态分析；② 基于实际区块油藏地质特征，建立油藏数值模拟模型，利用油藏数值模拟技术进行分析；③ 基于产能预测模型，利用油藏地质参数及开发参数分析产能影响因素。

基于盐 22 块实际油藏地质特征和井网特征（图 5-9），建立实际井网下的油藏数值模拟模型，其中图 5-10 为反九点法井网，图 5-11 为五点法井网。

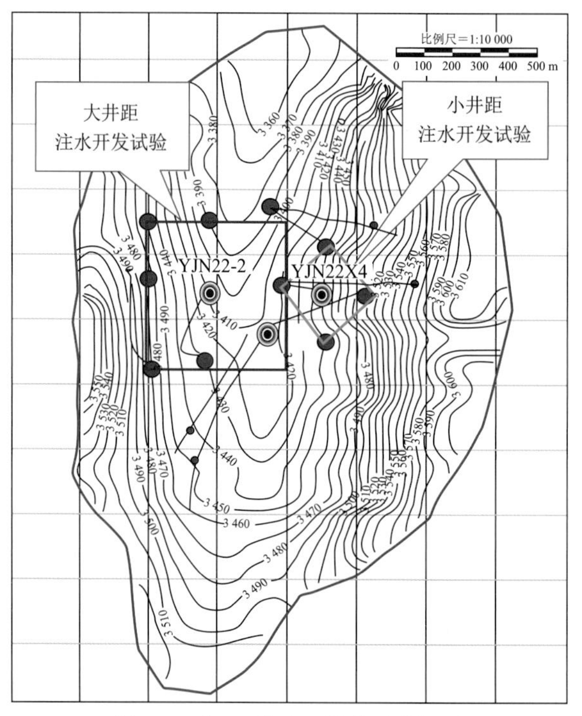

图 5-9 盐 22 块沙四段注采井网图

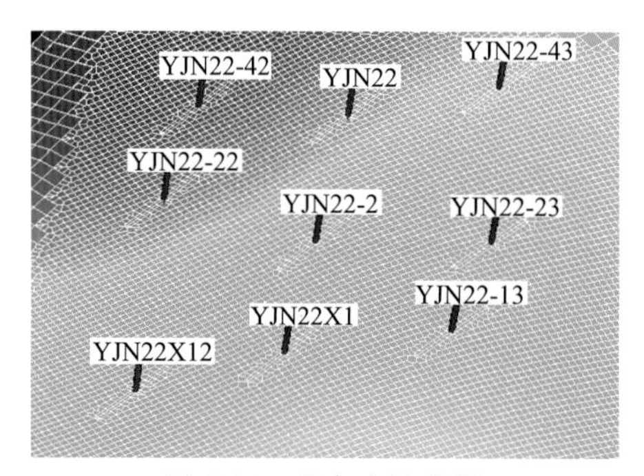

图 5-10 反九点法井网

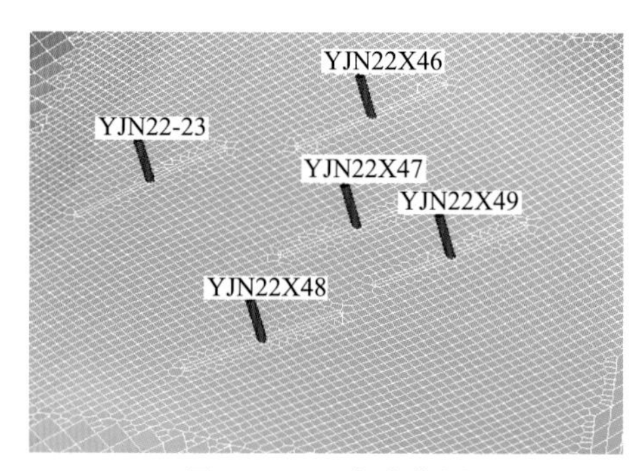

图 5-11 五点法井网

产能影响因素主要包括 3 个方面，分别为储层参数、压裂参数、开发参数。其中，储层参数包括渗透率、油层厚度和原油黏度等，压裂参数包括裂缝长度和储层渗透率等，开发参数包括井网形式、井距和主应力方向等。

1）压裂对产能的影响

盐 22 块属于常压特低渗油藏，自然产能低。YJN22 井及 YJN22X1 井常规投产产量低，然后实施压裂。对比两口井自然生产与压裂改造后生产情况，压裂改造后增液倍数达到 4 倍，压裂效果明显，因此之后新投井均采取压裂投产方式。盐 22 块储层平均渗透率为 $4.1\times10^{-3}\ \mu m^2$，裂缝长度为 170 m，油层厚度为 30 m，计算得到其日产液量为 $30\ m^3/d$（图 5-12），盐 22 块初期单井日产液量大于 $30\ m^3/d$ 的有 5 口井。

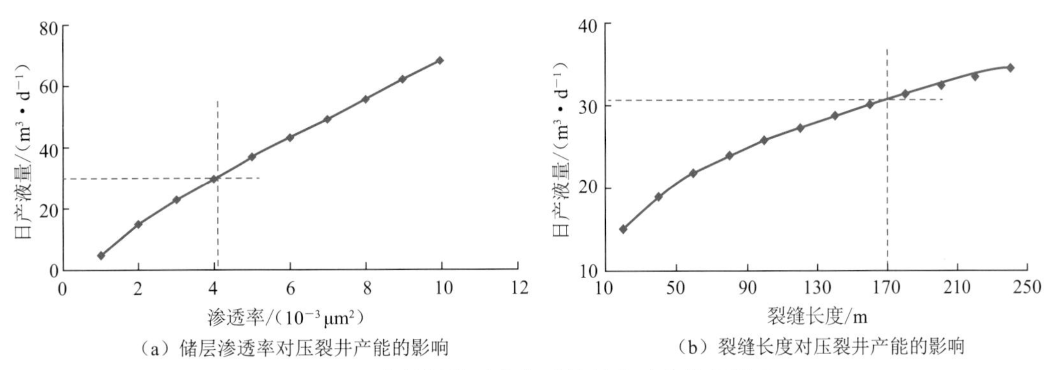

（a）储层渗透率对压裂井产能的影响　（b）裂缝长度对压裂井产能的影响

图 5-12　盐储层渗透率与裂缝长度对产能的影响

统计不同渗透率的井及不同加砂量的井的产能（图 5-13 和图 5-14），可以看出储层物性越好，加砂量越大，增产幅度越大。

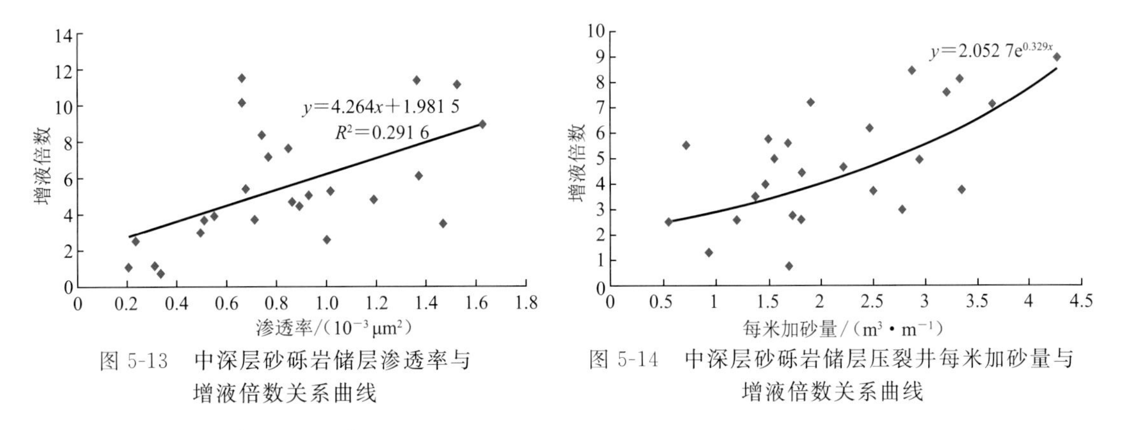

图 5-13　中深层砂砾岩储层渗透率与增液倍数关系曲线

图 5-14　中深层砂砾岩储层压裂井每米加砂量与增液倍数关系曲线

2）沉积相带影响因素

盐 22 块生产实际数据及数值模拟结果表明，中扇油井产能较高。如盐 22 块沉积相图（图 5-15）所示，YJN22X12 井位于中扇，YJN22-13 井位于内扇，由实际生产数据（图 5-16 和 5-17）可以看出，YJN22X12 井单井日产液、日产油能力明显高于 YJN22-13 井。

3）储层物性对产能的影响

基于大井距反九点法井网，统计各个生产井的日产油量、米采油指数、米采液指数、渗透率、有效厚度、注水井排与主应力方向夹角、注采井距（表 5-9），分析储层物性对各生产井产能的影响。

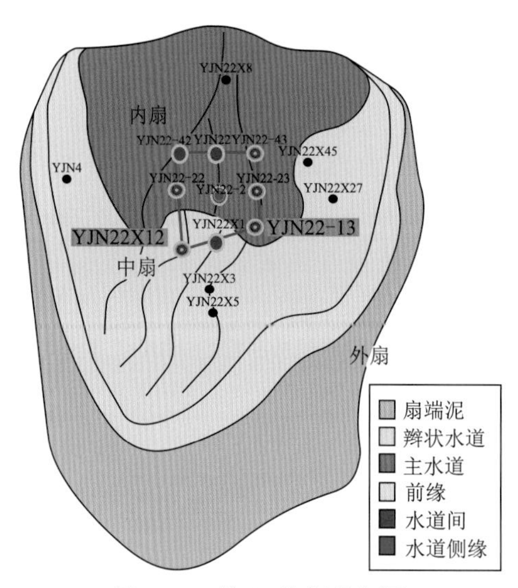

图 5-15　盐 22 块沉积相图

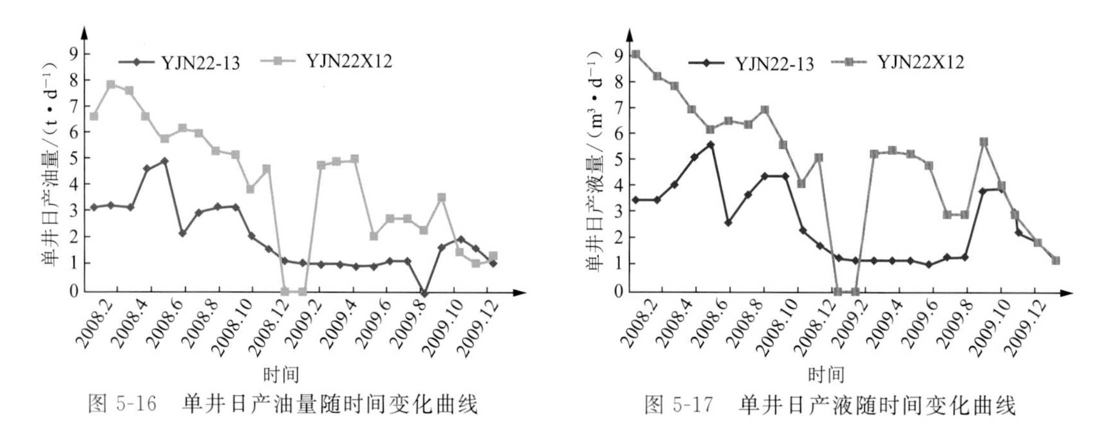

图 5-16　单井日产油量随时间变化曲线

图 5-17　单井日产液随时间变化曲线

表 5-9　大井距反九点法单井生产数据统计表

井　号	日产油量(初期)/(t·d^{-1})	米采油指数(初期)/(t·d^{-1}·MPa^{-1}·m^{-1})	米采液指数(初期)/(m^3·d^{-1}·MPa^{-1}·m^{-1})	渗透率/(10^{-3} μm^2)	有效厚度/m	注水井排与主应力方向夹角/(°)	注采井距/m
YJN22	10.87	0.036	0.038	0.48	30.40	50	273
YJN22-13	34.45	0.045	0.048	0.79	76.00	76	273
YJN22-22	5.94	0.023	0.024	0.17	26.24	60	255
YJN22-23	24.32	0.042	0.045	0.71	57.36	35	255
YJN22-42	2.75	0.022	0.023	0.16	12.05	85	345
YJN22-43	17.48	0.045	0.047	0.81	38.96	20	382
YJN22X1	38.26	0.050	0.053	0.93	76.00	46	250
YJN22X12	41.30	0.061	0.064	1.19	67.84	15	373

由数值模拟数据分析(图 5-18 和图 5-19)可以看出,初期产能与渗透率、油层厚度相关性强,后期减弱。初期产能与渗透率、油层厚度具有很好的直线相关性,产能主要受井点附近储层物性影响;后期产能与渗透率、油层厚度的相关性变差,说明产能开始受井网井距的影响。

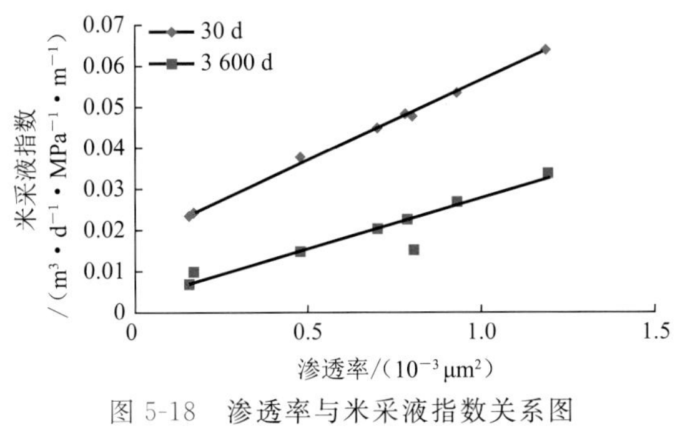

图 5-18　渗透率与米采液指数关系图

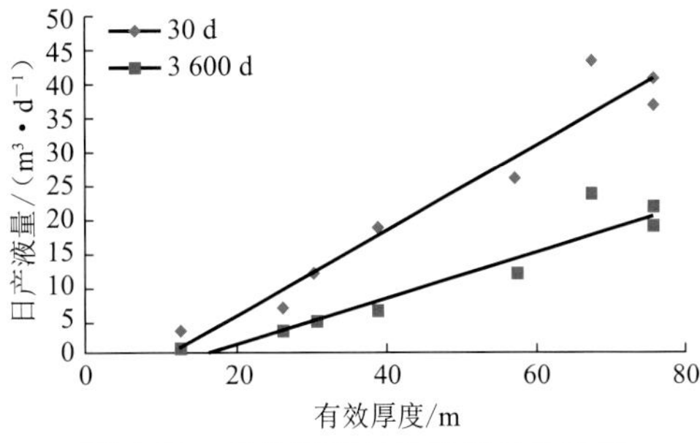

图 5-19　有效厚度与日产液量关系图

为对比砂层厚度相等的条件下渗透率对产油能力的影响,分别统计了 YJN22X8 井、YAN22X3 井和 YAN22X5 井的单井生产数据(表 5-10),可以发现渗透率对初期产油能力影响较大,渗透率高的油井初期产油能力也高。

表 5-10　等砂层厚度下单井生产数据统计表

井　号	YJN22X8	YJN22X3	YJN22X5
初期产油能力/(t·d⁻¹)	6.09	11.61	19.64
渗透率/(10⁻³ μm²)	0.1	0.6	4.6

在渗透率相等的条件下,油层体厚度对油井初期产油能力影响较大(表 5-11)。

表 5-11　等渗透率下单井生产数据统计表

井　号	YJN22-2	YJN22-13	YJN22X27
初期产油能力/(t·d⁻¹)	14.20	8.30	5.97
油层厚度/m	164.0	127.7	88.9

4) 井距对产能的影响

盐 22 块大井距储层连通率及注采对应率低,油井见效不明显,反九点井组水井 YJN22-2 井周围有油井 8 口,合计钻遇连通体 61 个,其中有 21 个不连通,连通率仅为 66%;而小井距五点法井组的连通率为 93%,因此小井距有利于提高单井产能。

利用油藏数值模拟计算结果对比大井距反九点法井网与小井距五点法井网的剩余油分布和(图 5-20 和图 5-21)油井含水率曲线(图 5-22 和图 5-23)。由图中可以看出,大井距反九点法井网注水见效晚,8 口生产井只有 4 口井的含水率有明显上升的趋势,而小井距五点法注水见效快且见效明显。

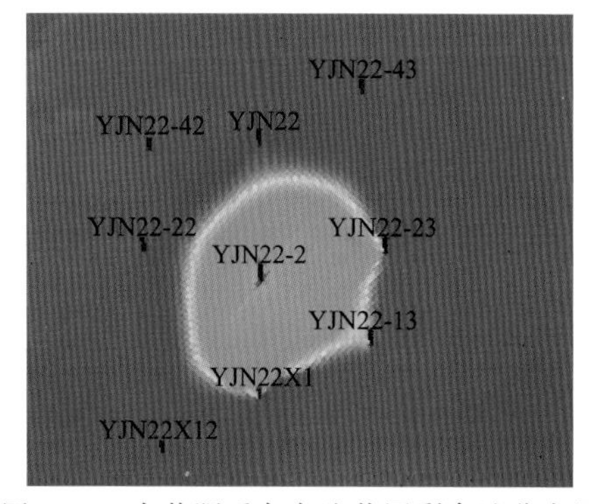

图 5-20　大井距反九点法井网剩余油分布图

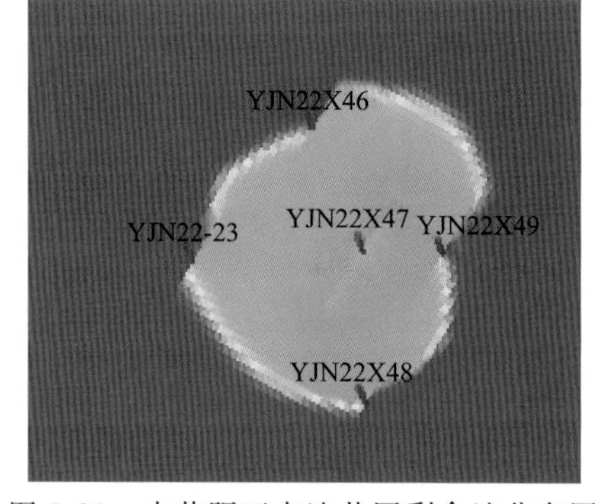

图 5-21　小井距五点法井网剩余油分布图

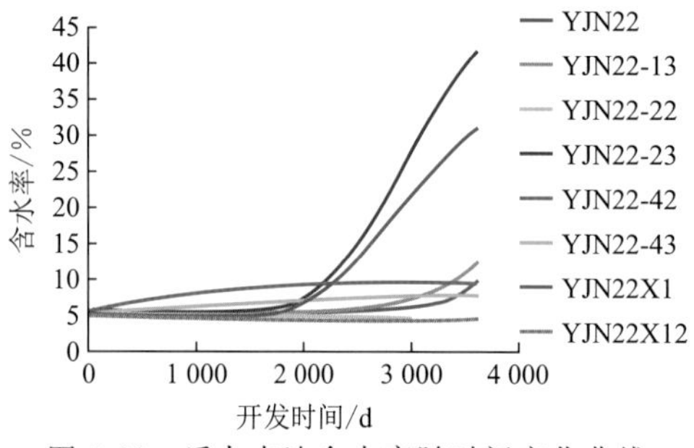

图 5-22　反九点法含水率随时间变化曲线

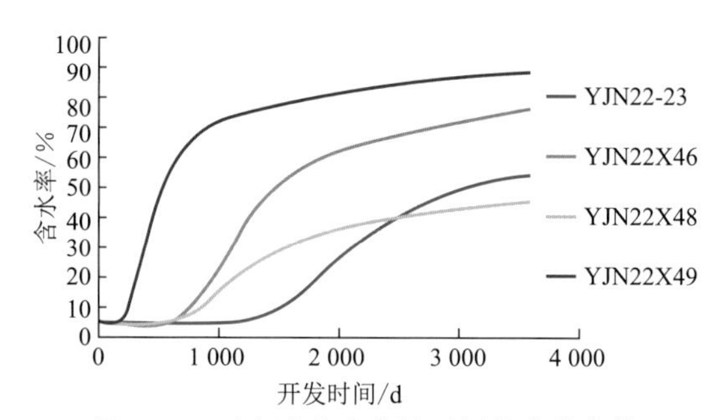

图 5-23　五点法含水率随时间的变化曲线

不同井网井距下的油藏数值模拟结果表明：小井距井网油井产量高，其表征指标为 *kh* 采液指数[*kh* 采液指数＝产液量/(生产压差×*kh*)]。对比反九点法与五点法井网单井 *kh* 采液指数(表 5-12 和表 5-13)可以发现，小井距五点法井网单井初期产能与生产 10 年的产能要明显高于大井距反九点法井网。

表 5-12　反九点法井网 *kh* 采液指数统计表

井　号	*kh* 采液指数(初期) /($m^3 \cdot d^{-1} \cdot MPa^{-1} \cdot mD^{-1} \cdot m^{-1}$)	*kh* 采液指数(10 年) /($m^3 \cdot d^{-1} \cdot MPa^{-1} \cdot mD^{-1} \cdot m^{-1}$)
YJN22	0.079	0.029
YJN22-13	0.060	0.029
YJN22-22	0.140	0.059
YJN22-23	0.063	0.028
YJN22-42	0.150	0.035
YJN22-43	0.058	0.019
YJN22X1	0.057	0.030
YJN22X12	0.054	0.029
平　均	0.083	0.032

注：1 mD＝10^{-3} μm^2。

表 5-13 五点法井网 *kh* 采液指数统计表

井 号	*kh* 采液指数(初期) /($m^3 \cdot d^{-1} \cdot MPa^{-1} \cdot mD^{-1} \cdot m^{-1}$)	*kh* 采液指数(末期) /($m^3 \cdot d^{-1} \cdot MPa^{-1} \cdot mD^{-1} \cdot m^{-1}$)
YJN22-23	0.11	0.059
YJN22X46	0.11	0.065
YJN22X48	0.10	0.063
YJN22X49	0.13	0.120
平 均	0.11	0.077

进一步分析井距对注水效果的影响，分别在实际地质模型上设定压差为 10 MPa，建立注水井距分别为 150 m，200 m，250 m 和 300 m 的五点法井网，模拟计算得到注水见效时间与投产 3 600 d 时的日产液量，如图 5-24 和图 5-25 所示。从图中可以看出，井距越大，注水见效越慢，井组日产液量越低。

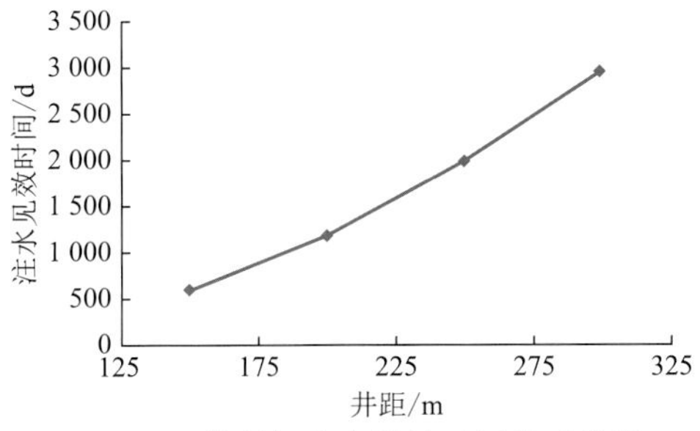

图 5-24 井距与注水见效时间关系曲线

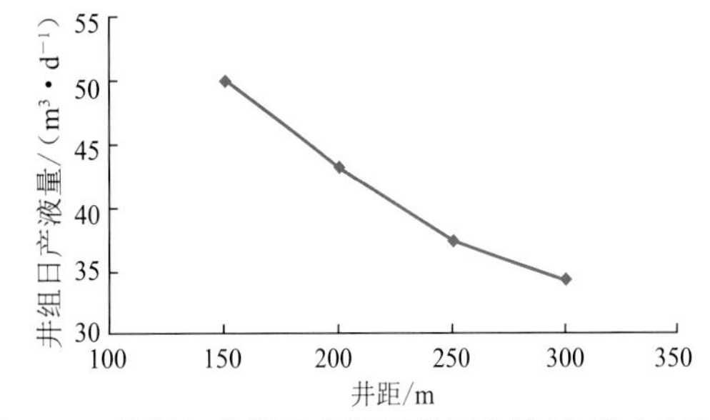

图 5-25 井距与井组日产液量关系曲线(生产 3 600 d)

5）主应力方向对产能的影响

图 5-26 为根据实际油藏资料建立的小井距五点法井网，其中 YJN22X49 井的注采井连线与主应力方向夹角最小。由图 5-27 和图 5-28 可知，注采井连线与主应力方向夹角越小，见水时间越早，对应的产液量越大。

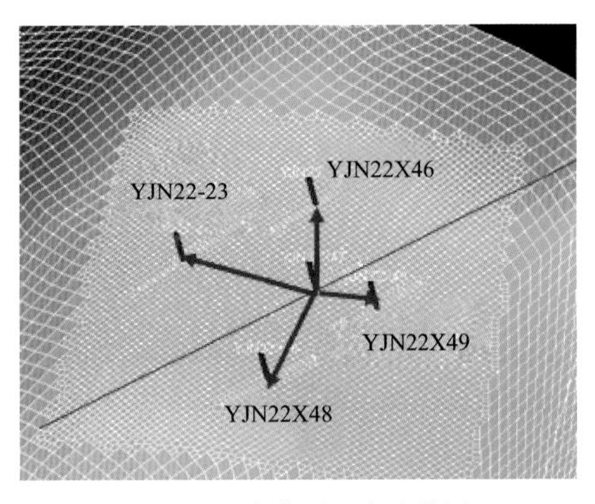

图 5-26 小井距五点法井网

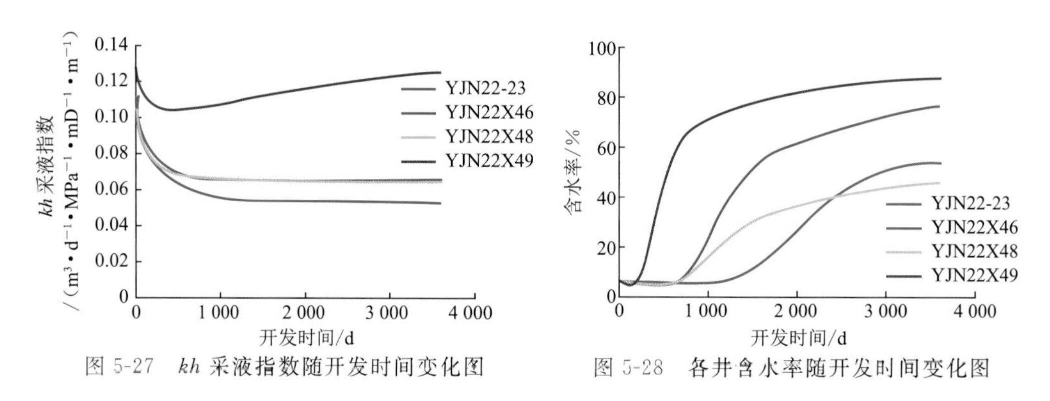

图 5-27　*kh* 采液指数随开发时间变化图　　图 5-28　各井含水率随开发时间变化图

根据油藏数值模拟建立菱形反九点井网(图 5-29),分析注水井连线与主应力夹角的影响。

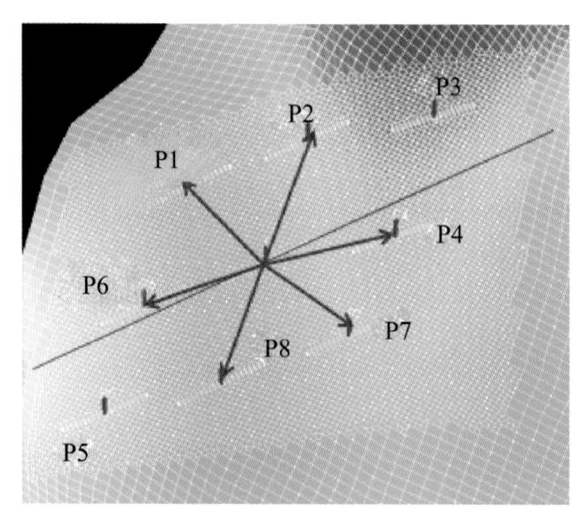

图 5-29　菱形反九点井网

P1 和 P6 两口井到注水井的距离相同,但它们和注水井的连线与主应力方向夹角不同,如表 5-14 所示。计算结果(图 5-30)表明:夹角越小,注水见水时间越早,含水上升越快。

表 5-14　单井开发数据统计

井　号	注水井距/m	夹角/(°)
P1	250	50
P6	250	10

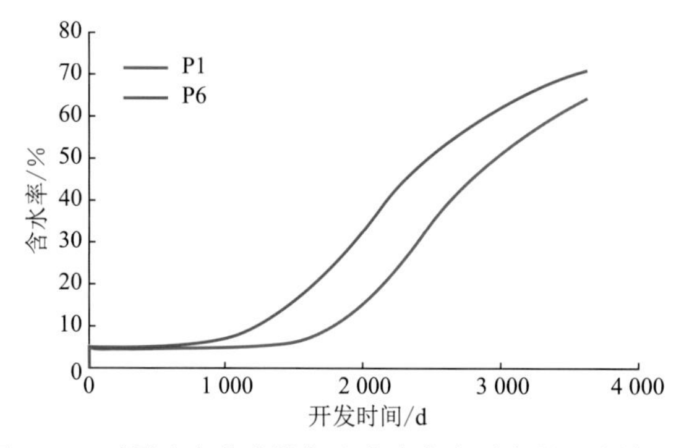

图 5-30　不同油水井连线与地应力夹角对应的开发效果图

6）生产压差对产能的影响

采用五点法井网分析压力对产能的影响。定注采井距 200 m 生产，改变生产压差，分别以 10 MPa，15 MPa 和 20 MPa 生产 10 年，对比不同压差下井组的日产油能力（图 5-31 和图 5-32）。从图中可以看出，生产压差越大，注水波及范围越大，其井组产能越大。

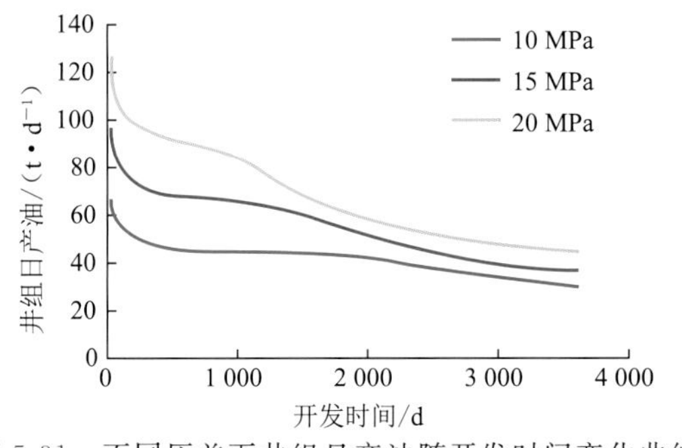

图 5-31　不同压差下井组日产油随开发时间变化曲线

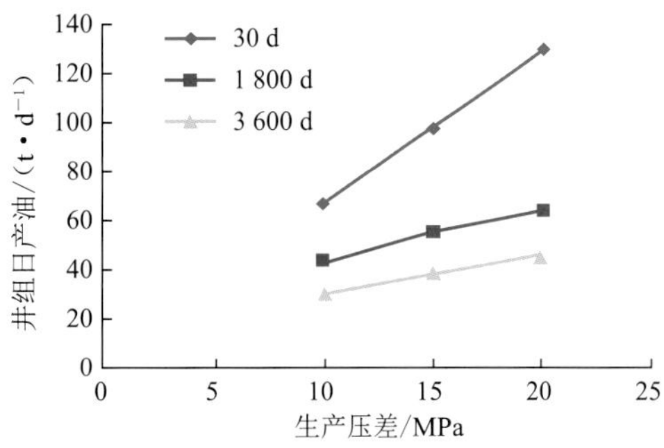

图 5-32　生产压差与井组日产油关系曲线

对比不同压差下含水率随时间的变化（图 5-33），可以看出注采压差越大，单井注水见效时间越早。

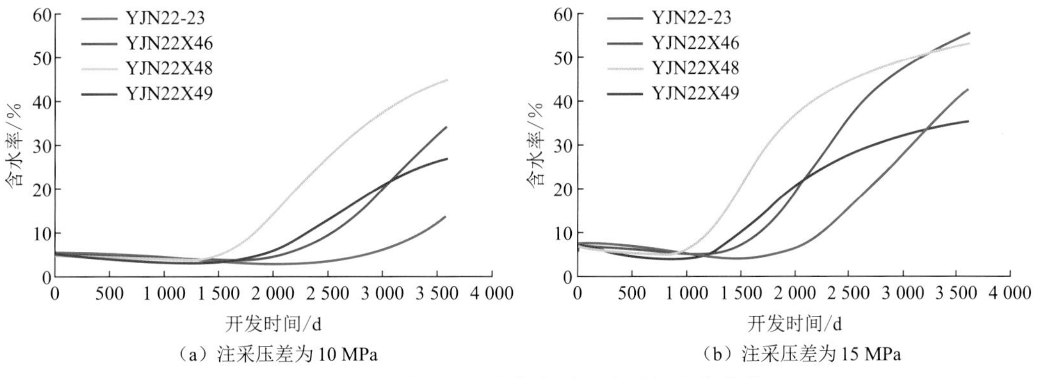

（a）注采压差为 10 MPa　　（b）注采压差为 15 MPa

图 5-33　不同压差下含水率随开发时间变化曲线

7）小结

（1）储层物性、地层主应力方向是影响油井产能的内因，开发方式是外因，开发方式需要与储层有机匹配以提高产能。

（2）盐 22 块砂砾岩油藏储层物性差，需压裂投产，初期产能高；储层物性越好，每米加砂量越大，产能越高。

（3）沉积相带及储层物性对产能的影响：中扇油井产能较高，油井初期产能与渗透率、油层厚度相关性强，后期产能同时受储层物性与井网井距的影响。

（4）受砂砾岩储层物性变化快的影响，大井距储层连通率及注采对应率低，油井见效不明显；小井距有利于提高单井产能。

（5）注采井连线与主应力方向夹角越小，油井见水时间越早，含水率上升越快。

5.1.4 盐22块油藏产能变化规律分析

1）弹性开发阶段

利用油藏数值模拟建立反九点法井网（图5-34），分析盐22块油藏弹性开发阶段的产能变化规律。由图5-35和图5-36可知，在弹性开发阶段，地层压力下降较快，井组产量符合指数递减规律。

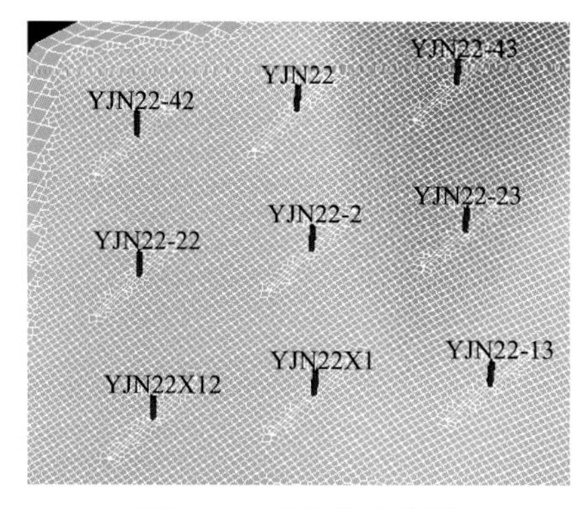

图5-34　反九点法井网

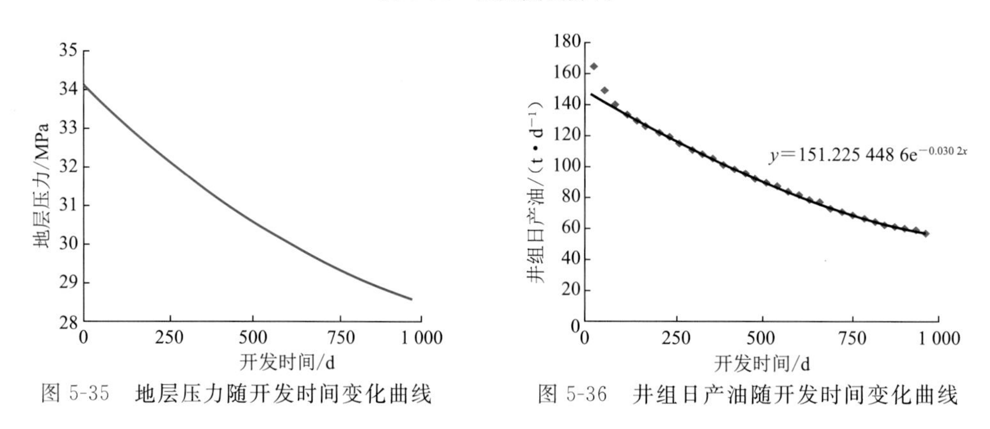

图5-35　地层压力随开发时间变化曲线

图5-36　井组日产油随开发时间变化曲线

以YJN22X1井和YJN22X12井两口井为例，作两口井的日产油随开发时间变化曲线，如图5-37所示。由图可知，这两口井单井产量均符合指数递减规律。

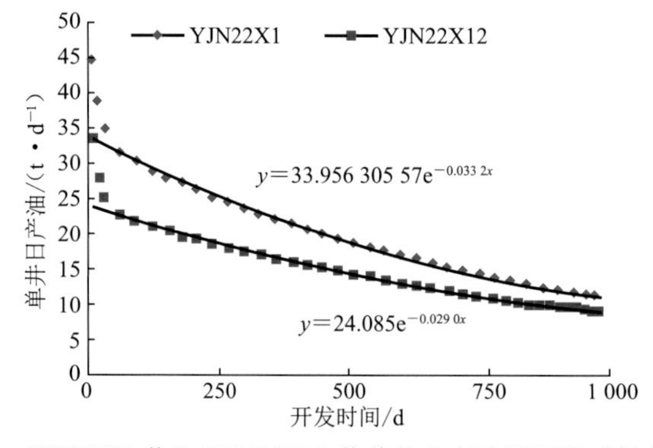

图5-37　YJN22X1井和YJN22X12井单井日产油随开发时间变化曲线

统计井组内各生产井的物性值及单井产能递减规律,如表 5-15 所示。

表 5-15　单井产能递减规律统计表

井　号	渗透率/(10^{-3} μm^2)	有效厚度/m	递减规律	初始递减率/%
YJN22	0.43	24.48	指数递减	3.12
YJN22-13	0.80	78.08	指数递减	2.97
YJN22-22	0.18	28.96	指数递减	2.52
YJN22-23	0.75	53.04	指数递减	3.09
YJN22-42	0.11	9.68	指数递减	2.57
YJN22-43	0.81	38.64	指数递减	2.96
YJN22X1	0.79	73.12	指数递减	3.32
YJN22X12	0.63	56.88	指数递减	2.90

由表 5-15 可以看出:YJN22X1 井附近渗透率和地层有效厚度较大,油藏物性较好,其初始产能递减率较大,为 3.32%;YJN22X12 井附近渗透率和地层有效厚度较小,油藏物性较差,其初始产能递减率较小,为 2.90%。

分析单井初始产能递减规律与渗透率和地层有效厚度之间的关系,如图 5-38 和 5-39 所示。

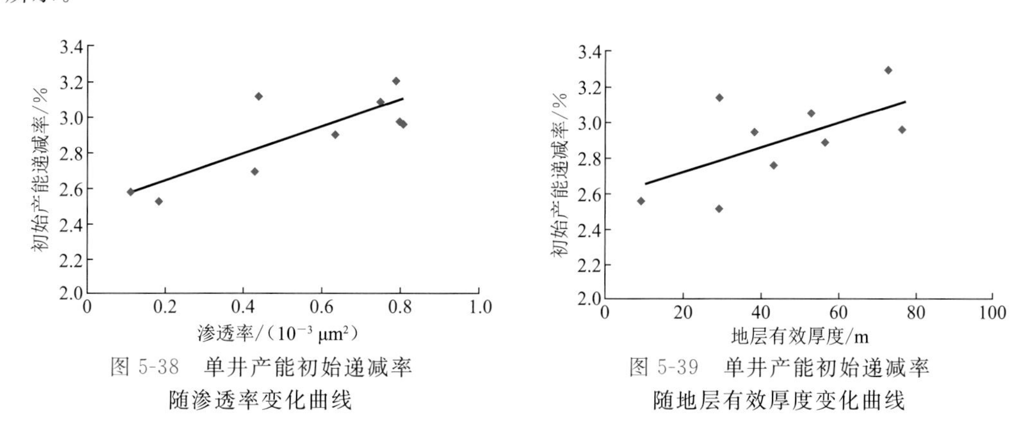

图 5-38　单井产能初始递减率随渗透率变化曲线

图 5-39　单井产能初始递减率随地层有效厚度变化曲线

结果表明:单井初始产能递减率与渗透率和地层有效厚度呈正相关,即渗透率和地层有效厚度越大,单井初始产能递减率越大。

2) 反九点法井网注水开发阶段

根据盐 22 块油藏地质概况,建立区块地质模型。

以 YJN22-2 井组为研究对象,研究反九点法井网注水开发阶段井组产能变化特征。图 5-40～图 5-43 分别为模拟计算出的地层压力、井组含水率、井组日产油及井组日产液随开发时间的变化曲线。从图中可以看出:随着注入水的注入,地层的能量得到补充,地层压力递减速率降低,井组的含水率上升缓慢,井组的产能递减速率下降且呈指数递减规律。

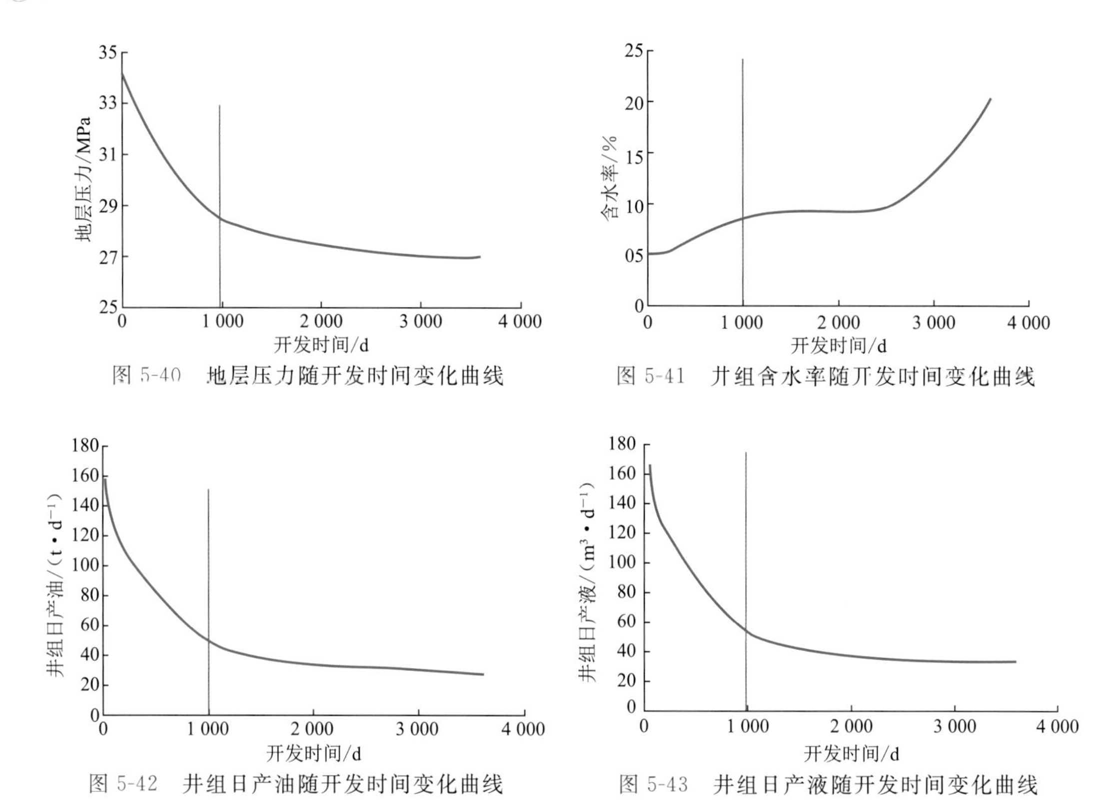

图 5-40 地层压力随开发时间变化曲线

图 5-41 井组含水率随开发时间变化曲线

图 5-42 井组日产油随开发时间变化曲线

图 5-43 井组日产液随开发时间变化曲线

(1) 研究反九点法井网边井产能变化规律。4 口边井的最终剩余油分布如图 5-44 所示。

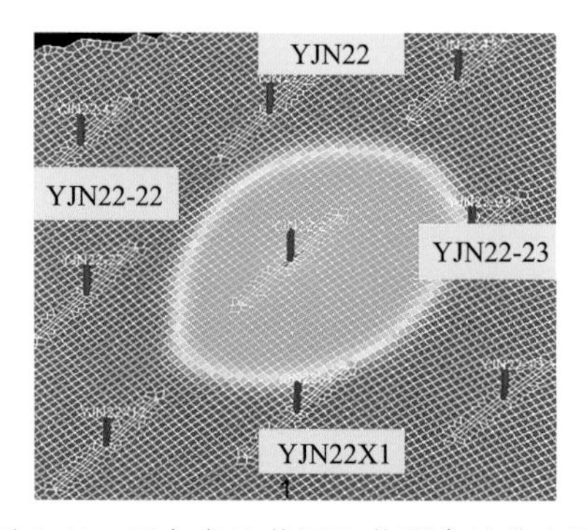

图 5-44 反九点法井网边井剩余油分布图

统计 YJN22-2 井组边井产能、储层物性、注采井连线与主应力方向夹角、井距及递减率等参数如表 5-16 所示。

由边井含水率变化(图 5-45)可知:边井物性越好且注采井连线与主应力方向夹角越小的井越早见水。

表 5-16　边井生产开发数据统计表

井　号	注水开发阶段初期产油能力/(t·d^{-1})	注水开发阶段末期产油能力/(t·d^{-1})	渗透率/(10^{-3} μm^2)	有效厚度/m	注采井连线与主应力方向夹角/(°)	井距/m	递减类型	递减率/%
YJN22	3.06	2.90	0.43	24.48	50	250	指数递减	−0.13
YJN22-22	2.89	1.97	0.18	28.96	40	250	指数递减	0.26
YJN22-23	8.76	7.84	0.75	53.04	40	250	指数递减	0.55
YJN22X1	11.51	7.27	0.79	73.12	50	250	指数递减	0.43

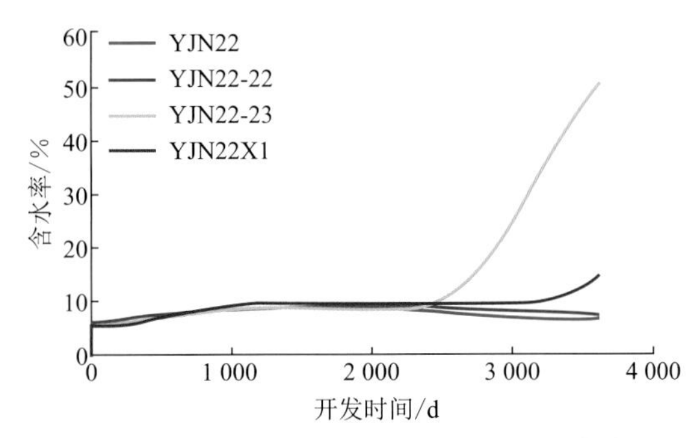

图 5-45　边井含水率随开发时间变化曲线

根据矿场实际资料，以 YJIN22-22 井和 YJIN22-23 井两口生产井为例，统计其产能递减规律，如表 5-17 所示。

表 5-17　实际边井递减规律统计表

井　号	注采井连线与主应力方向夹角/(°)	井距/m	递减规律	递减率/%
YJN22-23	20	243	指数递减	3.38
YJN22-22	30	255	指数递减	1.80

结果表明：注采井距越小，注采井连线与主应力方向夹角越小，油井产能递减率越大。

(2) 研究反九点法井网中角井的产能变化规律。分别统计 4 口角井的渗透率、有效厚度、井距、注采井连线与主应力方向夹角、递减类型、递减率，如表 5-18 所示。

表 5-18　角井产能递减规律统计表

井　号	渗透率/(10^{-3} μm^2)	有效厚度/m	注采井连线与主应力方向夹角/(°)	井距/m	递减类型	递减率/%
YJN22-13	0.80	78.08	80	350	调和递减	1.43
YJN22-42	0.11	9.68	80	350	调和递减	0.81
YJN22-43	0.81	38.64	10	350	指数递减	0.68
YJN22X12	0.63	56.88	10	350	调和递减	1.40

由表 5-18 可知：储层物性越好，生产井产量递减越快。

3）五点法井网注水开发阶段

以 YJN22X47 井组为研究对象，研究五点法井网注水开发阶段井组产能变化特征。图 5-46～图 5-49 分别为模拟计算出的地层压力、井组含水率、井组日产液及井组日产油的变化曲线。从图中可以看出：在五点法井网注水开发阶段，地层压力回升，井组日产油量相对稳定，后期趋于下降，日产液量上升，日产油量呈双曲递减规律。

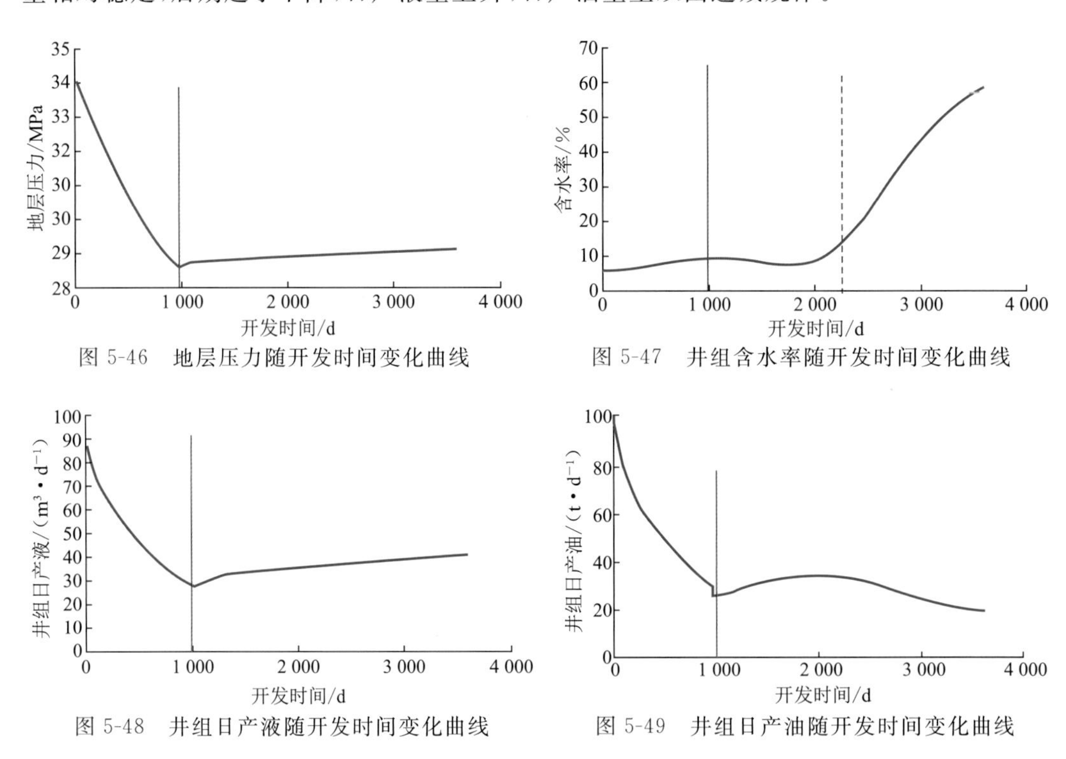

图 5-46　地层压力随开发时间变化曲线

图 5-47　井组含水率随开发时间变化曲线

图 5-48　井组日产液随开发时间变化曲线

图 5-49　井组日产油随开发时间变化曲线

统计井组内单井日产油、日产液变化曲线，如图 5-50 和图 5-51 所示。

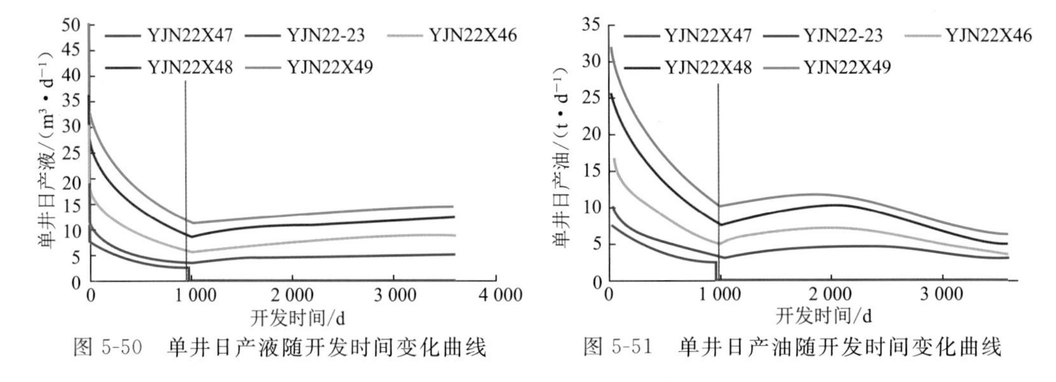

图 5-50　单井日产液随开发时间变化曲线

图 5-51　单井日产油随开发时间变化曲线

由图可知，在五点法井网注水开发阶段，产液量随开发时间的增加而增大；日产油量稳定后趋于下降。

统计该井组内各井阶段初期产油能力、阶段末期产油能力、渗透率、油层厚度及单井产能变化率等，如表 5-19 所示。

表 5-19　小井距五点法单井产能递减规律统计表

井　号	阶段初期产油能力 /(t·d^{-1})	阶段末期产油能力 /(t·d^{-1})	渗透率 /(10^{-3} μm^2)	油层厚度/m	产能变化率/%
YJN22-23	3.19	2.72	0.26	36.10	14.73
YJN22-46	5.05	3.39	0.67	38.41	32.87
YJN22-48	7.66	4.93	0.69	59.25	35.64
YJN22-49	10.21	6.08	0.74	67.24	40.45

由表 5-19 可知，储层物性越好，生产井产能越高，其产能变化率越大。

4）不同井网在注水开发阶段产能变化特征

对比反九点法井网和五点法井网地层压力变化，如图 5-52 和 5-53 所示；两种井网形式下井组日产液及日产油变化如图 5-54 和 5-55 所示。

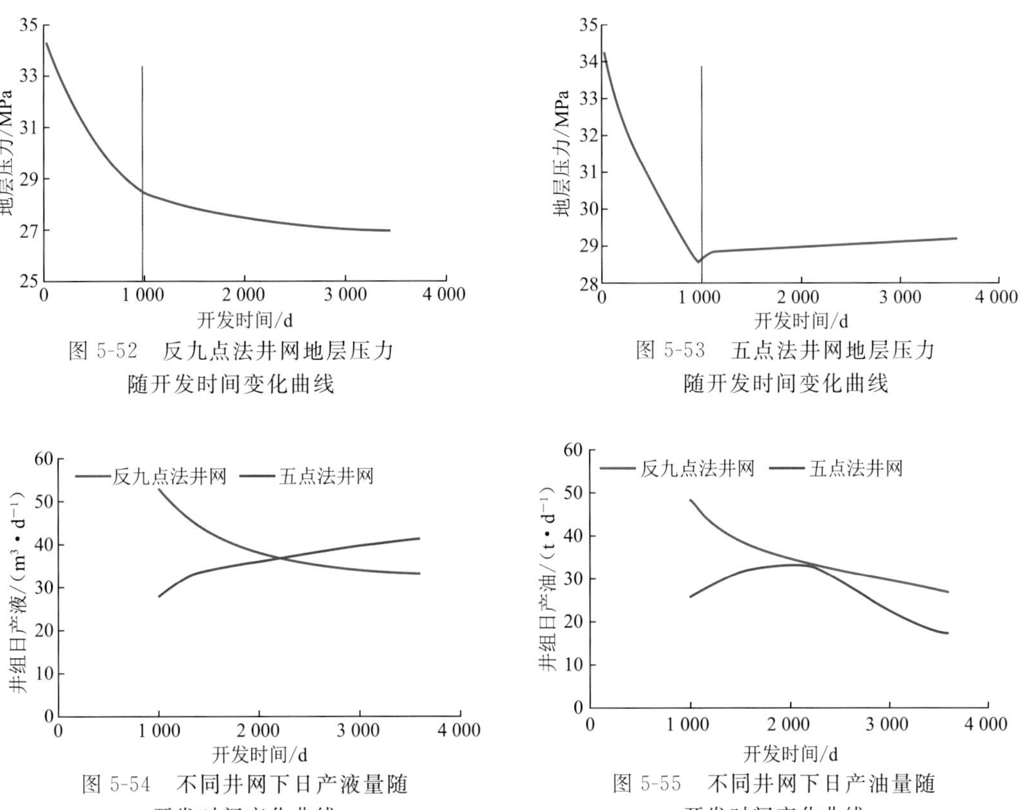

图 5-52　反九点法井网地层压力随开发时间变化曲线

图 5-53　五点法井网地层压力随开发时间变化曲线

图 5-54　不同井网下日产液量随开发时间变化曲线

图 5-55　不同井网下日产油量随开发时间变化曲线

在注水开发阶段，五点法井网对地层能量的补充较为充分，地层压力缓慢增加，井组日产液量增加，井组日产油量先稳后降；而反九点法井网对地层能量的补充不足，地层压力逐渐降低，井组日产液量和日产油量逐渐下降。

5.1.5 盐22块油藏提高产能对策

根据以上研究得到盐22块油藏提高产能的方法如下：

(1) 采用小井距井网开发提高连通率和单井产能。根据盐22块砂砾岩油藏储层物性及连通体状况，确定合理的技术及经济井距。

(2) 采用五点法井网开发。五点法井网开发情况下油井受效情况好，而反九点法井网角井受效差，因此应在适当阶段及时调整为五点法井网。

(3) 注采井连线方向尽可能垂直于主应力方向。注采井连线方向与主应力方向夹角越小，油井见水时间越早，含水上升越快。

(4) 根据储层物性，在同一井组中采用差异化生产压差进行开发。差异化生产压差可以使各井见水时间、开发效果相近，从而减缓平面矛盾。

5.2 盐227块水平井多段压裂产能影响因素及变化规律

5.2.1 盐227块砂砾岩油藏概况

1) 储层地质特征

盐227块沙四段砂砾岩油藏属于构造-岩性砂砾岩油藏，其构造相对简单，整体呈鼻状形态，为西南低、北东高地层，地层倾角为8°～20°(图5-56)。

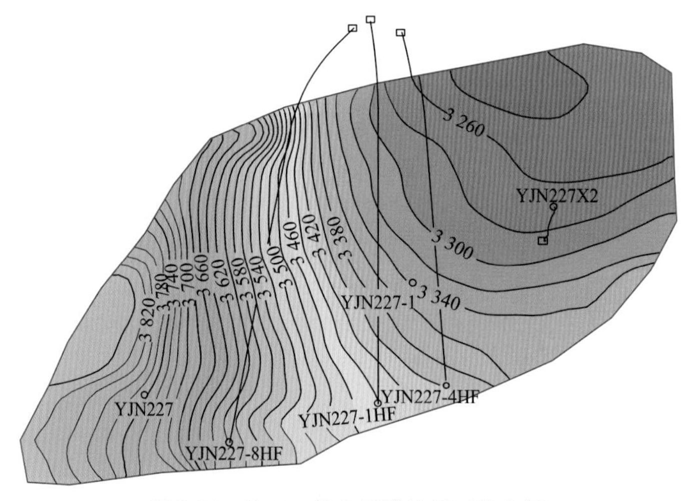

图5-56 盐227块砂砾岩体顶面构造图

盐227块沙四段含油面积为1.4 km^2，地质储量为350×10^4 t。盐227沙四段为近岸水下扇沉积，地层呈楔形分布，纵向厚度大，北薄南厚，厚度为110～580 m(图5-57)，泥岩不发育，无明显的沉积界面，碾平地层厚度为210 m，碾平有效厚度为95 m。

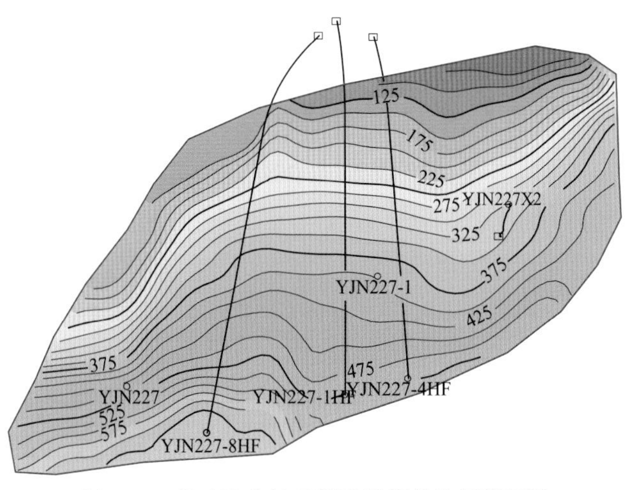

图 5-57　盐 227 块沙四段砂砾岩体地层等厚图

2）物性特征

盐 227 块油藏平均孔隙度为 6.1%，平均渗透率为 $1.6\times10^{-3}\ \mu m^2$，属于特低孔、特低渗砂砾岩油藏。

5.2.2　盐 227 油藏产能变化特征

盐 227 块沙四段砂砾岩油藏完钻常规井 3 口，试油井 2 口，采用弹性开发方式，累产油 0.69×10^4 t，累产水 $0.22\times10^4\ m^3$。2013 年共投产 9 口长井段水平井，采用多级分段压裂投产。盐 227 块油藏不同层位井位分布如图 5-58 所示。

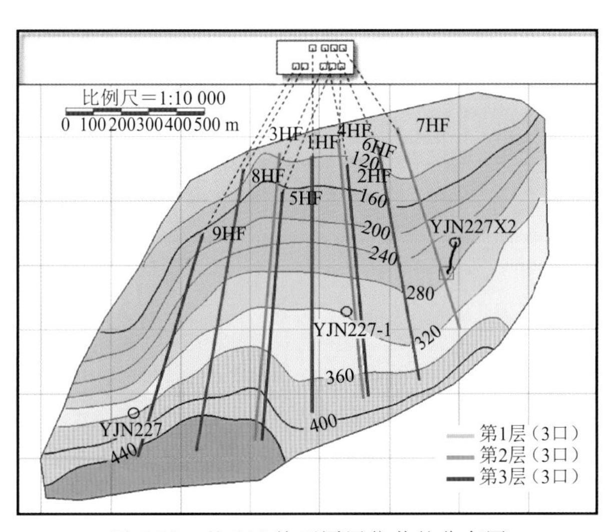

图 5-58　盐 227 块不同层位井的分布图

对 9 口压裂水平井生产情况进行统计，如表 5-20 所示。

表 5-20　盐 227 块长井段水平井生产情况统计表

井　号	层位	射孔井段	时　间	工作制度 /(mm×m×mim^{-1})	日产液 /(m^3·d^{-1})	日产油 /(t·d^{-1})	含水率 /%	气油比 /(m^3·t^{-1})	动液面 /m	泵挂 /m	累产油 /t	累产水 /m^3	累产气 /(10^4 m^3)	射孔长度/m	水平段长度/m	备　注
YJN227-1HF	2	3 545.0～4 550.0	2013.1	ϕ44×5.4×3	31.3	13.1	58.0	—	—	2 174	5 139	5 887	74.26	1 005.0	1 000	压裂 11 段
			2014.12	ϕ56×7×3	11.7	4.5	61.2	327	1 650.0	1 795						
YJN227-2HF	3	3 664.0～4 472.5	2013.11	ϕ56×7×2	45.4	25.4	44.0	—	—	1 799	7 580	2 321	82.29	808.5	900	压裂 9 段
			2014.12	ϕ56×7×2	10.6	9.4	11.6	169	1 650.0	1 799						
YJN227-3HF	1	3 297.0～4 662.5	2013.10	自　喷	31.1	18.0	42.0	—	—		10 135	6 799	80.19	1 365.5	1 090	压裂 13 段，固井质量差
			2014.12	ϕ56×7×2	29.6	23.8	19.8	87	151.0	1 800						
YJN227-4HF	1	3 043.5～4 171.5	2013.11	ϕ56×7×3	51.5	17.3	66.0	—	—	1 802	5 612	8 450	59.31	1 128.0	900	压裂 9 段
			2014.7	ϕ56×7×2	31.5	12.5	60.4	159	1 650.0	1 802						
YJN227-5HF	3	3 098.5～4 666.0	2013.12	ϕ56×7×3	66.0	0.2	99.7	—	—	1 798	457	10 426	8.24	1 567.5	920	压裂 14 段
			2014.12	ϕ56×7×1	17.7	1.1	93.9	126	1 392.5	1 807						
YJN227-6HF	2	3 540.0～4 399.0	2013.11	ϕ56×7×2	42.4	14.7	65.0	—	—	1 801	5 636	4 866	48.01	859.0	900	压裂 9 段
			2014.12	ϕ56×7×2	16.6	12.1	26.8	115	1 650.0	1 801						
YJN227-7HF	1	3 268.5～4 399.0	2013.12	ϕ56×7×3	44.9	16.8	63.0	—	—	1 802	6 334	8 071	49.72	1 130.5	790	压裂 9 段
			2014.12	ϕ56×7×3	23.2	10.1	56.4	96	1 650.0	1 802						
YJN227-8HF	2	3 735.0～4 844.5	2013.12	ϕ56×7×3	50.6	4.6	91.0	—	—	1 816	2 252	12 744	30.16	1 109.5	1 100	压裂 13 段
			2014.12	ϕ56×7×3	16.1	1.2	92.6	148	1 650.0	1 816						
YJN227-9HF	3	3 878.5～4 822.5	2013.11	ϕ56×7×3	60.3	1.0	98.0	—	—	1 806	1 130	10 552	41.57	944.0	900	压裂 11 段
			2014.12	ϕ56×7×3	20.1	2.6	87.3	268	1 650.0	1 800						
平　均			初　期		47.1	12.3	69.6	—	—	1 850	4 919	7 791	52.64	1 101.9	944	压裂 9～14 段
			目　前		19.7	8.6	56.7	166	1 454.8	1 802						

统计各压裂水平井的日产油及日产液能力,如图 5-59 所示。

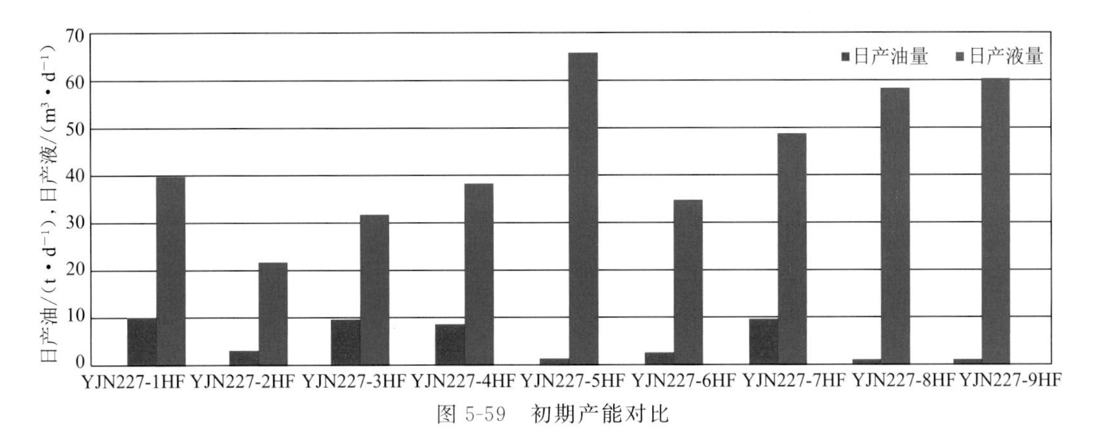

图 5-59　初期产能对比

通过对比可知,长井段水平井的产能差异大,如 YJN227-2HF 井与 YJN227-5HF 井,两井初期产能比为 25.4∶0.2,当前产能比为 9.4∶1.1。

盐 227 块各井时间拉齐日产油能力生产曲线如图 5-60 所示。

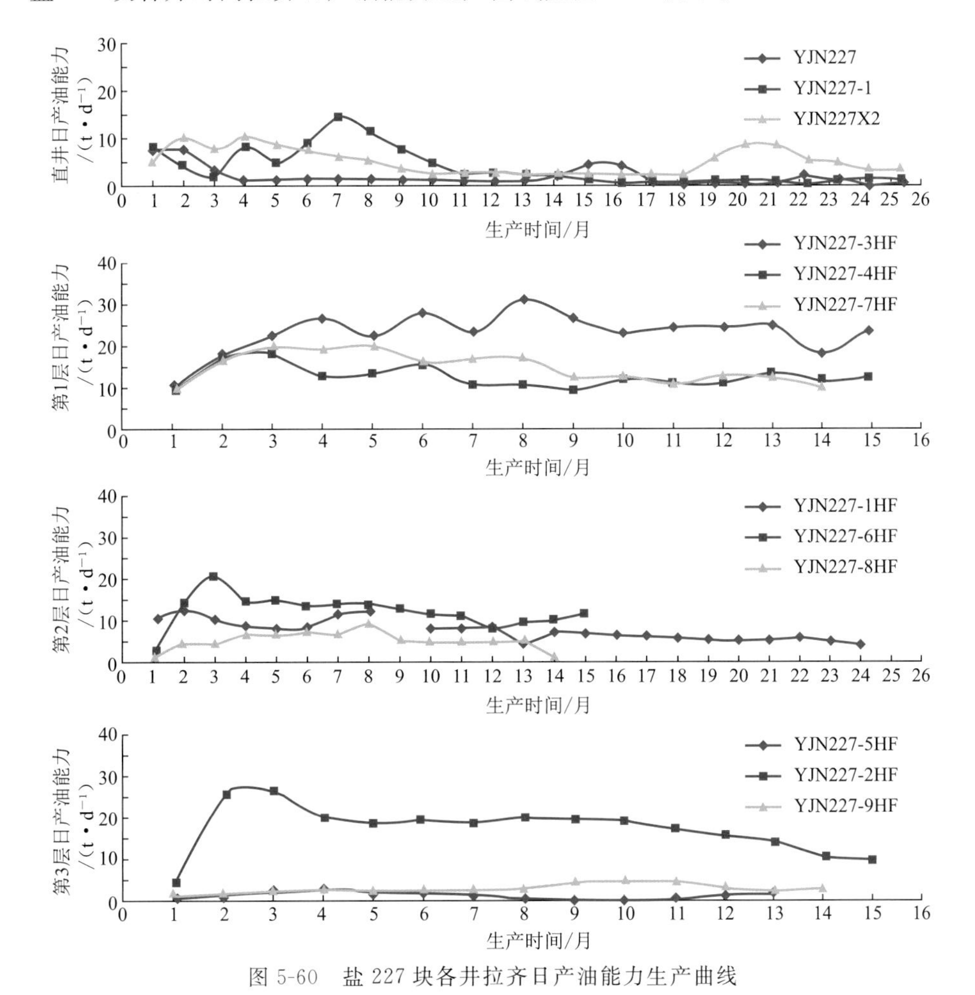

图 5-60　盐 227 块各井拉齐日产油能力生产曲线

通过对比发现：长井段压裂水平井产量较直井高；其中3口压裂水平井（YJN227-5HF井，YJN227-8HF井和YJN227-9HF井）产量较低，含水高（80%以上），位于第2层和第3层的构造低部位。

5.2.3 盐227块油藏产能影响因素

1）储层压裂改造

YJN227井和YJN227-1井的井位图如图5-61所示，对YJN227井和YJN227-1井压裂前后产能变化进行统计，如表5-21所示。

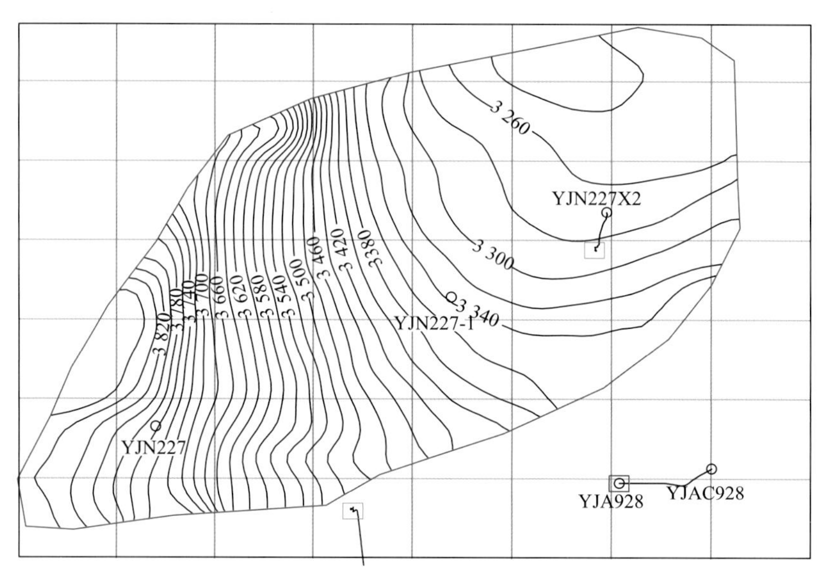

图5-61　YJN227井和YJN227-1井井位图

表5-21　YJN227井和YJN227-1井压裂前后试油情况表

井　号	层　位	阶　段	日　期	射孔井段/m	投产方式/(mm×mm×min^{-1})	日产油/(t·d^{-1})	日产水/(m^3·d^{-1})	含水率/%	累产油/t
YJN227	$Es_4$4	压裂前	2007.12	3 851～3 861	射孔-测试联作	0	0.03	100	0
		压裂后	2008.1	3 851～3 866	ϕ44×7×2	14.7	3.9	21	254
YJN227-1	$Es_4$5	压裂前	2009.9	3 479～3 486	射孔-测试联作	0	0.05	100	0
		压裂后	2009.11	3 479～3 486	ϕ44×6.2×2.2	14.1	3.7	21	203

从表中可以看出，油井经压裂改造后，其压裂增产效果显著，产量大幅增加，压裂提高了地层流体流动能力，降低了油水渗流阻力，促进了产量的提升，因此油井需进行压裂投产。

2）井型分析

比较各井初期和中期产能，如图5-62所示。从图中可以看出，除少数井（YJN227-5HF和YJN227-9HF）产能过低外，水平井产能明显高于直井产能。

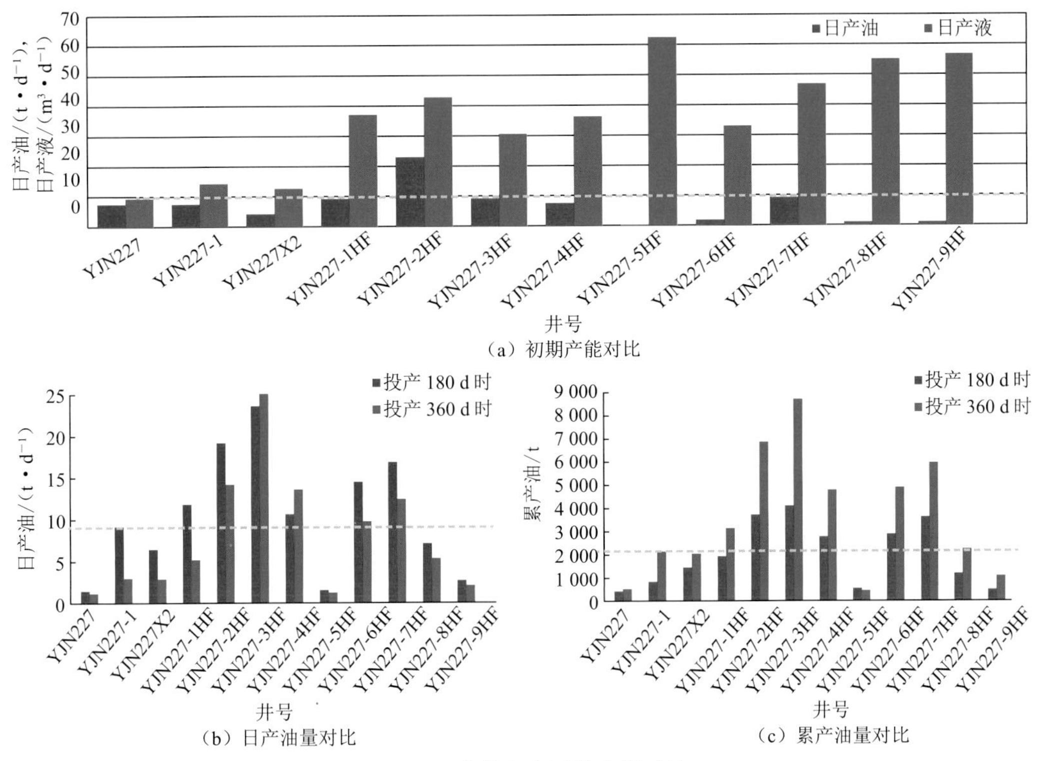

图5-62 直井和水平井产能对比

3) 储层物性影响

依据盐227块油藏基本地质情况，建立区块模型，研究渗透率和油层厚度对压裂水平井产能的影响规律。

(1) 渗透率。

模拟基本参数设置：油层厚度90 m，压裂水平段长度980 m，裂缝条数9条(缝长80～180 m)，保持生产压差4.5 MPa生产，计算结果如图5-63所示。

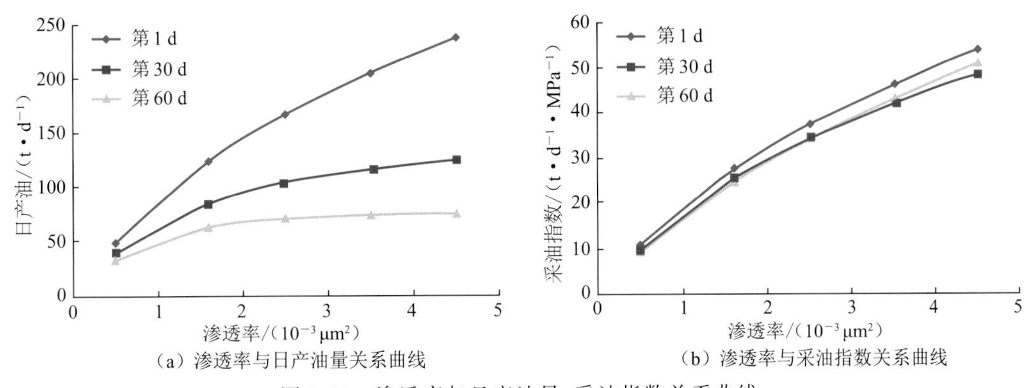

图5-63 渗透率与日产油量、采油指数关系曲线

(2) 油层厚度。

模拟基本参数设置：渗透率$1.6\times10^{-3}\ \mu m^2$，压裂水平段长度980 m，裂缝条数9条(缝长80～180 m)，保持生产压差4.5 MPa生产，计算结果如图5-64所示。

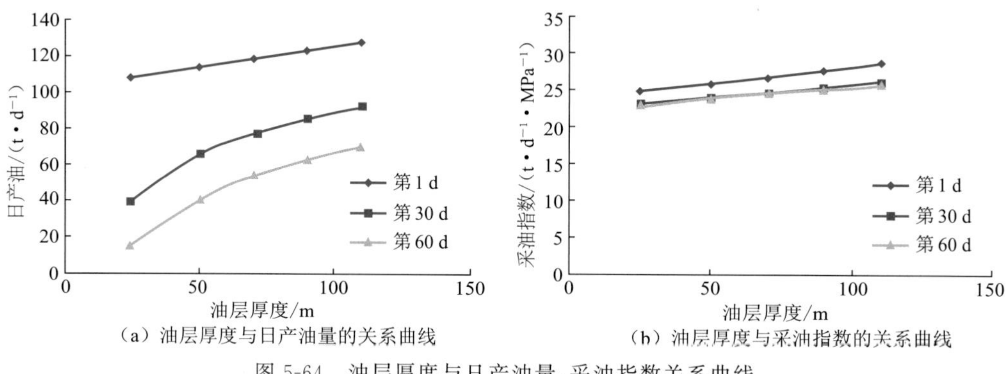

(a) 油层厚度与日产油量的关系曲线　　(b) 油层厚度与采油指数的关系曲线

图 5-64　油层厚度与日产油量、采油指数关系曲线

对比渗透率和油层厚度对日产油量及采油指数的影响可知，渗透率对产能影响较大，油层厚度影响幅度较小。

统计压裂井产液量与每米加砂量、渗透率关系，如图 5-65 所示。从图中可以看出，压裂规模对初期产能影响较大；储层物性对后期开发影响较大。

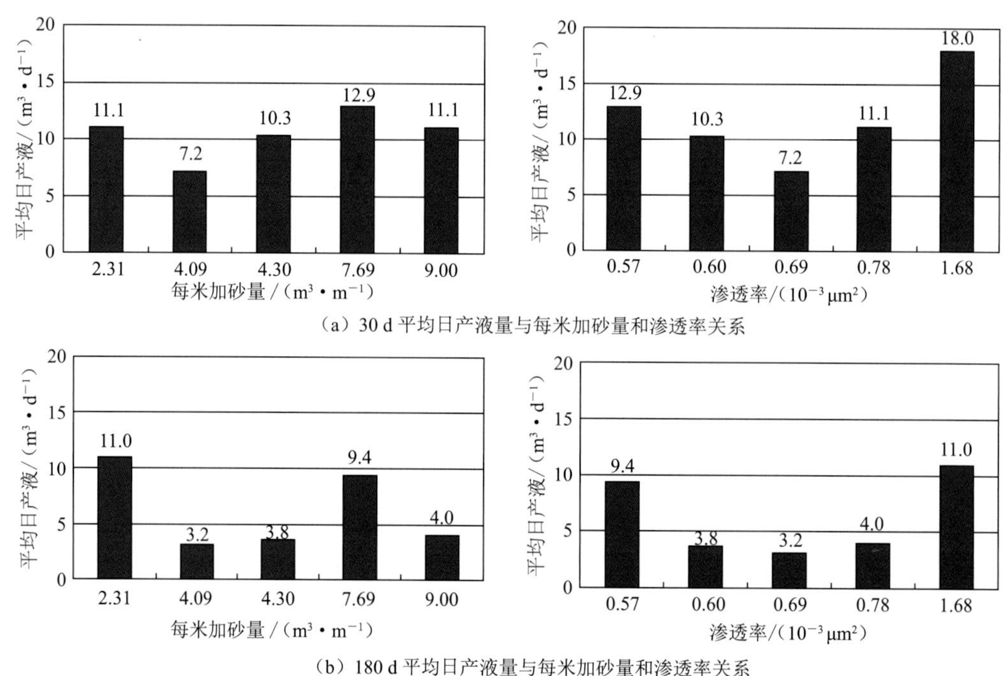

(a) 30 d 平均日产液量与每米加砂量和渗透率关系

(b) 180 d 平均日产液量与每米加砂量和渗透率关系

图 5-65　产液量与加砂量、渗透率的关系

4) 水平设计参数

(1) 水平段方位。

沙四段最大主应力方向为近东西向，实际水平井部署基本实现水平段方向与最大主应力方向垂直，已实现改造体积最大化。

(2) 水平段长度。

将水平段长度分别设置为 700 m，800 m，900 m，1 000 m 和 1 100 m，对比各水平段长度下压裂水平井的日产油量及采油指数，如图 5-66 所示。

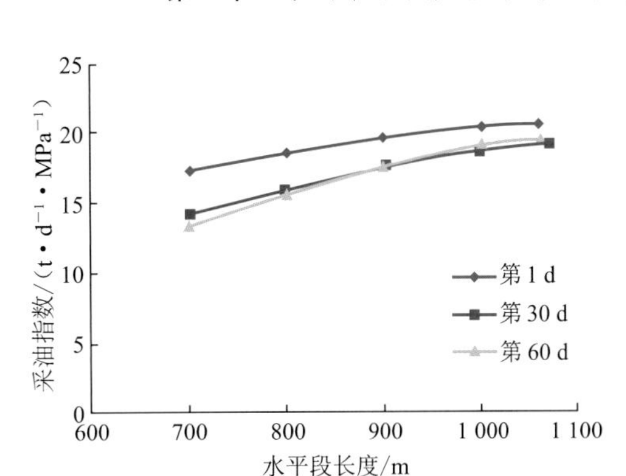

图 5-66　水平段长度与日产油量、采油指数关系曲线

结果表明：当水平段长度大于 1 000 m 后，随水平段长度增加，日产油量增加幅度变小。实际设计 A，B 靶点距离砂体尖灭区 100 m 左右，因此设计水平段长度范围为 790～1 090 m，平均长度为 971 m。

(3) 裂缝平均长度。

设置裂缝平均长度分别为 70 m，90 m，110 m 和 130 m，对比各裂缝平均长度下的压裂水平井采油指数，如图 5-67 所示。

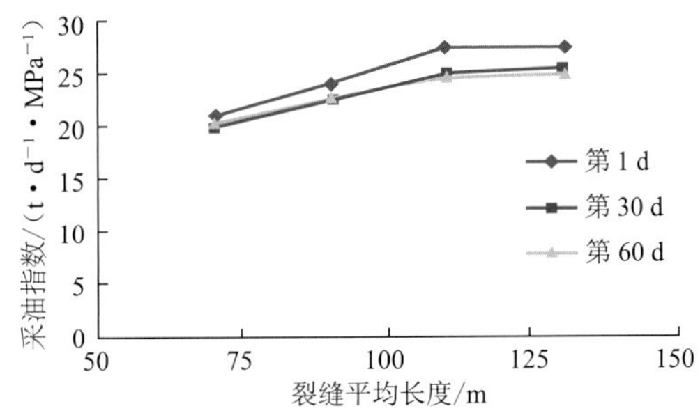

图 5-67　裂缝平均长度与压裂水平井采油指数关系曲线

结果表明：当裂缝平均长度大于 110 m 后，增产效果不明显，因此裂缝平均长度控制在 110 m 以内。

(4) 裂缝间距(压裂段数)。

将裂缝间距分别设置为 80 m，102 m 和 208 m，对比各裂缝间距下的压裂水平井日产油量，如图 5-68 所示。

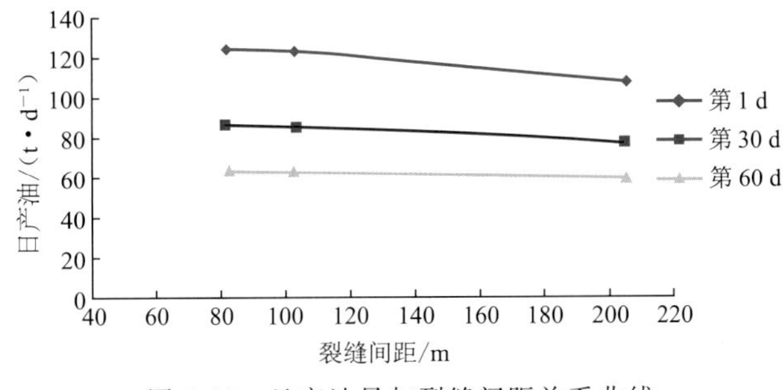

图 5-68　日产油量与裂缝间距关系曲线

结果表明：在水平段长度一定时(980 m)，当裂缝间距大于 102 m(9 段)后，增产效果不明显，因此裂缝平均长度应控制在 110 m 以内。

5）生产压差

模拟基本参数设置：渗透率 1.6×10^{-3} μm^2，压裂水平段长度 980 m，裂缝条数 9 条(缝长 80～180 m)，设置生产压差分别为 3 MPa，5 MPa，7 MPa 和 9 MPa，计算结果如图 5-69 所示。从图可以看出，在不同时刻生产压差越大，对应的产量越高。

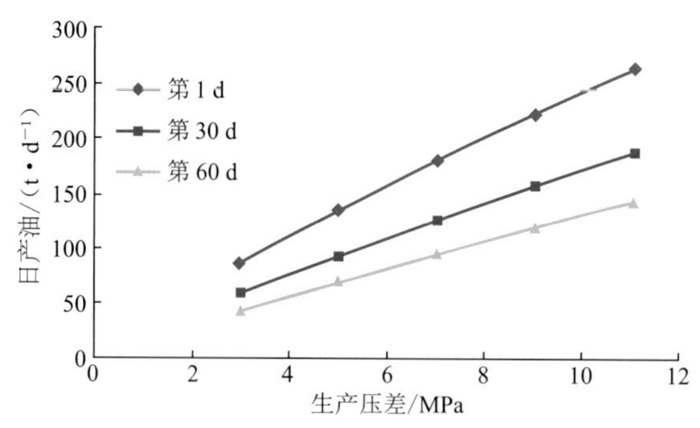

图 5-69　日产油量与生产压差关系曲线

6）产能主控因素分析

建立不同参数与初期产能的关系曲线(图 5-70)，得到各参数单位变化幅度下的产能变化量，如图 5-71 所示。由图 5-71 可以看出，储层渗透率是产能的主控因素；压裂设计参数中，裂缝长度对产能的影响较大。

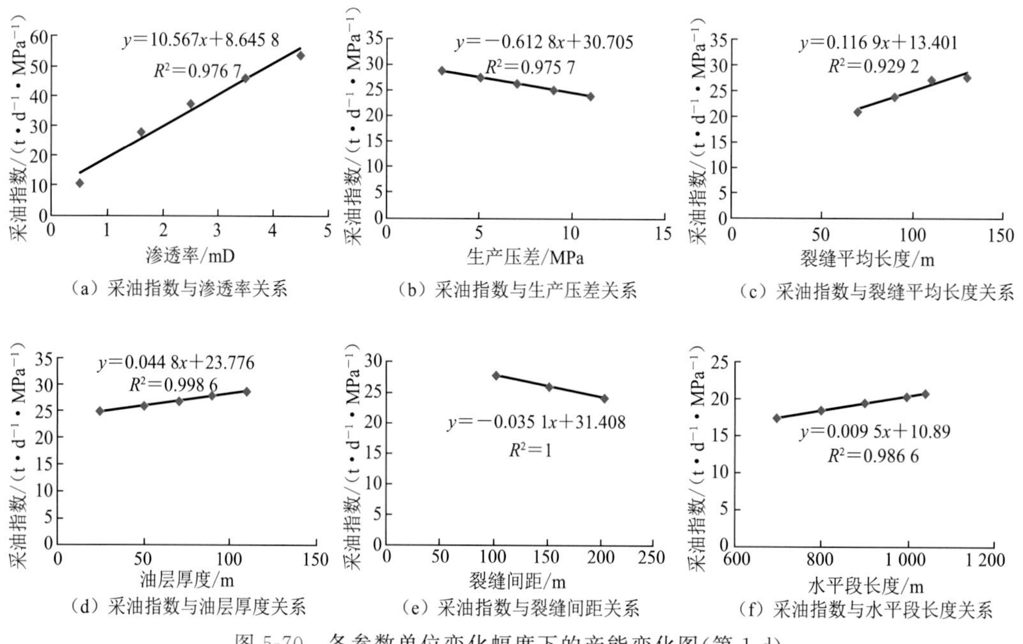

(a) 采油指数与渗透率关系　(b) 采油指数与生产压差关系　(c) 采油指数与裂缝平均长度关系

(d) 采油指数与油层厚度关系　(e) 采油指数与裂缝间距关系　(f) 采油指数与水平段长度关系

图 5-70　各参数单位变化幅度下的产能变化图(第 1 d)

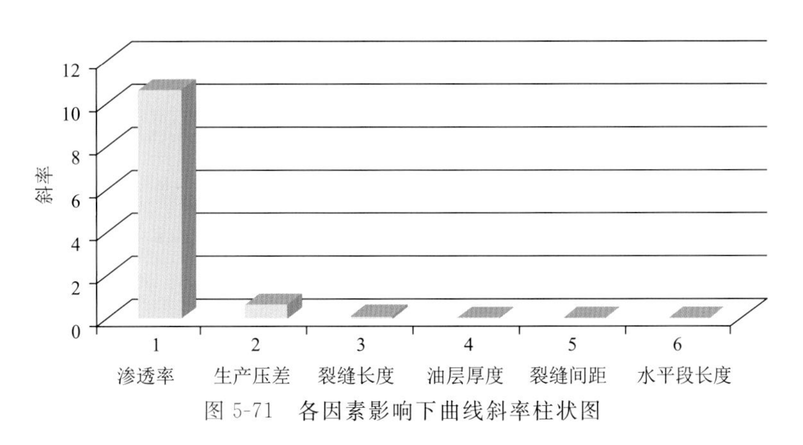

图 5-71　各因素影响下曲线斜率柱状图

5.2.4　盐 227 块油藏产能变化规律

1）直井产能变化规律

分析盐 227 块 3 口投产直井的月度综合开发曲线（图 5-72）可以发现，其初期递减规律为指数递减，递减率为 24.1%，后期递减规律也为指数递减，递减率为 8%。

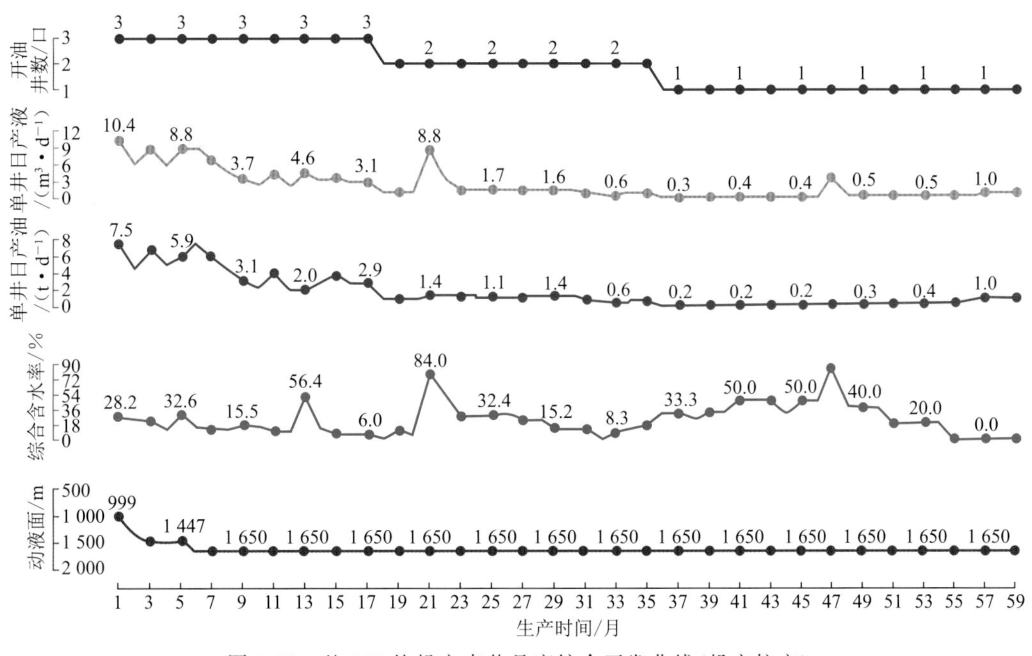

图 5-72　盐 227 块投产直井月度综合开发曲线（投产拉齐）

2）多段压裂水平井产能变化规律

统计盐 227 块长井段水平井生产情况，如图 5-73 所示。分析可知，其产量递减规律为指数递减，递减率为 3.0%。

依据油井生产数据，得到盐 YJIN227-2HF 井和 YJIN227-7HF 井两口井生产曲线，如图 5-74 所示。

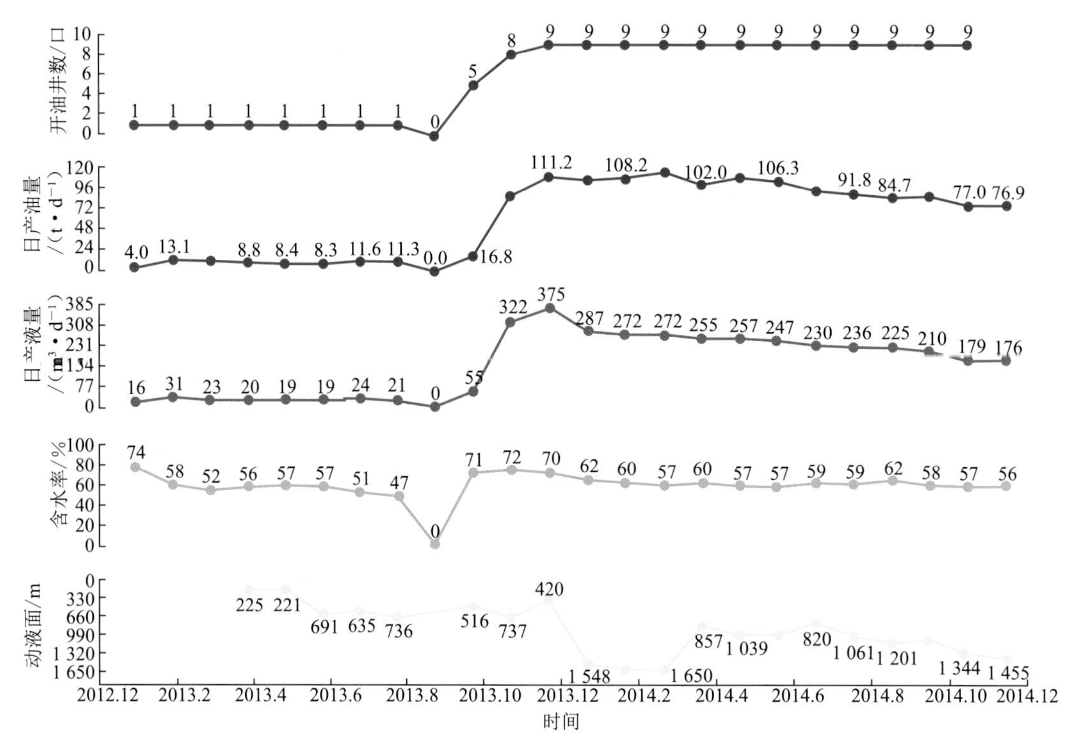

图 5-73　盐 227 块长井段水平井投产拉齐曲线

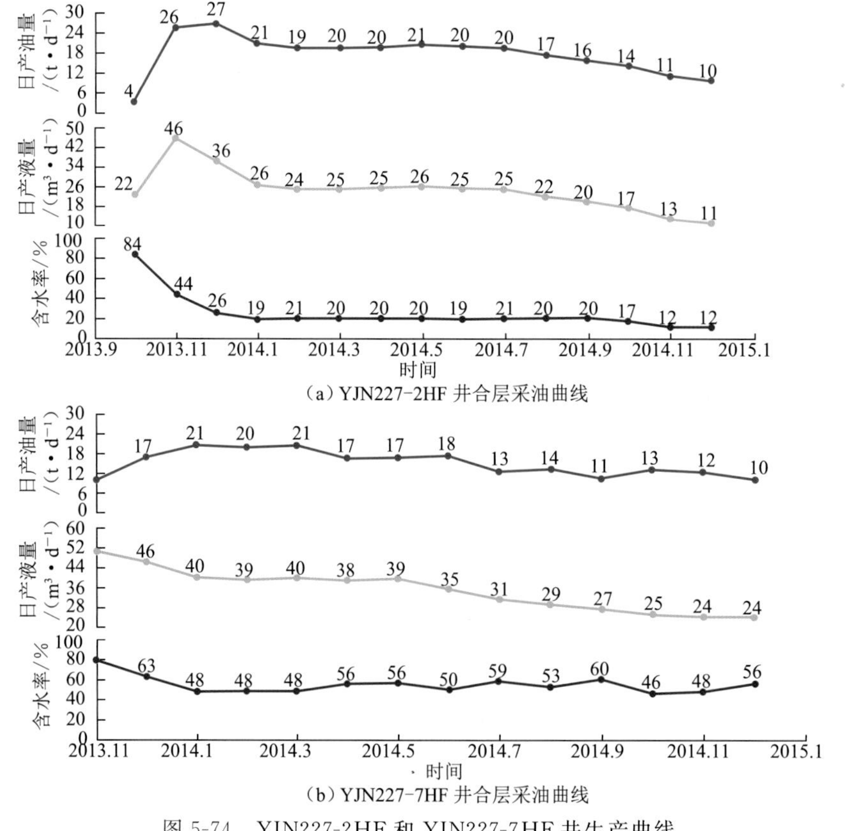

（a）YJN227-2HF 井合层采油曲线

（b）YJN227-7HF 井合层采油曲线

图 5-74　YJN227-2HF 和 YJN227-7HF 井生产曲线

计算得到 YJN227-2HF 和 YJN227-7HF 两口生产井的产量递减规律，如表 5-22 所示。

表 5-22 YJN227-2HF 井和 YJN227-7HF 井产油量递减规律表

井　号	递减类型	递减率/%
YJN227-2HF	指数递减	4.8
YJN227-7HF	指数递减	6.0

多段压裂水平井初期产能较高，且能保持较长时间的稳产，但各井产能递减率差异大。YJN227-2HF 井(4.8%)和 227YJN227-7HF 井(6.0%)的递减率均高于区块平均递减率(3.0%)。

3) 多段压裂水平井产能变化规律的数模分析

(1) 油层厚度。

模拟基本参数设置：储层渗透率 1.6×10^{-3} μm^2，压裂水平段长度 980 m，裂缝条数 9 条(缝长 80～180 m)，保持生产压差 4.5 MPa 生产，设置油层厚度分别为 25 m，50 m，70 m，90 m 和 110 m，模拟结果如图 5-75 所示，不同油层厚度下产能递减规律如表 5-23 所示。

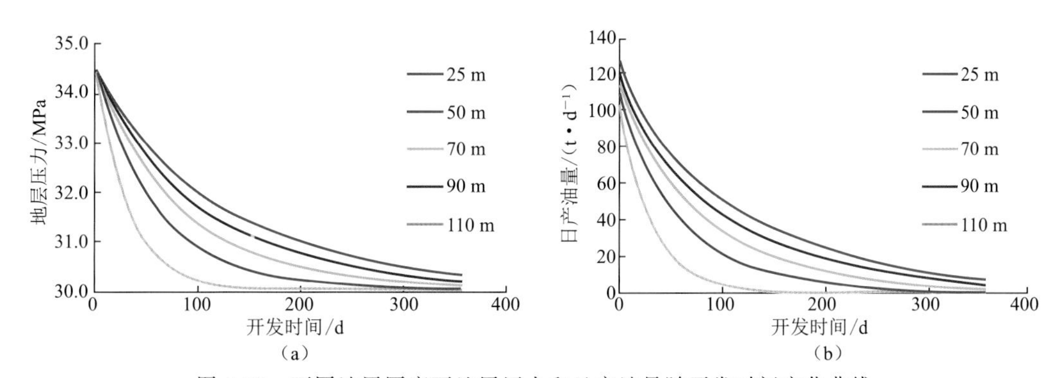

图 5-75 不同油层厚度下地层压力和日产油量随开发时间变化曲线

表 5-23 不同油层厚度水平井产能递减规律

油层厚度/m	日产油量(1 d)/(t·d^{-1})	日产油量(100 d)/(t·d^{-1})	日产油量(360 d)/(t·d^{-1})	递减规律	递减率/%
25	108.64	4.46	0.017	指数递减	1.05
50	114.79	21.16	0.630	指数递减	0.95
70	119.34	33.30	2.280	指数递减	0.87
90	123.82	43.09	4.990	指数递减	0.82
110	128.25	51.10	8.370	指数递减	0.78

结果表明：油层厚度越大，地层压力下降越慢，产量递减越缓慢。

(2) 渗透率。

模拟基本参数设置:油层厚度 90 m,压裂水平段长度 980 m,裂缝条数 9 条(缝长 80~180 m),保持生产压差 4.5 MPa 生产,设置储层渗透率分别为 0.5×10^{-3} μm²,1.6×10^{-3} μm²,2.5×10^{-3} μm²,3.5×10^{-3} μm² 和 4.5×10^{-3} μm²,模拟结果如图 5-76 所示,不同储层渗透率下的产能递减规律如表 5-24 所示。

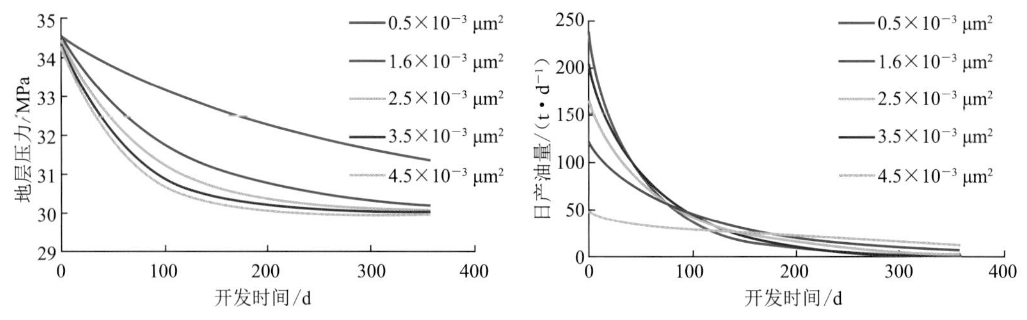

图 5-76　不同渗透率下地层压力和日产油量随开发时间变化曲线

表 5-24　不同储层渗透率下水平井产能递减规律

渗透率 /(10^{-3} μm²)	日产油量(1 d) /(t·d⁻¹)	日产油量(100 d) /(t·d⁻¹)	日产油量(360 d) /(t·d⁻¹)	递减规律	递减率/%
0.5	48.87	29.01	11.96	指数递减	0.10
1.6	123.81	43.09	4.99	指数递减	0.33
2.5	166.45	43.05	2.03	指数递减	0.46
3.5	204.65	40.64	0.77	指数递减	0.57
4.5	237.45	37.43	0.31	指数递减	0.66

结果表明:储层渗透率越小,地层压力下降越慢,产能递减越缓慢,但初始产能较低。

(3) 水平段长度。

模拟基本参数设置:储层渗透率 1.6×10^{-3} μm²,油层厚度 90 m,裂缝条数 9 条(缝长 80~180 m),保持生产压差 4.5 MPa 生产,设置压裂水平段长度分别为 800 m,900 m,1 000 m 和 1 060 m,模拟结果如图 5-77 所示,不同压裂水平段长度下产能递减规律如表 5-25 所示。

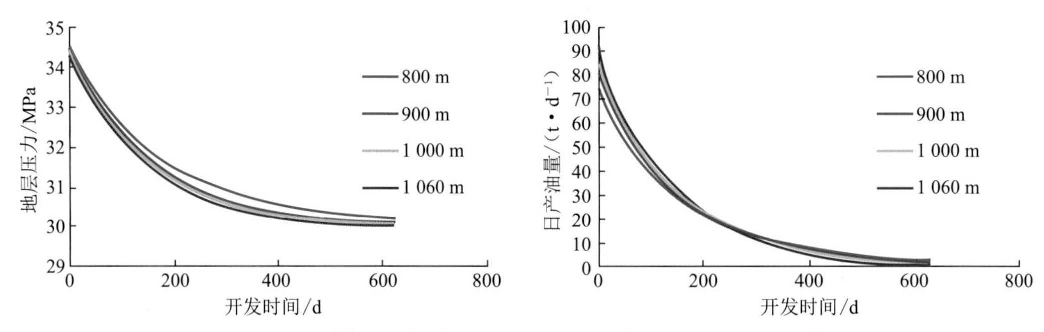

图 5-77　不同水平段长度下地层压力和日产油量随开发时间变化

表 5-25　不同水平段长度下水平井产能递减规律统计表

水平段长度/m	日产油量(1 d)/($t \cdot d^{-1}$)	日产油量(100 d)/($t \cdot d^{-1}$)	日产油量(600 d)/($t \cdot d^{-1}$)	递减规律	递减率/%
800	83.41	40.44	2.66	指数递减	0.13
900	87.80	43.90	1.75	指数递减	0.14
1 000	91.22	46.50	1.16	指数递减	0.15
1 060	92.34	46.92	1.05	指数递减	0.15

结果表明：水平段长度对产能变化规律影响较小，水平段越长，初始产能越高，产量递减越快；随着水平段长度的增加，产量递减速度增大，当水平段长度大于 1 000 m 后，产量递减速度基本保持不变。

(4) 裂缝间距。

模拟基本参数设置：储层渗透率 $1.6\times10^{-3}\ \mu m^2$，油层厚度 90 m，压裂水平段长度 980 m，保持生产压差 4.5 MPa 生产，设置压裂裂缝间距分别为 80 m，100 m 和 200 m，模拟结果如图 5-78 所示，不同裂缝间距下产能递减规律如表 5-26 所示。

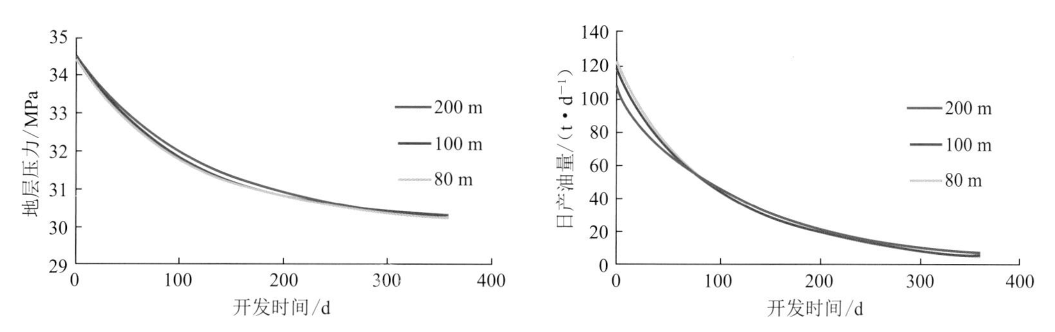

图 5-78　不同裂缝间距下地层压力和日产油量随开发时间变化曲线

表 5-26　不同裂缝间距下水平井产能递减规律

裂缝间距/m	日产油量(1 d)/($t \cdot d^{-1}$)	日产油量(100 d)/($t \cdot d^{-1}$)	日产油量(600 d)/($t \cdot d^{-1}$)	递减规律	递减率/%
200	107.92	43.61	5.99	指数递减	0.17
100	123.82	43.09	4.99	指数递减	0.20
80	124.40	43.13	4.86	指数递减	0.20

结果表明：在定压差生产情况下，随着裂缝段数的增大，初始产能增加，产能递减速度加快。

(5) 裂缝长度。

模拟基本参数设置：储层渗透率 $1.6\times10^{-3}\ \mu m^2$，油层厚度 90 m，压裂水平段长度 980 m，裂缝条数 9 条，保持生产压差 4.5 MPa 生产，设置压裂裂缝平均长度分别为 20～120 m，40～140 m，60～160 m 和 80～180 m，模拟结果如图 5-79 所示，不同压裂裂缝长度下产能递减规律如表 5-27 所示。

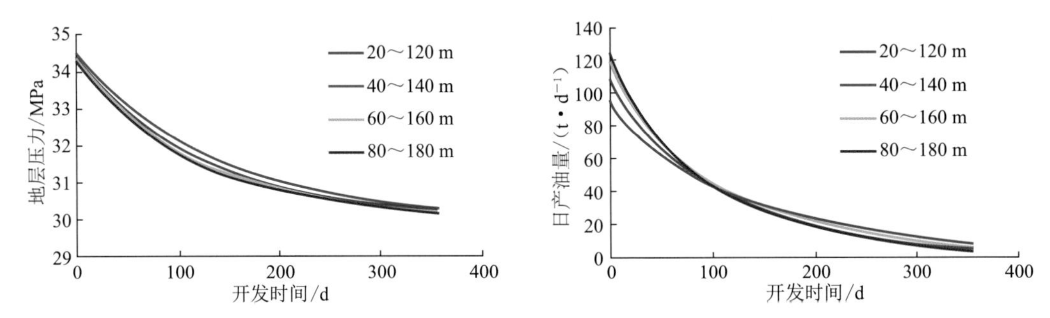

图 5-79 不同裂缝长度下地层压力和日产油量随开发时间变化曲线

表 5-27 不同裂缝长度下水平井产能递减规律

裂缝长度/m	日产油量(1 d)/($t \cdot d^{-1}$)	日产油量(100 d)/($t \cdot d^{-1}$)	日产油量(600 d)/($t \cdot d^{-1}$)	递减规律	递减率/%
20～120	94.18	43.57	6.94	指数递减	0.15
40～140	107.50	43.65	5.94	指数递减	0.17
60～160	121.80	43.08	5.15	指数递减	0.19
80～180	123.82	43.09	4.99	指数递减	0.198

结果表明：随着裂缝平均长度的增加，地层压力下降加快，产能递减速度加快。当裂缝平均长度大于 110 m 后，产能随着裂缝长度增加的变化幅度明显降低。

(6) 生产压差。

模拟基本参数设置：储层渗透率 $1.6 \times 10^{-3}\ \mu m^2$，油层厚度 90 m，压裂水平段长度 980 m，裂缝条数 9 条（缝长 80～180 m），设置生产压差分别为 3 MPa，5 MPa，7 MPa，9 MPa和 11 MPa进行生产，模拟结果如图 5-80 所示，不同生产压差下产能递减规律如表 5-28 所示。

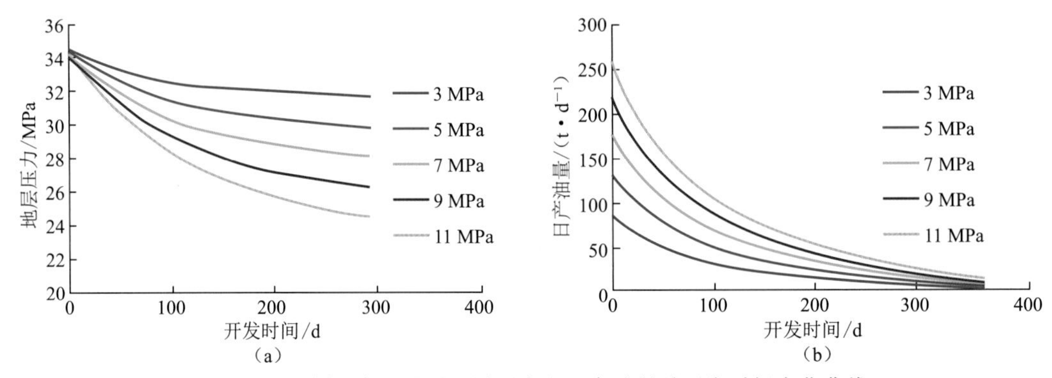

图 5-80 不同生产压差下地层压力和日产油量随开发时间变化曲线

表 5-28　不同生产压差下水平井产能递减规律

生产压差/MPa	日产油量(1 d)/(t·d^{-1})	日产油量(100 d)/(t·d^{-1})	日产油量(360 d)/(t·d^{-1})	递减规律	递减率/%
3	86.70	28.66	3.10	指数递减	0.23
5	135.65	47.88	5.66	指数递减	0.36
7	180.91	66.74	8.58	指数递减	0.48
9	223.61	85.17	11.69	指数递减	0.59
11	264.38	103.18	14.92	指数递减	0.69

结果表明:生产压差越大,初始产量越高,地层压力下降越快,产量递减越快。

›››››› 第 6 章

砂砾岩油藏井间有效连通性动态评价方法

永 1 块砂砾岩油藏在平面及纵向上开发效果差异大的主要原因是砂砾岩油藏平面及纵向上的非均质性及井间连通性。在油藏描述的基础上,紧密结合油藏动态监测资料及其生产数据,搞清井间连通关系,有针对性地采取开发措施,对于改善开发效果具有重要意义。

本章以永 1 块砂砾岩油藏储层地质特征为基础,充分利用动态监测资料和生产数据,研究适用于永 1 块砂砾岩油藏的井间连通性的动态评价方法,揭示永 1 块砂砾岩油藏井间的连通关系及连通程度,为制定高效开发措施提供依据。

6.1 井间连通性确定方法及表征方法

6.1.1 井间连通性研究方法

目前国内外学者采用多种方法确定油藏连通性。通过电缆测井、地层对比等技术确定储层地质参数,研究地层静态连通性;通过试井、油藏数值模拟、示踪剂测试、地球化学及动态反演等方法研究油藏动态连通性。井间连通性的研究方法很多,大致可以归纳为以下 4 大类:

1) 基于地质及开发资料综合分析井间连通性的方法

通过分析地质资料,结合生产动态数据进行定性分析,确定井间的连通性。邓英尔等用综合分析的方法确定了复杂多重介质中井间地层连通性;王曦莎等研究了缝洞型碳酸盐岩井间连通关系难以确定的问题;张德民等针对碳酸盐岩油藏提出了一种系统判断井间连通性的研究方法;刘冀燕等针对缝洞型碳酸盐岩储层的复杂性,提出了综合利用干扰

试井法、流体性质分析法和油藏压力系统法等进行井间连通性研究。地质与生产数据综合分析类方法属于定性分析，未能进行定量描述，依赖经验以及人为因素较多。

2）利用压力恢复试井、干扰试井或类试井的方式反演井间连通性

通过压力恢复试井、干扰试井、脉冲试井或类试井方法，反求储层性质，进而确定井间动态连通性。林加恩等给出了一种定性分析井间连通关系的方法，该方法的优点在于可以直观地通过曲线的相交关系判断连通性，但也存在明显的缺点，该方法在获得资料时，需要同时关闭所有的井组，这使得该方法在油田的实用性下降；廖红伟等采用压力导数的方法对气藏井间连通性进行研究，该方法通过研究压力导数曲线的特征，判断气井之间是否相互连通，并且考虑了边界的影响，但该方法只适用于气藏；郭康良等应用脉冲试井分析了低渗透油藏的井间连通性；李跃刚等提出了利用气藏压力系统分析判断井间连通性的方法；杜鹃红给出了利用干扰试井技术来判断井间连通性的方法；Tiab D 等基于井底压力波动给出了通过类似脉冲试井来反演井间连通性的方法。试井类方法准确、可靠，但是需要进行大量的测试工作，成本较高；试井解释具有多解性，边界对试井曲线的影响未被考虑。

3）利用示踪剂测试的方式确定井间连通性

通过分析产出流体中的示踪剂浓度变化情况、示踪剂产出曲线以及峰值特征并结合储层渗流特征，对研究区域进行综合解释分析，进而达到判断井间连通性的目的。杨虹等采用示踪剂检测技术给出了确定注水井和与它相邻的采油井之间的连通关系的方法；汪玉琴以克拉玛依油田七中区复合驱试验区为例将试验区井间水流通道进行了定量划分；张钊等提出了示踪剂检测技术与油藏数值模拟技术相结合的方法，以评价低渗透微裂缝发育油藏油水井间的连通关系；李臣等将示踪剂方法引入砂砾岩油藏的开发上，并给出了一些初步认识。示踪剂类方法准确、可靠，但需要进行大量的测试工作，成本较高。

4）利用注水井生产井动态数据反演井间连通性

利用注采数据类比信号的激励-反应过程进行建模，主要方法有相关分析模型、多元线性回归模型、电容模型（CRM）、系统分析模型等。目前井间连通模型在国内许多油田都进行了一定的推广和应用。Albertoni 等首先建立了基于注入量和产液量的多元线性回归模型；Yousef 等提出的电容模型考虑因素更加全面，模型参数能够有效地表征井间的连通程度和注采信号的时滞性；Liu F 等和赵辉等分别基于单位矩形脉冲信号和单位阶跃信号响应特征建立了新的井间动态连通性模型；冯其红等探讨了电容模型处理低渗透油藏的井间连通性问题的可行性；张本华等将电容模型推广到化学驱油藏的应用上；Izgec O 等探讨了井间动态连通模型在见水前的应用情况，研究表明在见水前尽管引入了一些误差，但井间动态连通模型同样适用；Danial Kaviani 等在井底流压未知的情况下对电容模型进行了改进，提出了离散电容模型；Moreno G 等利用电容模型，结合分层测试资料给出了多层油藏井间连通关系的确定方法，此类模型忽略了很多影响因素，而且为典型的反问题，多解性强；Zhang Z 等将卡尔曼滤波与多层油藏电容模型相结合，给出了多层油藏井间连通模型的处理方法，但是该模型同样需要分层实时的注采参数，该类数据难以获取，因此实际矿场无法推广应用此模型和方法。

此外，国内外学者还有利用速率关联度、张量采液指数、非线性时间序列等方法来确定井间连通关系，但这些资料或方法都具有很大的不确定性和不适应性，这里不再赘述。

6.1.2 井间有效连通性的定量表征方法

井间有效连通性的定量表征方法主要分为静态方法和动态方法。

1）静态表征方法

静态方法主要是指地质类方法，表征指标主要为渗透率 k、油层厚度 h 和 kh。一般情况下，井点处的储层分布与储层物性是确定的，但对于井间的情况，地质上一般采用反距离加权插值和克里金插值的方法进行处理。

反距离加权插值方法是一种空间确定性插值方法，它以研究区域内部的相似性为基础，由已知样点来创建表面。这种方法基于相近相似的原理，即两个物体离得越近，它们的性质就越相似，反之，离得越远则相似性越小。该方法以插值点与样本点间的距离为权重进行加权平均，离插值点越近的样本点赋予的权重越大。利用该方法进行插值时，样本点分布应尽可能均匀，且布满整个插值区域；对于不规则分布的样本点，插值时利用的样本点往往也不均匀地分布在周围的不同方向上，这样，每个方向对插值结果的影响是不同的，插值结果的准确度也会降低。

克里金插值法又称空间自协方差最佳插值法，它是以南非矿业工程师 D.G.Krige 的名字命名的一种最优内插法。克里金插值法广泛地应用于地下水模拟、土壤制图等领域，是一种有效的地质统计网格化方法。该方法首先考虑的是空间属性在空间位置上的变异分布，确定对一个待插点值有影响的距离范围，然后用此范围内的采样点来估计待插点的属性值。该方法在数学上对所研究的对象提供一种最佳线性无偏估计（某点处的确定值），即考虑了信息样品的形状、大小及与待估计块段相互间的空间位置等几何特征之后，为达到线性、无偏和最小估计方差的估计，而对每一个样品赋与一定的系数，最后进行加权平均来估计块段品位。该方法仍是一种光滑的内插方法，在数据点多时，其内插结果的可信度较高。

但是对于砂砾岩油藏来说，储层非均质性严重，储层变化快，依靠传统的差值方法（如克里金插值法）很难获得合理的地层解释。

2）动态表征方法

动态方法主要分两类。

（1）试井类方法（干扰试井、不稳定试井等）。

试井类方法主要以定性分析或半定量分析为主，试井响应曲线可以得到导压系数或流动系数，并不能准确定量表征井间连通性，但是研究表明，导压系数在一定程度上与井间连通系数正相关，因此试井解释得出的结果是半定量的表征方法。但是该方法需要进行大量的关井测试才能获得全区的井间连通状况，成本较高，经济可行性不高。

永1块砂砾岩油藏在几十年的开发过程中先后进行了一些试井测试工作。对已有的试井资料（干扰试井、压力恢复试井）进行二次分析，用以确定井间连通状况，是一项经济有效的方法。

(2) 依据生产动态数据(主要是注采数据)的关联程度判定井间连通性。

主要方法有：

① 灰色理论中的速率关联度分析方法。速率关联系数反映每一时刻两个事物相对变化速率的一致程度,速率关联度则反映特定时间段内两个事物相对变化速率一致程度的平均状况,是两个事物在区间内相对发展速率一致程度的综合评判。如果两个事物的速率关联度较大,说明两个事物在发展过程中的相对变化速率一致,二者有较好的关联;反之,则两个事物在发展过程中的相对变化速率很不一致,二者的关联程度就较差。应用灰色理论中的速率关联度分析方法计算注水井注水量与生产井产油量和产水量之间的速率关联度大小,可以定量描述井间连通情况。

② 非线性时间序列的油藏动态分析方法。该方法是把油藏视为一个黑箱非线性系统,注入井对地层注水视为对油藏系统的输入信号,生产井的产油量、产水量、含水率和井底压力视为对输入信号的系统响应。这种非线性模型通过支持向量机的方法建立起来,然后通过对这个非线性系统的敏感性分析确定生产井和注水井的动态连通关系,并且根据模型预测下一个时间段生产井的动态响应。

但通过上述两种方法得到的井间连通系数的物理意义不明确,判定结果缺乏内在机理解释,且结果准确性不高。

③ 井间动态连通系数方法。油藏是一个动力学平衡系统,注水井注水量的变化引起生产井产液波动是注水井和生产井层内连通的特征反映,生产井产液量的波动幅度与注水井和生产井间的连通程度相关。注水井和生产井间连通性越好,注水量和产液量数据的相关程度越高,基于系统分析思想,将油藏注水井、生产井以及井间孔道看作一个完整的系统,则该系统的输入(激励)为注水井的注水量,输出(响应)为生产井的产液量,通过注采动态相关关系模型的建立及求解可以简便而准确地获得油层井间动态连通性。

井间动态连通系数方法给出了井间连通性的表征意义,即注水井注水量在平面上的劈分系数 f_{ij},其表达式为:

$$f_{ij}=\frac{I_{ij}}{I_i} \tag{6-1}$$

式中　I_i——为第 i 口注水井的注入量;

I_{ij}——为第 i 口注水井对第 j 口生产井的注入量。

该方法具有明确的物理意义,理论推导完善,可行性高,成熟的电容模型已经被广泛接受和认可。该方法对实际油藏生产数据的质量要求严格,但在关井、开井、修井、测试等复杂的生产动态情况下,动态连通系数不是定值;实际油藏为多层油藏,改层、补孔频繁,更是对井间动态连通模型带来了巨大的挑战。

以往的研究表明,注水井对井间动态连通系数的值影响不大,除去改层、补孔等情况,注水井注水量的突变(开井、关井、作业等)对井间动态连通系数的影响可以忽略不计;而生产井的开关井对井间动态连通系数的影响很大,需要进行进一步的处理。

6.1.3 永1块砂砾岩油藏井间有效连通性表征方法

在综合分析上述方法的基础上，本次研究所采用的井间有效连通性的表征方法分为以下两种：

(1) 利用试井类分析井间有效连通性的方法，以分析压力曲线和压力导数曲线的响应特征为主要分析手段，结合地质及生产动态数据，定性判定井间连通关系；以井间导压系数作为半定量表征的参数，即 $\eta=\dfrac{k}{\phi\mu c_{\mathrm{t}}}$，半定量地判定井间连通程度。

(2) 利用注采数据反演井间有效连通性的方法，以井间动态连通系数 f_{ij} 作为井间连通性的表征指标，完善和改进已有的井间动态连通模型，结合地质解释资料，确定分层的井间连通关系图。

6.2 基于干扰试井的井间连通关系综合判定

6.2.1 干扰试井判断井间连通性

1) 压力及压力导数曲线响应特征

干扰试井在现场施工时，一般以一口井或几口井作为激动井，在测试中依次改变工作制度，从而对地层压力造成“激动”；另一口井或者多口井作为观察井，在测试中关井进入静止状态，并下入高精度、高分辨率的井下压力计，记录从激动井传播过来的干扰压力变化，通过对干扰压力进行分析，可以直接判断井间连通性。不论有多少口井参与测试过程，该方法的基本原则是在同一个时段，只能有唯一一口激动井改变工作制度，产生激动信号。

根据不稳定渗流理论，对于均质油藏中的两口井进行干扰试井，当激动井以产量 q 生产时，观察井井底压力变化 Δp 与时间 t 的关系可以表示为：

$$\Delta p=\frac{1.84\times10^{-3}qB}{\dfrac{kh}{\mu}}\left[-\frac{1}{2}\mathrm{Ei}\left(-\frac{\phi\mu c_{\mathrm{t}}l^{2}}{14.4kt}\right)\right]\tag{6-2}$$

则观察井井底压力 p_{w} 为：

$$p_{\mathrm{w}}=p_{\mathrm{i}}-\Delta p\tag{6-3}$$

式中 q——激动井产量，$\mathrm{m^3/d}$；

B——地层原油体积系数；

k——地层渗透率，$\mu\mathrm{m}^2$；

h——油层厚度，m；

μ——地层流体黏度，mPa·s；

ϕ——地层孔隙度；

c_{t}——地层综合压缩系数，$\mathrm{MPa^{-1}}$；

l——观察井与激动井之间的距离，m；

t——观测时间，h；

p_i——油层处于稳定状态时的压力，MPa；

Δp——观察井井底压力变化，MPa；

p_w——观察井井底压力，MPa。

以 1 口激动井为例，假设激动井以产量 q 稳定生产至 t_p 时刻关井，关井至 t_1 时刻后再开井至 t 时刻，且 t_p 时刻对应的观察井的压力稳定（其值为 p_i），观察井与激动井之间的距离为 l。如果它们之间互相连通，则根据不稳定渗流以及压降叠加原理可以得到不稳定流动期间的观察井井底压力 p_w 与时间 t 的关系：

$$p_w = p_i + \frac{q\mu B}{1\ 086kh}\left\{-\mathrm{Ei}\left[-\frac{l^2}{14.4\eta(t-t_p)}\right]\right\} - \frac{q\mu B}{1\ 086kh}\left\{-\mathrm{Ei}\left[\frac{l^2}{14.4\eta(t-t_1)}\right]\right\} \tag{6-4}$$

式中　p_w——激动井对应的观察井的压力，MPa；

p_i——地层压力稳定时激动井对应的地层压力，MPa；

h——激动井处所对应的油层厚度，m；

t_p——激动井停产时对应的时刻，h；

t_1——激动井停产后又开井时对应的时刻，h；

η——观察井与激动井之间的导压系数，cm^2/s。

利用式(6-4)进行编程，可以得到理论情况下激动井激动时观察井相应的压力曲线和压力导数曲线，如图 6-1 所示。

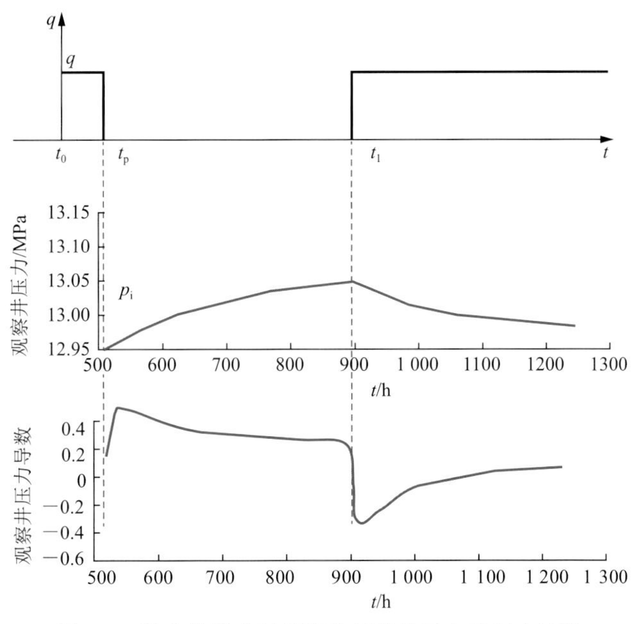

图 6-1　激动井激动时观察井相应的压力及压力导数

从图 6-1 中可以看出，假设激动井与观察井连通，则激动井关井时观察井的压力会相应的上升，压力导数在关井时刻也会由于激动井的瞬时变化而发生跃变，随后压力导数逐渐趋于稳定;同样地,当激动井重新开井时,观察井的压力曲线及其压力导数曲线也会出现类似的变化。因此当实测观察井的压力曲线与压力导数曲线变化特征与上述描述相符合时,就可以判定两井之间连通性较好。

2)通过导压系数判定井间连通程度

仍以1口激动井为例,假设观察井与激动井连通,在激动井采取关井—开井激动时,观察井的压力响应曲线出现极大值,相应的压力表达式如式(6-4)。函数 p_w 连续可微,先升后降,存在1个极大值点 t_m,函数 p_w 关于时间 t 的导数在极大值点 t_m 处的值满足下式:

$$\left.\frac{\mathrm{d}p_w}{\mathrm{d}t}\right|_{t=t_m}=\frac{q_\mu B}{1\,086kh}\left[\frac{\mathrm{e}^{-\frac{l^2}{14.4\eta(t-t_p)}}}{t-t_p}-\frac{\mathrm{e}^{-\frac{l^2}{14.4\eta(t-t_1)}}}{t-t_1}\right]=0 \tag{6-5}$$

通过式(6-5)可以求得导压系数 η:

$$\eta=\frac{l^2(t_1-t_p)}{14.4(t_m-t_1)(t_m-t_p)\ln\frac{t_m-t_p}{t_m-t_1}} \tag{6-6}$$

通过计算可以得出相应的导压系数,由于导压系数的物理意义为单位时间内压力波传播的地层面积,因此根据导压系数的大小可以判断井间连通程度。导压系数越大,说明井间储层物性越好,连通性越好。

6.2.2 永1块砂砾岩油藏干扰试井方案设计

永1块砂砾岩油藏位于永安油田东北部,含油层位为沙四段,含油面积6.4 km^2,地质储量1 782×10^6 t,储层平均渗透率为25×10^{-3} μm^2,油层厚度为34.7~42 m,属于中丰度低渗透砂砾岩油藏。该油藏具有层数多、厚度大、储层变化快、储层物性差、非均质性强等特点,井间连通性难以判定,给油田有效、合理的生产带来很大的困难,因此在该油藏开展了一个井组的干扰测试。

干扰试井井位如图6-2所示,其中虚线内部区域为测试井组,测试中以中间井YAA63-13为观察井,关井167.2 d,周围4口井(YAA1-28,YAA1-24,YAA1-27和YAA63-10)为激动井依次关15~21 d,在观察井中下入压力计测井底压力变化情况,以此分析激动井与观察井的连通性。

本井组干扰测试共用时4 012 h,采用井下存储式电子压力计记录的资料录取方法,其中YAA63-13井内下入存储式电子压力计,压力计下入深度2 500 m,获取了完整的激动井(YAA1-28,YAA1-24,YAA1-27,YAA63-10)改变工作制度过程对应的有效压力数据。其中,井筒半径为0.07 m,地层原油黏度为8.4 mPa·s,地层原油体积系数为1.0,地层原油压缩系数为1.43×10^{-6} MPa^{-1},其他参数如表6-1所示。激动井与观察井观察示意图如图6-3所示。

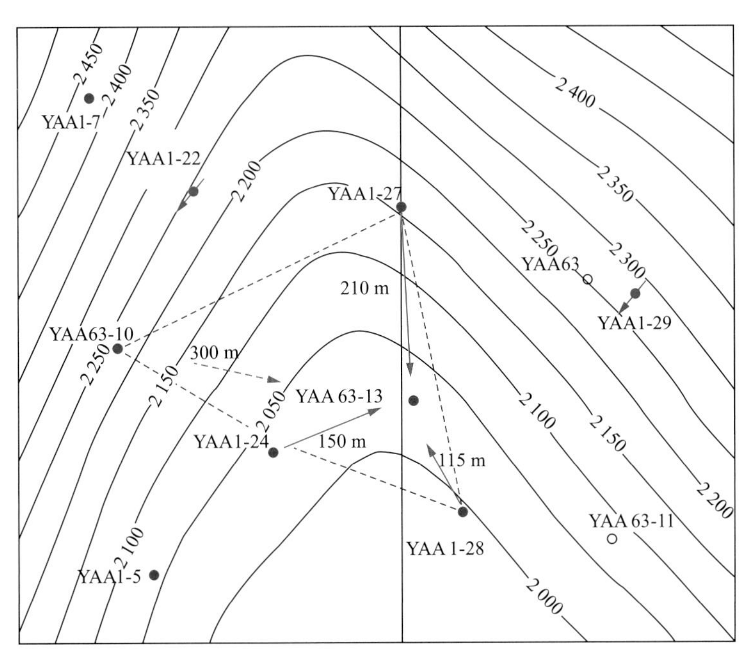

图 6-2　干扰试井中井位示意图

表 6-1　井间干扰测试有关参数表

井编号	激动井与观察井的距离 l_x/m	油层有效厚度 h/m	关井时刻 t_{px}/h	开井时刻 t_x/h	激动井关井产量 q/(m^3·d^{-1})
YAA1-28	115	68.3	512	884	10.6
YAA1-24	150	83.5	1 240	1 650	4.7
YAA1-27	210	90.0	2 060	2 560	16.5
YAA63-10	300	51.3	3 060	3 470	5.4

注:l_x 为第 x 口激动井与观察井之间的距离,h,$x=1,2,3,4$;t_{px} 为第 x 口激动井停产时对应的时刻,h;t_x 为第 x 口激动井停产后又开井时对应的时刻,h。

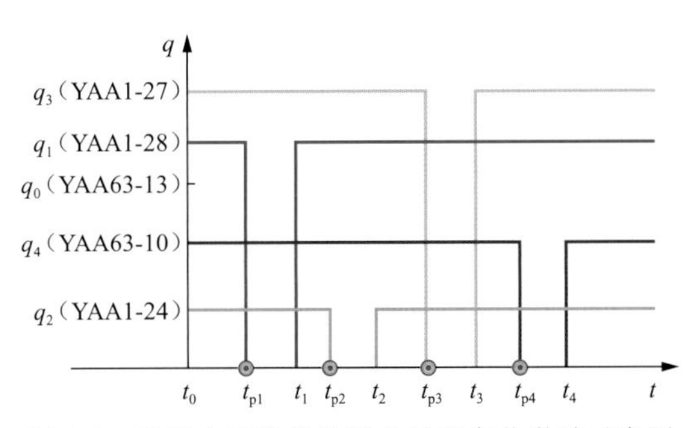

图 6-3　现场 4 口激动井及 1 口观察井激动示意图

6.2.3　测试井组井间连通性分析

根据测试数据,做出相应激动井激动情况下观察井的压力曲线及压力导数曲线。例如，激动井 YAA1-28 和激动井 YAA63-10 激动后，观察井 YAA63-13 的压力曲线和压力导数曲线如图 6-4 和图 6-5 所示。

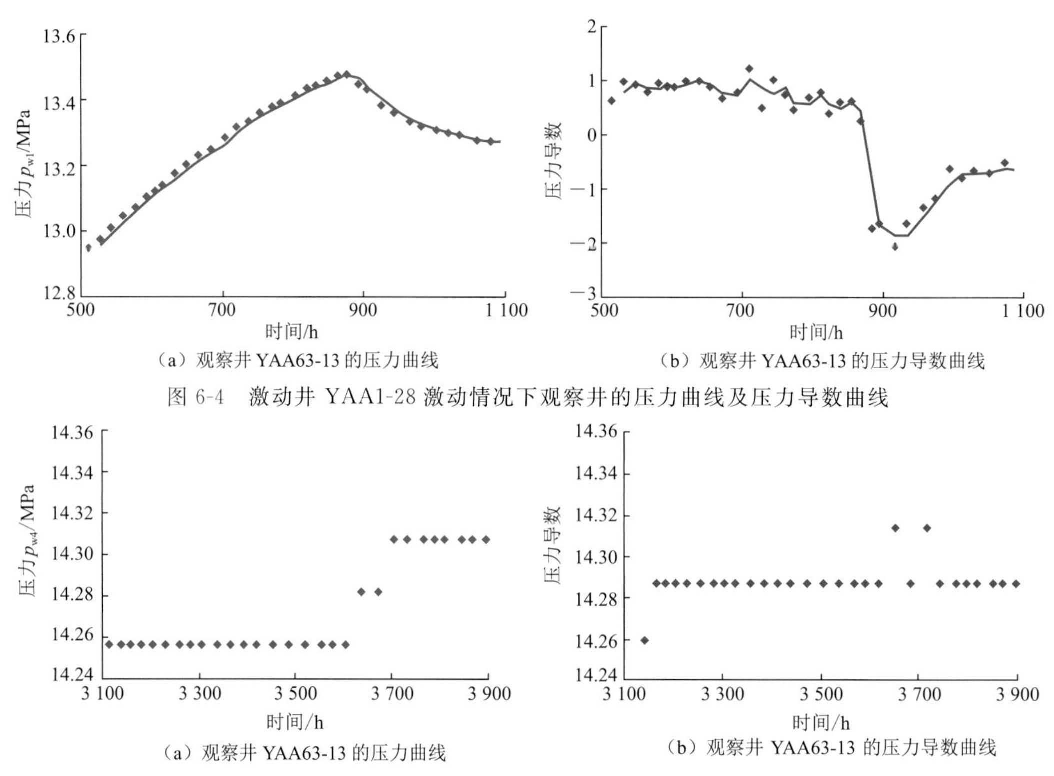

(a) 观察井 YAA63-13 的压力曲线　(b) 观察井 YAA63-13 的压力导数曲线

图 6-4　激动井 YAA1-28 激动情况下观察井的压力曲线及压力导数曲线

(a) 观察井 YAA63-13 的压力曲线　(b) 观察井 YAA63-13 的压力导数曲线

图 6-5　激动井 YAA63-10 激动情况下观察井的压力曲线及压力导数曲线

在图 6-4 中，激动井 YAA1-28 激动(关井—开井)后对应的观察井 YAA63-13 的压力先上升后下降，在激动时刻(关/开井时)观察井 YAA63-13 的压力导数曲线发生了跃变，激动(关/开井)后观察井 YAA63-13 的压力导数曲线逐渐趋于平稳。上述特征与图 6-1 井间连通时的压力及压力导数曲线特征相似，因此可判定激动井 YAA1-28 与观察井 YAA63-13 连通。在图 6-5 中，激动井 YAA63-10 激动下观察井 YAA63-13 的压力曲线及压力导数曲线几乎没有变化，与连通时压力曲线及压力导数曲线的变化特征不符，说明观察井 YAA63-13 与激动井 YAA63-10 不连通或者连通性很差。

通过分析相应的激动井激动情况下观察井的压力曲线和压力导数曲线，可以判断观察井 YAA63-13 与激动井 YAA1-28，YAA1-24 和 YAA1-27 是连通的，而观察井 YAA63-13 与激动井 YAA63-10 不连通或连通性很差。

已知观察井 YAA63-13 与激动井 YAA1-28，YAA1-24 和 YAA1-27 连通，通过实测观察井的压力曲线得知极大值点分别为 896.5 h，1 677 h，2 757 h。根据式(6-6)，可得导压系数分别为：

$$\eta_1=398.31\ \mathrm{cm^2/s},\quad \eta_2=682.53\ \mathrm{cm^2/s},\quad \eta_3=481.59\ \mathrm{cm^2/s}$$

由此可知观察井与激动井连通程度从好到差的顺序依次为 YAA1-24，YAA1-27，YAA1-28 和 YAA63-10，如图 6-6 所示(逐渐变细的红色实心箭头表示连通程度由强到弱，而绿色点划线箭头表示不连通或者连通性很差）。

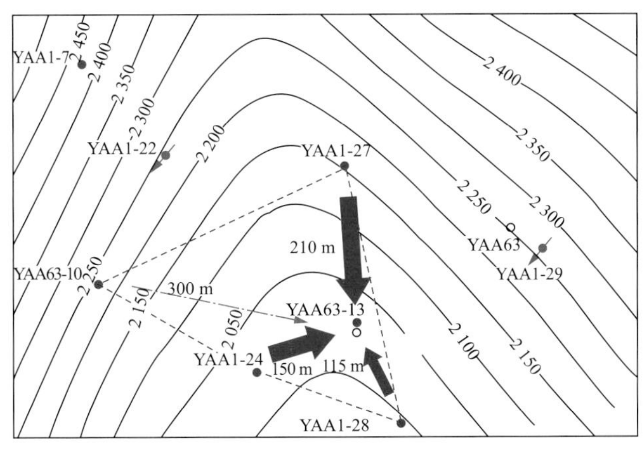

图 6-6 连通程度强弱井位示意图

利用干扰试井结果，结合储层精细描述成果，摸清了油井间层位对应连通情况，进而对该井组进行注采调整。

将 YAA63-13 井转注后，日注水量为 80 m^3，注水 2 个月后周围油井相继见效：YAA1-28 井日产液量由 10.6 m^3/d 上升至 21.3 m^3/d，日产油量由 7.6 t/d 上升至 14.5 t/d，含水由 83.7%下降至 79.3%，动液面由 843 m 上升至 809 m；YAA1-24 井日产液量由 4.7 m^3/d 上升至 9.3 m^3/d，日产油量由 3.4 t/d 上升至 7.4 t/d，含水由 84.6%上升至 92.3%，动液面由 874 m 上升至 826 m；YAA1-27 井日产液量由 16.5 m^3 上升至 31.4 m^3，日产油量由 9.8 t 上升至 20.4 t，含水由 68.9%上升至 75.6%，动液面由 893 m 上升至 869 m。此后，3 口油井产液量相对稳定，取得了比较好的开发效果。

6.2.4 小 结

（1）在干扰试井设计中，选定一口井为观察井，与其相邻的井均可为激动井，激动井依次进行激动，利用观察井井底压力变化情况可以有效地分析连通性。

（2）利用不稳定试井理论和叠加原理建立激动井与观察井间的压力曲线及其压力导数曲线，观察井的压力曲线和压力导数曲线随激动井的变化表现为相应的特征，据此可以定性地判断观察井与激动井的连通情况。判定井间连通后，通过极值法求解相应的导压系数，可以定量地判断井间连通程度。

6.3 基于不稳定试井的井间连通关系综合判定

6.3.1 井底压力导数曲线变化特征

1）井间连通地层

假设均质、水平、等厚无限大地层中有 A，B 两口井，两井距离为 r，其中 A 井为注入井，以定注入量 q_1 注入 $t_{p1}+t$ 时间；B 井为生产井，先以定产量 q 生产 t_{p2}时间后关井进行压力恢复测试，测试时间为 t，整个过程如图 6-7 所示。

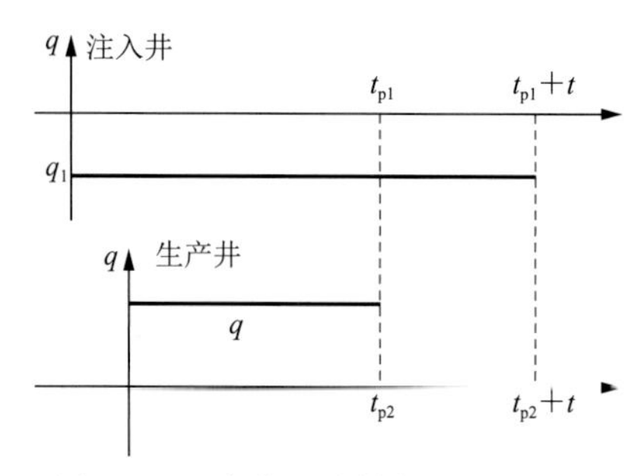

图 6-7　生产井压力恢复试井示意图

根据弹性不稳定渗流理论，可得到注入井在生产井 B 井底造成的压力变化为：

$$\Delta p_1=\frac{q_1\mu B}{345.6\pi hk}\left\{-\mathrm{Ei}\left[-\frac{r^2}{14.4\eta(t_{p1}+t)}\right]\right\}\tag{6-7}$$

生产井 B 自身关井后的压力变化为：

$$\Delta p_2=\frac{q\mu B}{345.6\pi hk}\left[-\mathrm{Ei}\left(-\frac{r_w^2}{14.4\eta t}\right)\right]-\frac{q\mu B}{345.6\pi hk}\left\{-\mathrm{Ei}\left[-\frac{r_w^2}{14.4\eta(t_{p2}+t)}\right]\right\}\tag{6-8}$$

式中　q——地面流量，m^3/d；

η——导压系数，$\mu m^2\cdot MPa/(mPa\cdot s)$；

B——两相体积系数，m^3/m^3；

r_w——生产井井筒半径，m；

k——渗透率，μm^2；

h——油层厚度，m；

μ——流体黏度，mPa·s。

根据叠加原理得到 B 井的井底压力变化为：

$$\Delta p=\Delta p_1+\Delta p_2\tag{6-9}$$

对式(6-9)化简并引入无因次量可以得到：

$$p_D=\frac{q_1}{2q}\left\{-\mathrm{Ei}\left[-\frac{r_D^2}{4(t_{p1D}+t_D)}\right]\right\}+\frac{1}{2}\ln\frac{t_D}{t_{p2D}+t_D}\tag{6-10}$$

其中，无因次量的定义为：

$$p_D=\frac{kh}{1.842\times10^{-3}q\mu B}(p_i-p_{wf})$$

$$t_D=\frac{3.6kt}{\phi\mu c_t r_w^2}$$

$$r_D=\frac{r}{r_w}$$

式中　p_i——原始地层压力，MPa；

p_{wf}——井底流压，MPa。

由压力导数的定义可得生产井 B 的压力导数为：

$$p_D'\frac{(t_{p2D}+t_D)t_D}{t_{p2D}}=\frac{1}{2}+\frac{q_1}{2q}\frac{t_D(t_{p2D}+t_D)}{(t_{p1D}+t_D)t_{p2D}}e^{\frac{-r_D^2}{4(t_{p1D}+t_D)}} \tag{6-11}$$

由式(6-11)可知，压力导数只受到右边第 2 项的影响，则令函数 M 为：

$$M=\frac{q_1}{2q}\frac{t_D(t_{p2D}+t_D)}{(t_{p1D}+t_D)t_{p2D}}e^{\frac{-r_D^2}{4(t_{p1D}+t_D)}} \tag{6-12}$$

则式(6-11)可以写成：

$$p_D'\frac{(t_{p2D}+t_D)t_D}{t_{p2D}}=\frac{1}{2}+M \tag{6-13}$$

由式(6-12)可知，函数 M 恒大于 0，当注入量 q_1 为 0 时，即注水井不影响生产井时，函数 M 为 0。函数 M 随测试时间 t_D 的增加而增加；函数 M 随生产井的生产时间 t_{p2} 和注入井的注入时间 t_{p1} 增长而减小。

根据式(6-13)做出压力导数示意曲线(图 6-8)，可以看出，当一注一采井间连通时，生产井的压力导数曲线有明显上翘的现象，且随着 t_D 的增大，M 的值也增大，即无因次压力导数曲线随着时间的推移，上翘特征越来越明显。另外，两井之间的连通性越好，则 $\eta=k/\phi\mu c_t$ 越大，即 t_D 越大，M 的值也越大，即无因次压力导数曲线上翘的特征越明显，两井之间的连通性越好。

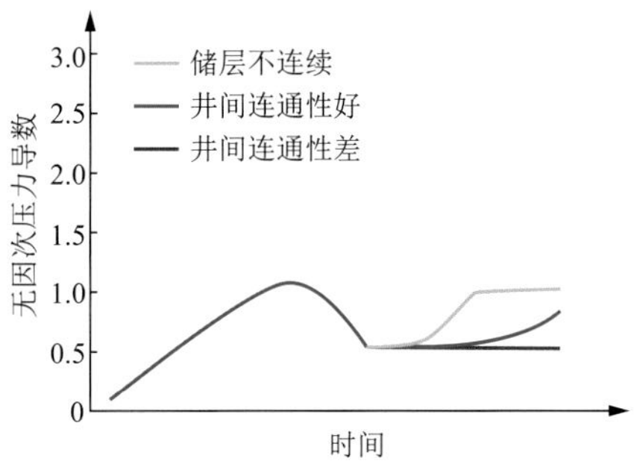

图 6-8　无因次压力导数曲线的典型响应特征

2）井间不连通地层

假设地层中有 A 和 B 两口井，两井相距为 r，其中 A 井为注入井，B 井为生产井，两井之间地层不连通，即存在断层或砂体尖灭。现假设两井之间存在一条断层，设 B 井到断层的距离为 d，利用镜像反映法和压降叠加原理可将其转化为无限大地层两口等产量生产井 B 与 B_1 同时工作的情况。

实际生产井 B 的生产和关闭对其井底造成的压力变化为：

$$\Delta p_1=\frac{q\mu B}{345.6\pi hk}\left\{-\mathrm{Ei}\left[-\frac{r_w^2}{14.4\eta(t_{p2}+t)}\right]\right\}-\frac{q\mu B}{345.6\pi hk}\left[-\mathrm{Ei}\left(-\frac{r_w^2}{14.4\eta t}\right)\right] \tag{6-14}$$

其镜像反映井 B_1 对 B 井也有影响，B_1 井对 B 井造成的压力变化为：

$$\Delta p_2=\frac{q\mu B}{345.6\pi hk}\left\{-\mathrm{Ei}\left[-\frac{(2d)^2}{14.4\eta(t_{p2}+t)}\right]\right\}-\frac{q\mu B}{345.6\pi hk}\left[-\mathrm{Ei}\left(-\frac{(2d)^2}{14.4\eta t}\right)\right] \tag{6-15}$$

根据压降叠加原理得 B 井的井底压力变化为：

$$\Delta p=\Delta p_1+\Delta p_2 \tag{6-16}$$

对式(6-16)作无因次化处理并求导，可以得到无因次压力导数为：

$$p_D'\frac{(t_{p2}+t)_D t_D}{t_{p2D}}=\frac{1}{2}\left[1+\frac{(t_{p2}+t)_D}{t_{p2D}}e^{\frac{-d^2}{t_D}}-\frac{t_D}{t_{p2D}}e^{\frac{-d^2}{(t_{p2}+t)_D}}\right] \tag{6-17}$$

分析式(6-17)可得，当断层存在导致注水井和生产井不连通时，无因次压力导数曲线表现为一条先是 0.5 的水平段，后上翘并趋于 1 的水平线，如图 6-8 所示。根据文献可知，无因次压力导数曲线由于断层影响而上翘后重新变成直线时所需的时间为：

$$t_x = \frac{4d^2}{2.25\eta} \tag{6-18}$$

式中 d——生产井距断层的距离，m。

因此，当测试时间 t_D 大于 t_x 时，两井之间如果存在断层，则无因次压力导数曲线上就会有完整的先上翘后变为水平线的响应特征，若不存在断层，则不会出现。

在矿场实践时，测试时间大于 $\frac{4r^2}{2.25\eta}$ 便可以有效地依据无因次压力导数曲线特征判定井间储层的连通状况。

6.3.2 永1块砂砾岩油藏不稳定试井井组连通性分析

利用永1块沙四段砂砾岩油藏不稳定试井资料判断井间连通性的井为 YAA1X66 井、YAA1X64 井、YAA1-53 井、YAA1-43 井。

1）生产井 YAA1X64 和 YAA1X66 与注水井 YAA1X60 的连通关系

生产井 YAA1X66 于 2011 年 11 月投产至今，于 2013 年 4 月进行补孔合采。该井的测压时间为 2013.12.18—2014.1.14，压力计井下工作时间为 637 h，生产层段为 $Es_4 4$ 和 $Es_4 5$。

生产井 YAA1X64 于 2011 年 12 月投产至今，于 2013 年 6 月进行补孔合采。该井的测压时间为 2013.12.19—2014.1.14，压力计井下工作时间为 621 h，生产层段为 $Es_4 4$，$Es_4 5$ 和 $Es_4 6$。

生产井 YAA1X64 和 YAA1X66 井位图如图 6-9 所示（红色为生产井，蓝色为注水井），与两井可能连通的注水井为 YAA1X60 和 YAA1X61。注水井 YAA1X60 于 2012 年 2 月开始注水至今，注水层段为 $Es_4 2$，$Es_4 4$ 和 $Es_4 5$；注水井 YAA1X61 于 2012 年 6 月开始注水至今，注水层段为 $Es_4 2$ 和 $Es_4 3$。因此与生产井 YAA1X64 和 YAA1X66 两井连通的注水井只可能是注水井 YAA1X60 井。

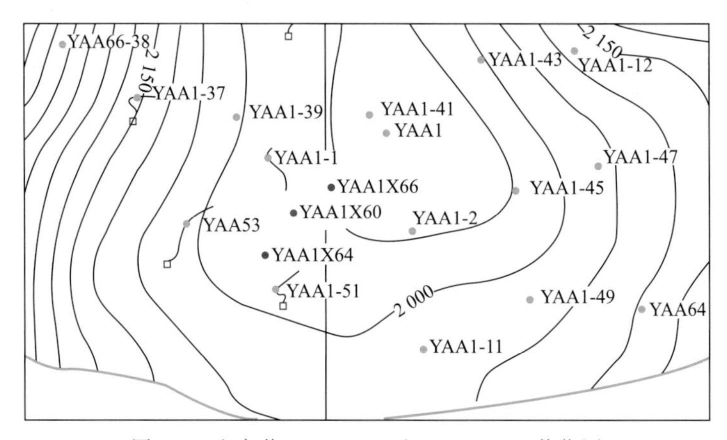

图 6-9 生产井 YAA1X64 和 YAA1X66 井位图

依据测试资料，分别绘制 YAA1X64 井和 YAA1X66 井的压力曲线及压力导数曲线如图 6-10 和图 6-11 所示。

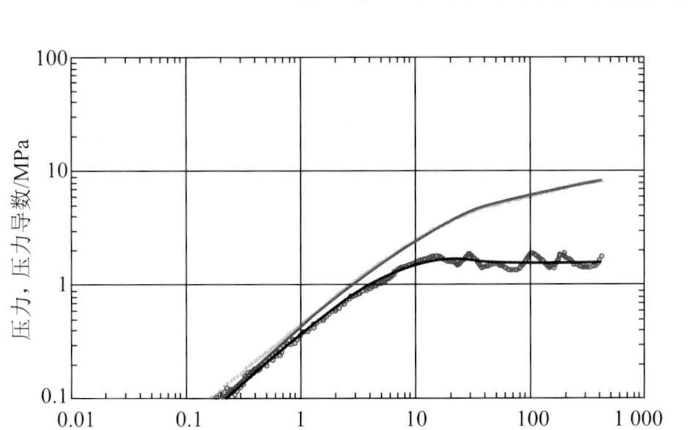

图 6-10　YAA1X64 井压力曲线及压力导数曲线

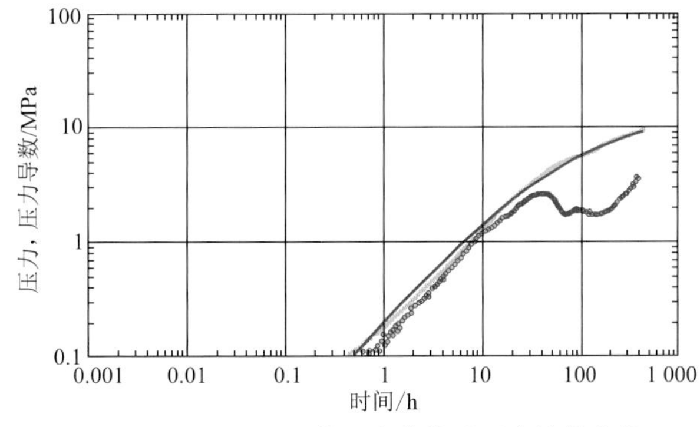

图 6-11　YAA1X66 井压力曲线及压力导数曲线

由图 6-10 和图 6-11 可知，YAA1X66 井的压力导数曲线在末期有明显的上翘特征，且上翘段斜率较大；而 YAA1X64 井的压力导数曲线在末期并没有明显的上翘特征，而是趋于一条微小波动的水平线。根据理论分析和图 6-8 可以判断：生产井 YAA1X66 可能与注水井 YAA1X60 的连通性较好，而生产井 YAA1X64 与注水井 YAA1X60 的连通性差。

分别做出注水井 YAA1X60 与两口生产井的生产关系曲线，如图 6-12 和图 6-13 所示，尽管补孔措施对生产井的产量产生了很大的影响，但还可以分析出注水井与两口生产井之间的相关关系。从图中可以看出：YAA1X66 井与 YAA1X60 井有较好的协同效果，尤其是在 2012 年 4 月到 2013 年 1 月注水井的注入量先增加后减少，在生产井的日产液量上有明显的先增后减的响应；而 YAA1X64 井与 YAA1X60 井协同效果不明显，2012 年 4 月到 2012 年 7 月注水井注入量先增加后减少，但生产井却没有明显的响应，生产井的日产液量基本保持水平。因此证明了 YAA1X66 井与 YAA1X60 井连通性好，而 YAA1X64 井与 YAA1X60 井连通性差，且生产井 YAA1X66 与注水井 YAA1X60 连通的层位为 $Es_4$4 和 $Es_4$5。

2）生产井 YAA1-53 与注水井 YAA1-6 之间的连通关系

生产井 YAA1-53 于 1989 年 11 月 1 日投产，1989 年 12 月供液不足，关井至 1995 年 3 月，1995 年 3 月补孔合采，但由于不出油，1996 年 3 月关井，然后补孔合采于 2000 年 5 月生产至今。该井的测压时间为 2011. 2. 15—2011. 2. 18，生产井段为 $Es_4$1 和 $Es_4$2。

该井的井位图如图 6-14 所示，在测试时间内，除 YAA1-6 井以外，其他井或报废或关井，都不会对测试产生干扰，只有与其相邻的注水井 YAA1-6 可能产生干扰。YAA1-6 井于

2002 年 6 月开始注水，注水层段为 $Es_4$1 和 $Es_4$2，与生产井 YAA1-53 井一致。

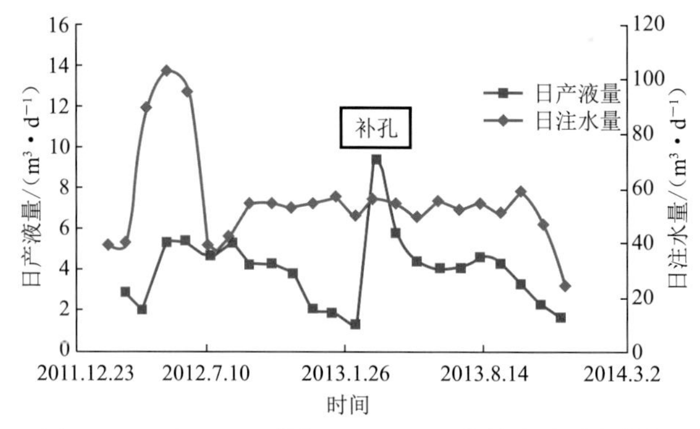

图 6-12　YAA1X66 井与 YAA1X60 井的注采对应数据

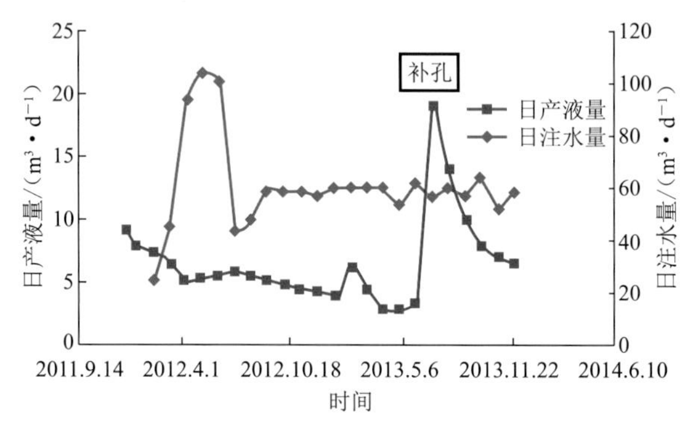

图 6-13　YAA1X64 井与 YAA1X60 井的注采对应数据

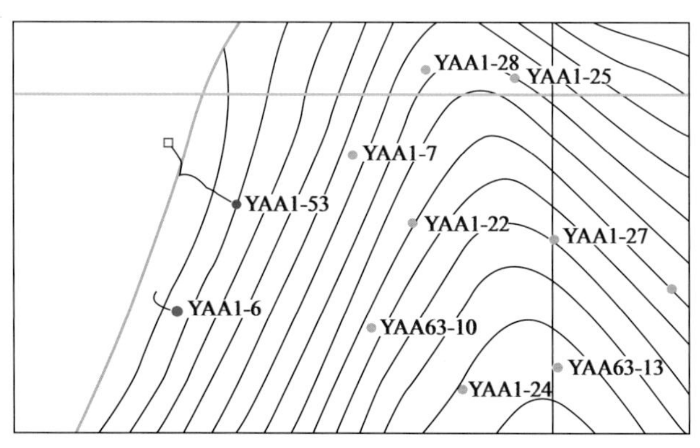

图 6-14　生产井 YAA1-53 与注水井 YAA1-6 井位图

根据测试资料绘制 YAA1-53 井压力曲线及压力导数曲线，如图 6-15 所示。由图 6-15 可知，YAA1-53 井的压力导数曲线在末期有明显的上翘特点，且上翘段斜率较大，根据理论分析和图 6-8 可以判断：YAA1-53 井和 YAA1-6 井连通性好。

进一步分析两口井的生产数据关系曲线（图 6-16），可以看出：YAA1-53 井与 YAA1-6 井有较好的协同效果，尤其在 2004 年 6 月到 2006 年 3 月这个时间段，注水井整体呈注入量增加的趋势，生产井的产量有明显的增加趋势，因此也证明了 YAA1-53 井与 YAA1-6 井连通性好，而且两井的连通层位为 $Es_4$1 和 $Es_4$2。

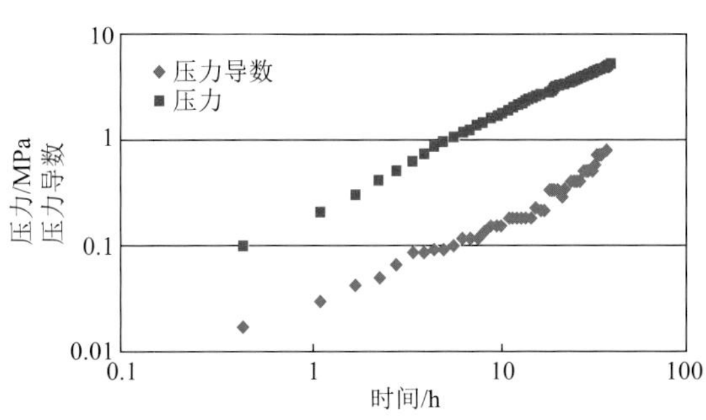

图 6-15　YAA1-53 井压力曲线与压力导数曲线

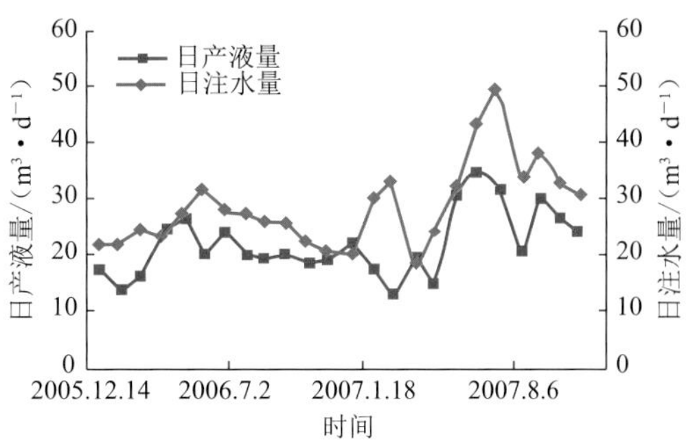

图 6-16　YAA1-53 井与 YAA1-6 井的注采对应数据

3）生产井 YAA1-43 和 YAA1-26 与注水井 YAA1-30 的连通关系

生产井 YAA1-43 于 1990 年 1 月 1 日压裂投产一直生产至今，经过多次的补孔酸化和补孔合采。该井的测压时间为 2011.12.27—2011.12.29，测压深度为2 255 m，生产层位为 $Es_4$4，$Es_4$5，$Es_4$6 和 $Es_4$7。

生产井 YAA1-26 于 1989 年 11 月 1 日投产至今，经过多次的补孔酸化和补孔合采。该井的测压时间为 2012.3.4—2012.3.6，生产层位为 $Es_4$2，$Es_4$3 和 $Es_4$4。

两口生产井的井位图如图 6-17 所示，在测试时间内，与两井可能连通的注水井只有 YAA1-30 井。YAA1-30 井于 2007 年 2 月开始注水，注水层段为 $Es_4$1，$Es_4$2，$Es_4$3，$Es_4$4 和 $Es_4$5。根据测试资料分别绘制 YAA1-43 井和 YAA1-26 井的压力曲线及压力导数曲线，如图 6-18 和图 6-19 所示。

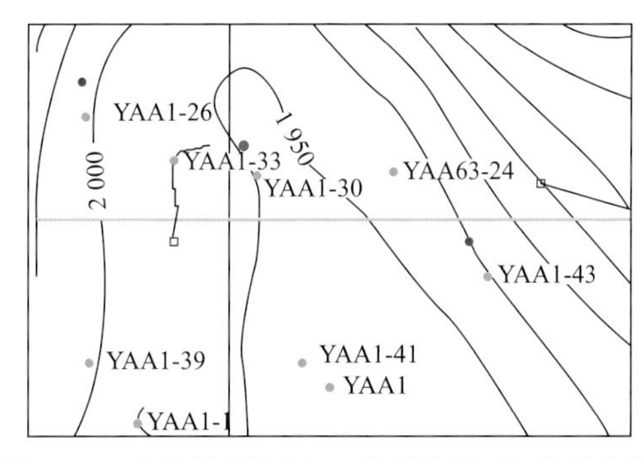

图 6-17　生产井 YAA1-43 与 YAA1-26 的井位图

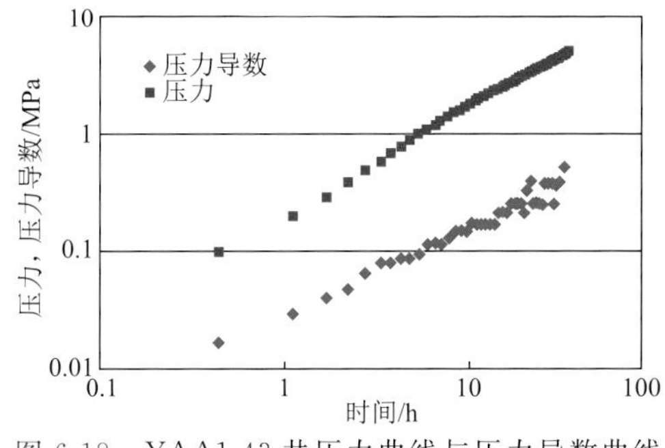

图 6-18　YAA1-43 井压力曲线与压力导数曲线

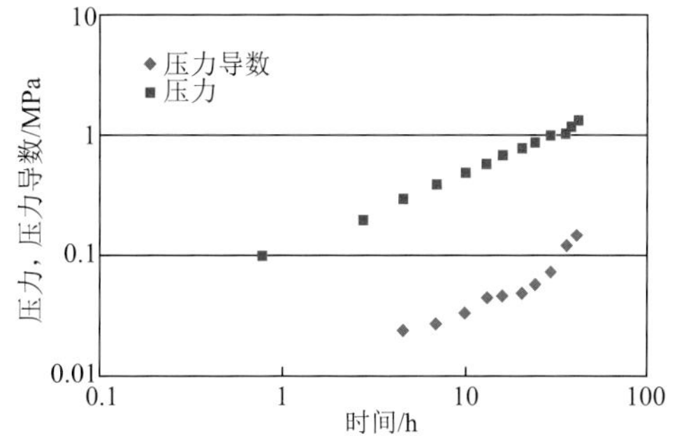

图 6-19　YAA1-26 井压力曲线与压力导数曲线

由图 6-18 和图 6-19 可知，YAA1-43 井的压力导数曲线在末期有明显的上翘特点，但上翘段斜率不大。而 YAA1-26 井由于压力变化范围非常小或者仪器精确度等问题，导致获得的压力及压力导数数据点较少，无法准确地判断出是否上翘，只能看出有微小的上翘趋势。根据理论分析和图 6-18 及图 6-19 可以判断：YAA1-43 井和 YAA1-30 井连通性好，而由于 YAA1-26 井数据点较少，只能判断有上翘的趋势，无法进行准确判断，需要采用其他判别方法进行研究。

进一步分析 3 口井的生产数据关系曲线（图 6-20 和图 6-21），从图 6-20 可以得出，2010.11—2011.4 注水井的日注水量先减少后增加，生产井的日产液量也有明显的先减少后增加的响应，YAA1-43 井与 YAA1-30 井有较好的协同效果；从图 6-21 也可以得到，2010.11—2011.9 注水井注入量与生产井的产液量有明显的协同作用，YAA1-26 井与 YAA1-30 井协同作用较好。因此，YAA1-43 井和 YAA1-30 井的连通性较好；YAA1-26 井和 YAA1-30 井的生产数据相关性较好，压力导数曲线有微小的上翘，也可认为两井连通。结合生产层位可知：YAA1-43 井和 YAA1-30 井连通，且连通层位为 $Es_4 4$ 和 $Es_4 5$；YAA1-26 井和 YAA1-30 井连通，且连通层位为 $Es_4 2$，$Es_4 3$ 和 $Es_4 4$。

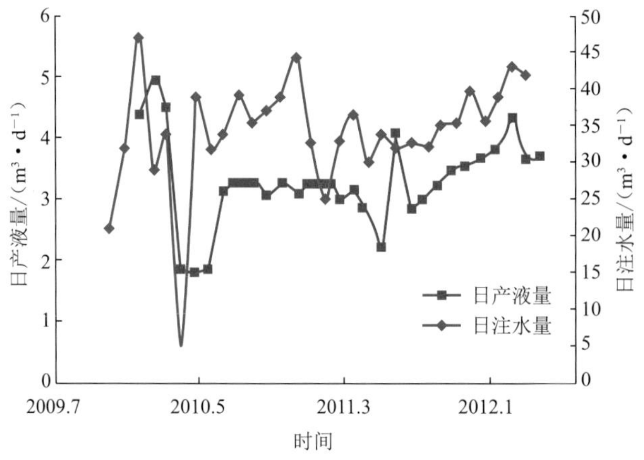

图 6-20　YAA1-43 井与 YAA1-30 井的注采对应数据

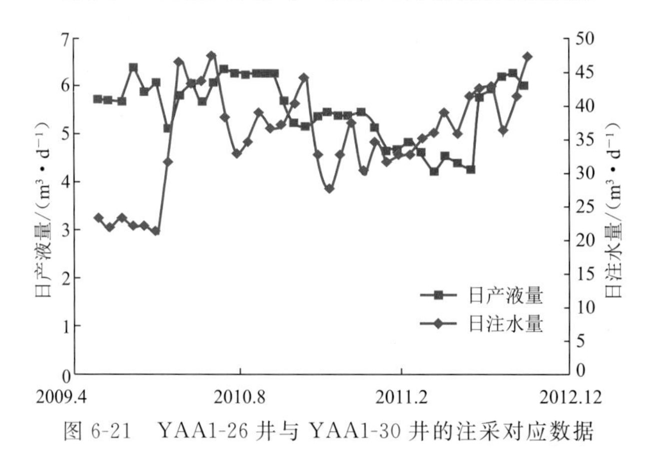

图 6-21　YAA1-26 井与 YAA1-30 井的注采对应数据

4）基于不稳定试井方法井间关系判定结果

根据以上分析可以得出：

（1）YAA1X66 井与 YAA1X60 井的连通性好，且连通层位为 $Es_4$4 和 $Es_4$5；YAA1X64 井与 YAA1X60 井连通性差。

（2）YAA1-53 井与 YAA1-6 井的连通性好，且连通层位为 $Es_4$1 和 $Es_4$2。

（3）YAA1-43 井和 YAA1-30 井连通，且连通层位为 $Es_4$4 和 $Es_4$5；YAA1-26 井和 YAA1-30 井连通，且连通层位为 $Es_4$2，$Es_4$3 和 $Es_4$4。

基于不稳定试井方法的井间关系判定结果如图 6-22 所示。

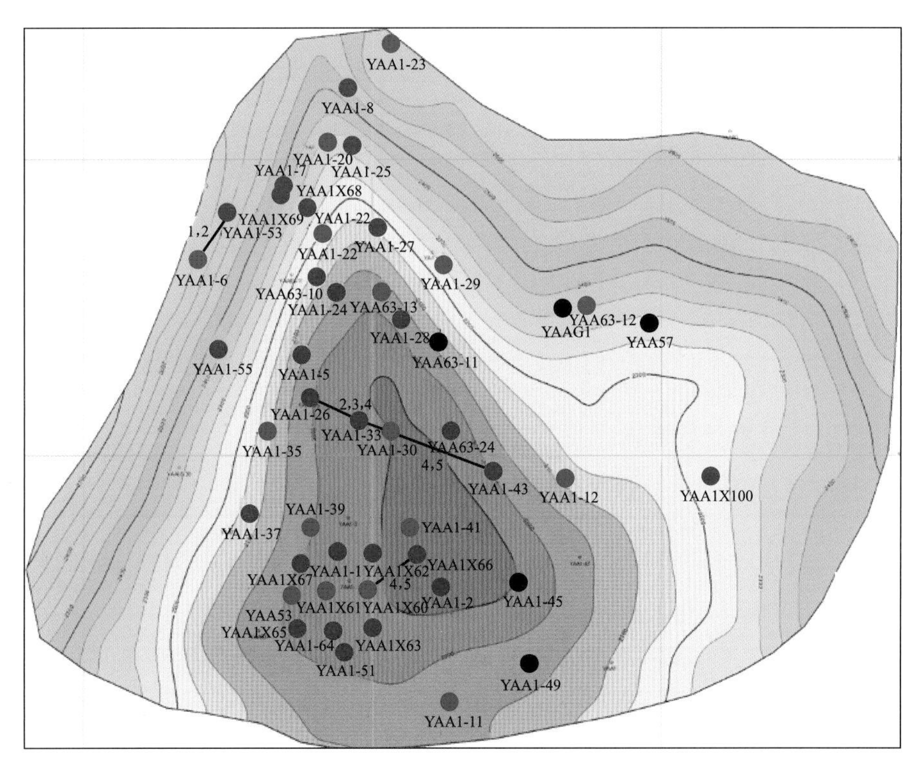

图 6-22　基于不稳定试井方法井间连通关系判定结果图

6.4　基于注采数据反演井间有效连通性

油藏是一个动力学平衡系统，水井注水量的变化引起油井产液波动是油水井层内连通的特征反映，油井产液量的波动幅度与油水井连通程度相关。

6.4.1　井间连通模型的建立

在矿场情况下，一口注水井通常对多口生产井补充能量，一口生产井通常受效于多口注水井，是典型的多对多的问题。尽管井与井之间的相互作用关系非常复杂，但是可以在合理的范围内进行简化。在生产井控制范围内，可以不考虑周围生产井对它的干扰，认为

该生产井只受周围注水井的影响(图 6-23),因此对于生产井来说,在其控制区域内,根据物质平衡原理可以得到:

$$(c_t V_p)_j \frac{d\bar{p}_j(t)}{dt} = \sum_{i=1}^{N_i} f_{ij} I_i(t) - q_j(t) \quad (6\text{-}19)$$

式中 c_t——综合压缩系数;

V_p——生产井 j 控制区域内的孔隙体积;

$\bar{p}_j$——控制体积内的平均油藏压力;

I_i——生产井 j 控制区域内第 i 口注水井的注入量;

q_j——第 j 口生产井的产液量;

f_{ij}——井间连通性系数;

N_i——生产井 j 控制区域内周围注水井总数。

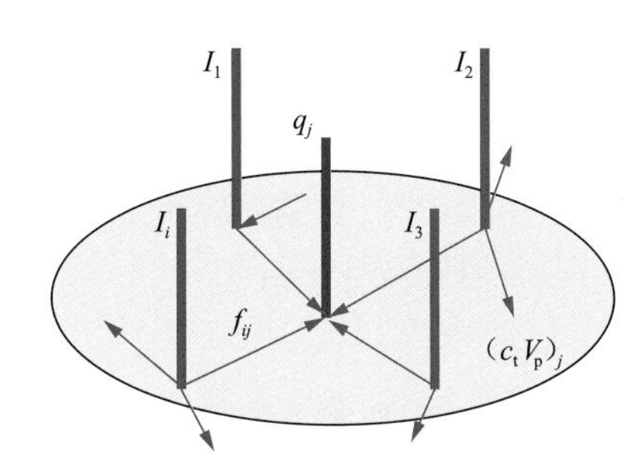

图 6-23 多注一采井间动态连通模型示意图

生产井 j 控制区域内的平均油藏压力 $\bar{p}_j$ 不容易确定,因此对于生产井 j,引入采液指数有:

$$q_j(t) = J_1[\bar{p}_j(t) - p_{wfj}(t)] \quad (6\text{-}20)$$

式中 J_1——采液指数;

p_{wfj}——j 井的井底流压。

把式(6-20)代入式(6-19)整理,消掉 $\bar{p}_j$ 后可得:

$$c_t V_p \left[\frac{1}{J_1}\frac{dq_j(t)}{dt} + \frac{dp_{wfj}(t)}{dt}\right] + q_j(t) = \sum_{i}^{N_i} f_{ij} I_i(t) + \varphi_0 \quad (6\text{-}21)$$

式中 φ_0——非平衡项,用于弥补注采不平衡。

式(6-21)即为多注一采井间动态连通模型,通过求解该模型便可获得井间动态连通系数。以往的求解方法主要是通过对式(6-21)进行积分,转化为非线性优化问题,但非线性优化问题存在多解性强和求解算法不稳定的问题。

6.4.2 井间有效连通性模型的求解方法

1)正方向求解方法

矿场情况下单井采液指数 J_1 和综合压缩系数 c_t 容易得到,在此基础上,若已知单井动用孔隙体积 V_p,则非线性优化问题便可转化为简单的多元线性回归问题,利用最小二乘法即可求得井间动态连通系数。

水驱特征曲线的适用条件为:水驱油田(或区块、单井)含水率达到一定程度,注采系统基本平衡,水驱稳定。因此,当单井含水率大于 40%时,可利用水驱特征曲线确定单井的水驱动用孔隙体积。

甲型水驱特征曲线有:

$$\lg W_p = a + bN_p \quad (6\text{-}22)$$

式中 W_p——累积产水量；

N_p——累积产油量；

a, b——无量纲常系数。

根据国内外大量的水驱油藏统计结果，得到水驱有效地质储量为：

$$N = 7.542\,2 b^{-0.969} \tag{6-23}$$

因此，单井水驱控制孔隙体积 V_p 为：

$$V_p = \frac{N}{S_{oi}} \tag{6-24}$$

式中 S_{oi}——原始含油饱和度。

对式(6-21)进行积分求解，并整理得到：

$$q_j(t_n) = q_j(t_{n-1}) e^{-\frac{t_n - t_{n-1}}{\tau_j^n}} + (1 - e^{-\frac{t_n - t_{n-1}}{\tau_j^n}}) \left(\sum_{i=1}^{N_i} f_{ij} I_i^n - J_1^n \tau_j^n \frac{p_{wfj}^n - p_{wfj}^{n-1}}{t_n - t_{n-1}} \right) \tag{6-25}$$

$$\tau_j = \frac{c_t V_p}{J_1}$$

式中 n——第 n 个时间步长。

在单井采液指数 J_1、综合压缩系数 c_t 以及单井动用孔隙体积 V_p 已知的基础上，对式(6-25)进行变形并整理得到：

$$c_t V_p \frac{p_{wfj}^n - p_{wfj}^{n-1}}{t_n - t_{n-1}} + \frac{q_j(t_n) - q_j(t_{n-1}) e^{-\frac{t_n - t_{n-1}}{\tau_j^n}}}{1 - e^{-\frac{t_n - t_{n-1}}{\tau_j^n}}} = \sum_{i=1}^{N_i} f_{ij} I_i^n + \varphi_0 \tag{6-26}$$

将式(6-26)的左边记为 $y(t)$，整理成矩阵形式，得：

$$\begin{bmatrix} 1 & I_1(t_1) & I_2(t_1) \cdots I_{N_i}(t_1) \\ 1 & I_1(t_2) & I_2(t_2) \cdots I_{N_i}(t_2) \\ & \vdots & \vdots \quad\quad \vdots \\ 1 & I_1(t_n) & I_2(t_n) \cdots I_{N_i}(t_n) \end{bmatrix} \begin{bmatrix} \varphi_0 \\ f_{1j} \\ f_{2j} \\ \vdots \\ f_{N_i j} \end{bmatrix} = \begin{bmatrix} y(t_1) \\ y(t_2) \\ \vdots \\ y(t_n) \end{bmatrix} \tag{6-27}$$

式(6-27)简记为 $\boldsymbol{Ax} = \boldsymbol{b}$，其最小二乘解为 $\boldsymbol{x} = (\boldsymbol{A}^T \boldsymbol{A})^{-1} \boldsymbol{A}^T \boldsymbol{b}$。

综上所述，根据甲型水驱特征曲线求得单井控制的孔隙体积 V_p，结合其他已知参数（单井采液指数 J_1 和综合压缩系数 c_t），代入井间动态连通模型，即可转化为多元线性回归问题，从而利用最小二乘方法求得井间动态连通系数。

2) 反方向求解方法

利用有限差分的思想，对式(6-21)中的导数用差商代替，即

$$\frac{dq_j(t_{n+1})}{dt} = \frac{q_j(t_{n+1}) - q_j(t_n)}{t_{n+1} - t_n} \tag{6-28}$$

$$\frac{dp_{wfj}(t_{n+1})}{dt} = \frac{p_{wfj}(t_{n+1}) - p_{wfj}(t_n)}{t_{n+1} - t_n} \tag{6-29}$$

将式(6-28)和式(6-29)代入式(6-21)，整理写成矩阵的形式为：

$$\begin{bmatrix} 1 & I_1(t_1) & I_2(t_1) & \cdots & I_{N_i}(t_1) \\ 1 & I_1(t_2) & I_2(t_2) & \cdots & I_{N_i}(t_2) \\ \vdots & \vdots & \vdots & & \vdots \\ 1 & I_1(t_n) & I_2(t_n) & \cdots & I_{N_i}(t_n) \end{bmatrix} \begin{bmatrix} \varphi_0 \\ f_{1j} \\ f_{2j} \\ \vdots \\ f_{N_ij} \end{bmatrix} + \begin{bmatrix} -\dfrac{\mathrm{d}p_{\mathrm{wf}j}(t_1)}{\mathrm{d}t} & -\dfrac{\mathrm{d}q_j(t_1)}{\mathrm{d}t} \\ -\dfrac{\mathrm{d}p_{\mathrm{wf}j}(t_2)}{\mathrm{d}t} & -\dfrac{\mathrm{d}q_j(t_2)}{\mathrm{d}t} \\ \vdots & \\ -\dfrac{\mathrm{d}p_{\mathrm{wf}j}(t_n)}{\mathrm{d}t} & -\dfrac{\mathrm{d}q_j(t_n)}{\mathrm{d}t} \end{bmatrix} \begin{bmatrix} c_{\mathrm{t}}V_{\mathrm{p}} \\ \dfrac{c_{\mathrm{t}}V_{\mathrm{p}}}{J_1} \end{bmatrix} = \begin{bmatrix} q_j(t_1) \\ q_j(t_2) \\ \vdots \\ q_j(t_n) \end{bmatrix} \tag{6-30}$$

由式(6-30)可知,不进行积分求解而直接用差商代替导数也可将原先非线性优化问题转化为多元线性回归问题,然后通过最小二乘方法即可求解得到井间动态连通系数,相对于正方向求解算法,反方向求解方法需要拟合的变量更多,对生产动态数据的数量和质量的要求也更高。

6.4.3 井间连通性模型求解的具体步骤

1）非物理解的处理(井间动态连通系数存在负值)

对于最小二乘拟合问题,当两井之间的连通性很差时,利用注采数据反演井间连通性方法时,拟合结果会出现负值。但是对于实际物理模型来讲,负值解表明两井之间注采数据存在负相关关系,这种结果没有本质的物理意义,应当舍去,即对应的两井不连通。为了得到准确的解释结果,需要对该模型进行二次拟合,即将初次拟合结果为负值的井间动态连通系数设置为0,然后进行二次拟合,如果二次拟合之后还存在负值解,那么重复上一步,直至动态连通系数都在合理的取值范围(0～1)之内。

2）油水井生产制度改变问题的处理

实际矿场生产情况下,注水井和生产井的工作制度都会或多或少地发生改变,而生产制度的改变会造成井间动态连通系数发生变化,也就是说井间动态连通系数不是定值,该问题是此模型存在的本质问题,也是制约此模型广泛推广的原因。挑选合适时间段的注采数据对于能否准确求解井间连通系数至关重要。

目前的研究表明:注水井对井间动态连通系数的影响不大,除去改层、补孔等情况,注水井注水量的突变(开井、关井、作业等)对井间动态连通系数的影响可以忽略不计,因此挑选注水井没有进行改层时的生产阶段。生产井的开关井对于井间连通系数影响很大,需要进行进一步的处理。如果生产井采取作业、关井等措施,则应当去掉相应的数据点,具体的做法如图 6-24 所示。蓝色点为有效数据点,红色点为需要剔除的数据点。由式(6-18)可知,红色点位置前后的数据点都无法求出对应的产量随时间的变化率$\dfrac{\mathrm{d}q}{\mathrm{d}t}$,而可求出的点用蓝色标记,因此,只需挑选蓝色点的值以及对应的时间点的注采数据(即图 6-24 中后 3 行数据点),将其代入井间连通模型进行求解,剔除生产制度变化产生的影响。

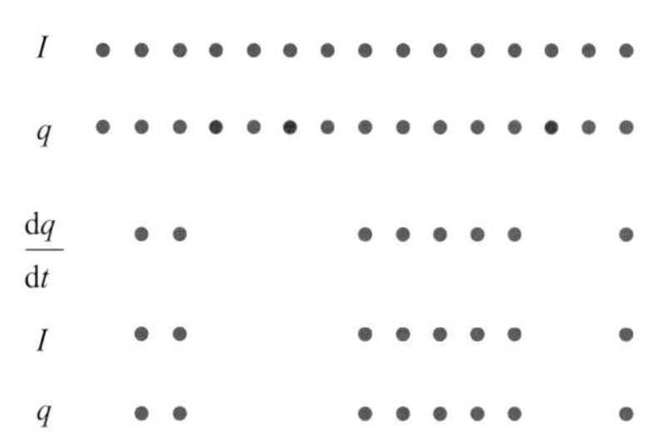

图 6-24　生产制度改变问题的处理示意图

3）井间连通性模型求解的具体步骤

井间连通性模型的具体求解步骤如下：

(1) 在一个区块中，存在多口注水井和多口生产井，以生产井为中心，依次挑选需要进行研究的多注一采的井组(图 6-23)，此井组范围一般限定在 500 m 以内的所有注水井以及中心生产井；

(2) 挑选注水井和生产井都没有改层、补孔和上返情况的时间段，最好挑选生产井产量比较稳定的时间段；

(3) 对生产井关井、作业等情况的时间点按照 2)的处理方法剔除无效点，代入井间连通性模型进行初拟合；

(4) 初拟合出现负值时，将负值设为 0，或者直接剔除该井组内负值对应的注水井，进行二次拟合，如果仍存在负值，则重复此过程，直至负值消失，最终得到该井组内的井间动态连通系数；

(5) 重复上述步骤，直至所有以注水井为中心的多注一采井组均完成拟合，根据最终拟合结果得到各井之间的井间连通系数和对应的井间连通图。

6.4.4　模型验证

1）模型验证 1

利用油藏数值模拟软件 ECLIPSE 建立简单的均质模型 A，其井位分布如图 6-25 所示。网格大小为 30×30×5，x，y 和 z 方向上的渗透率均为 50×10^{-3} μm^2，孔隙度为 0.2，油相黏度为 5 mPa·s，水相黏度为 0.5 mPa·s，油水黏度比为 10∶1。注水井的注水量进行随机改变，生产井定压生产，对应的生产动态数据如图 6-26 所示，模型运行结果如图 6-27 所示。

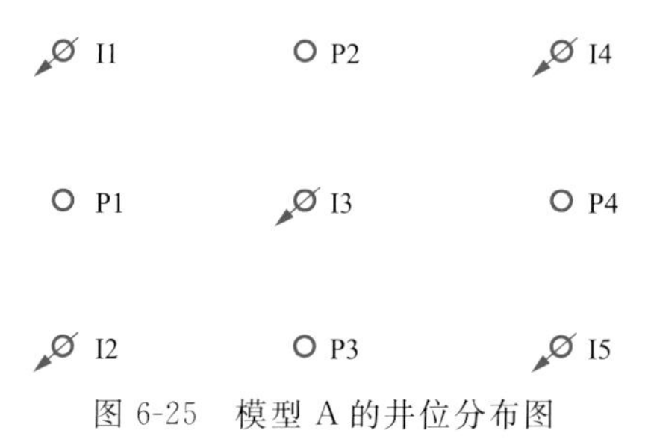

图 6-25　模型 A 的井位分布图

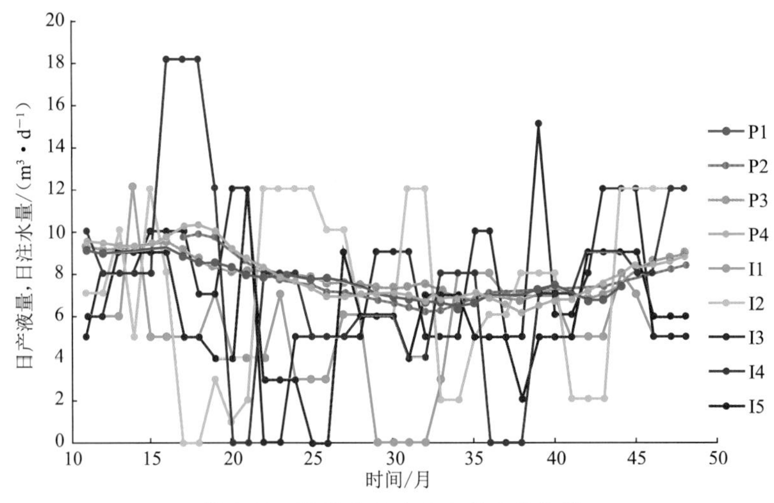

图 6-26　模型 A 油水井生产动态数据

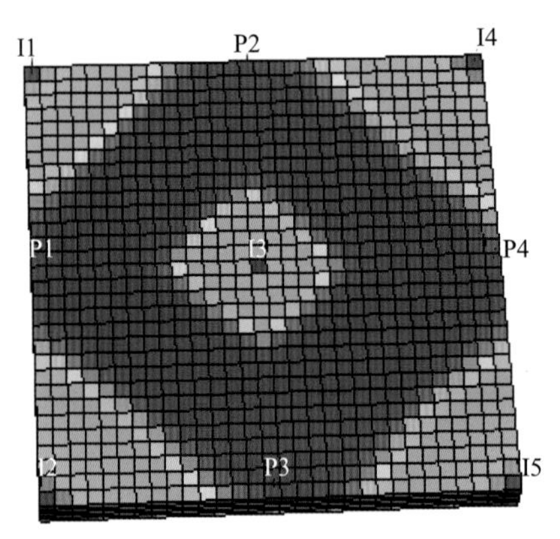

图 6-27　模型 A 的运行结果

利用上述井间连通性模型和具体的求解方法，拟合得到每口井之间的井间动态连通系数，如表 6-2 所示。

表 6-2　模型 A 的井间动态连通系数

注水井＼生产井	P1	P2	P3	P4
I1	0.42	0.39	0.13	0.12
I2	0.36	0.09	0.40	0.10
I3	0.24	0.25	0.22	0.22
I4	0.09	0.37	0.09	0.41
I5	0.05	0.04	0.31	0.29

依据井间动态连通系数的大小和注采井的对应关系，可以进一步画出对应的井间连通图，如图 6-28 所示。

2）模型验证 2

为了进一步验证模型的适用性，在模型 A 的基础上，将模型 y 方向渗透率改为 x 方向渗透率的 0.1，即模型 B 的 $k_x = 50 \times 10^{-3}\ \mu m^2$，$k_y = 5 \times 10^{-3}\ \mu m^2$。注水井的注水量进行随机改变，生产井定压生产，模型运行结果如图 6-29 所示。

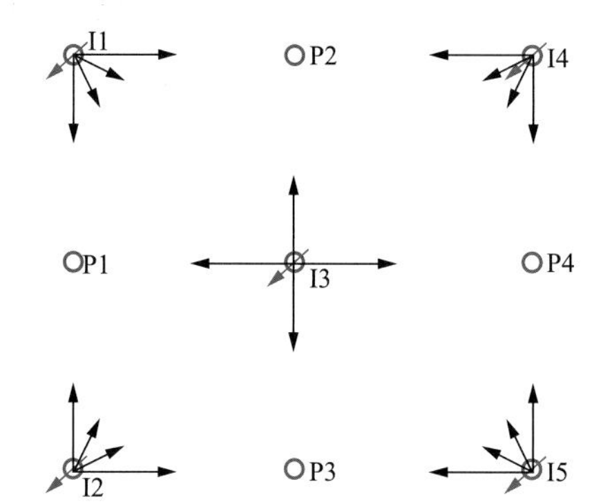

图 6-28　模型 A 对应的井间有效连通性的解释结果

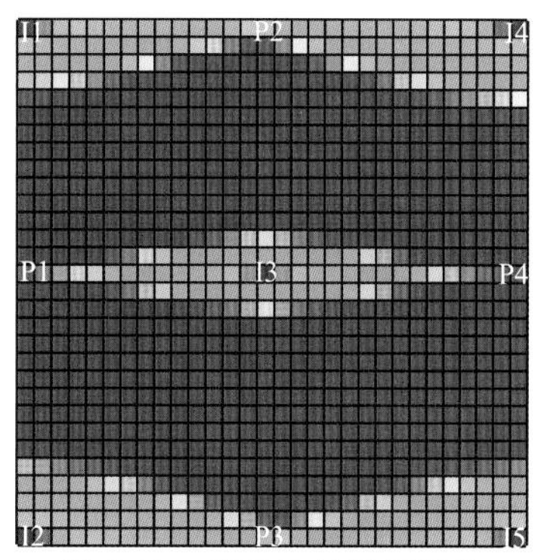

图 6-29　模型 B 的运行结果

同样，利用上述井间连通性模型和具体的求解方法，拟合得到每口井之间的井间动态连通系数，如表 6-3 所示。

表 6-3　模型 B 的井间动态连通系数表

注水井＼生产井	P1	P2	P3	P4
I1	0.15	0.63	0.10	0.14
I2	0.09	0.10	0.66	0.09
I3	0.40	0.14	0.16	0.39
I4	0.15	0.60	0.05	0.16
I5	0.06	0.07	0.58	0.07

同样，根据井间动态连通系数的大小和注采井的对应关系，可以进一步画出对应的井间连通图，如图 6-30 所示。

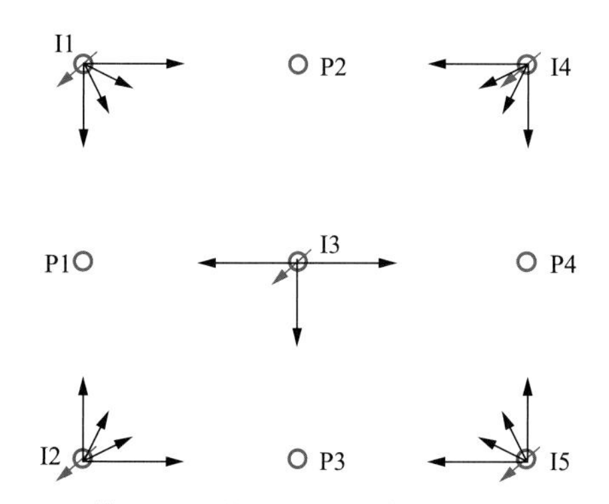

图 6-30　模型 B 对应的井间有效连通性的解释结果

3）模型验证3

在模型A的基础上，在y方向的第10个网格位置处增加一条低渗透条带，低渗透条带的渗透率为$k_x = 1 \times 10^{-3}\ \mu m^2$，调整后的模型即为模型C，对应的渗透率分布图如图6-31所示，注水井注入量进行随机的改变，生产井定压生产，模型运行结果如图6-32所示。

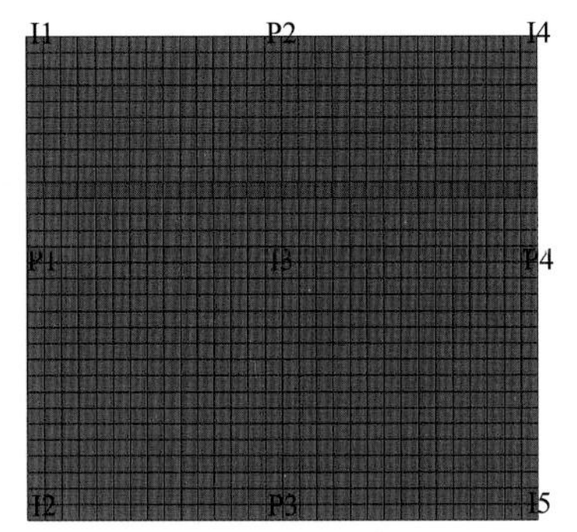

图6-31　模型C的低渗透条带位置分布图

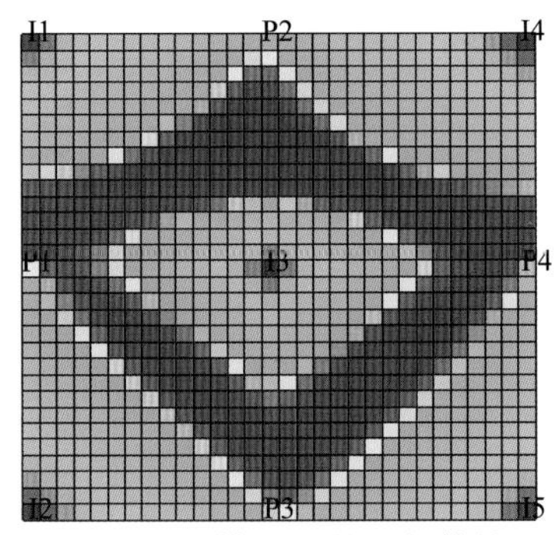

图6-32　模型C的运行结果

同样，利用上述井间连通性模型和具体的求解方法，拟合得到每口井之间的井间动态连通系数，如表6-4所示。

表6-4　模型C的井间连通系数表

注水井＼生产井	P1	P2	P3	P4
I1	0.09	0.75	0.05	0.00
I2	0.44	0.07	0.43	0.11
I3	0.29	0.05	0.27	0.28
I4	0.06	0.61	0.04	0.10
I5	0.08	0.00	0.36	0.46

同样，根据井间动态连通系数的大小和注采井的对应关系，可以进一步画出对应的井间连通图，如图6-33所示。

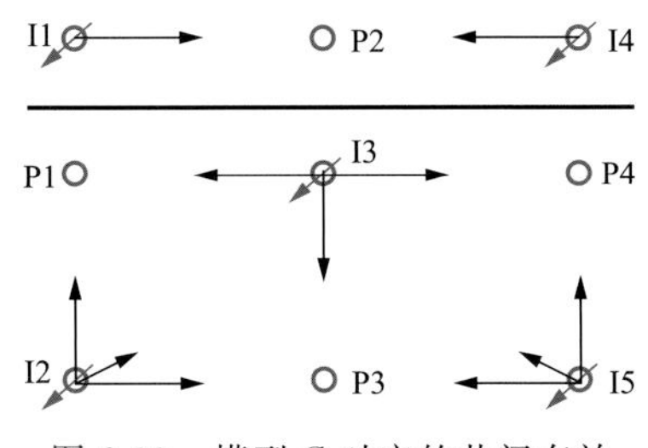

图6-33　模型C对应的井间有效连通性的解释结果

综上所述，本次研究所提出的井间有效性判定模型和求解方法能够很好地反映储层物性的分布情况。该模型适用于非均质性严重的砂砾岩油藏，可以准确有效地判定砂砾岩油藏的井间动态连通关系，深化对储层的地质认识，指导下一步的开发决策。

6.4.5　注采数据反演永1块砂砾岩油藏井间有效连通性

根据上述方法，对永1块砂砾岩油藏所有井进行处理，以生产井为研究中心，在每个研究井组内，筛选合理的生产时间段，利用井间动态连通性模型求解连通系数，结合注采层位的对应关系，最终可以获得永1块砂砾岩油藏井间连通表（表6-5）和井间连通图（图6-34）。

表 6-5　永 1 块砂砾岩油藏基于注采数据反演方法确定的井间连通表

注水井	生产井	$Es_4$1	$Es_4$2	$Es_4$3	$Es_4$4	$Es_4$5
YAA1-6	YAA1-7	√	√			
YAA1-6	YAA1-53	√	√			
YAA1-20	YAA1-8	√	√			
YAA1-22	YAA1-7	√	√			
YAA1-22	YAA1-53	√	√			
YAA1-22	YAA1-25			√		
YAA1-22	YAA1-27			√		
YAA1-22	YAA1-5	√	√	√		
YAA1-22	YAA1-24	√	√			
YAA63-13	YAA1-24			√		
YAA63-13	YAA1-27			√		
YAA63-13	YAA1-28				√	
YAA1-35	YAA1-33				√	
YAA1-35	YAA1-37				√	
YAA1-30	YAA1-24	√	√	√		
YAA1-30	YAA1-28				√	
YAA1-30	YAA1-26		√	√	√	
YAA1-30	YAA1-5	√	√	√		
YAA1-30	YAA1-1				√	√
YAA1-30	YAA1-43				√	√

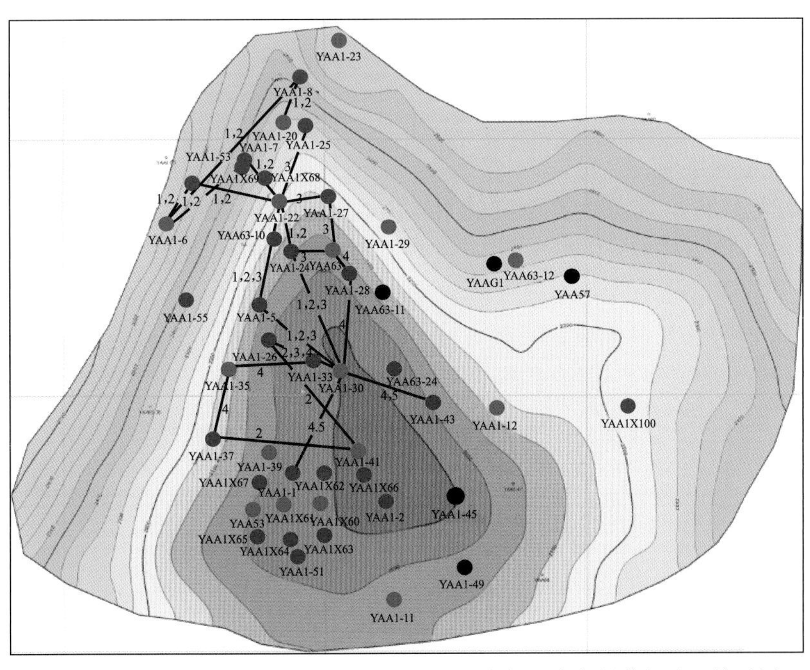

图 6-34　永 1 块砂砾岩油藏基于注采数据反演方法确定的井间连通关系图

6.5 永 1 块砂砾岩油藏井间有效连通性的确定

6.5.1 注采数据反演结果与试井解释结果的对比与验证

综合干扰试井的解释结果与不稳定试井的解释结果，得到永 1 块砂砾岩油藏基于试井类方法确定的井间连通图，如图 6-35 所示。

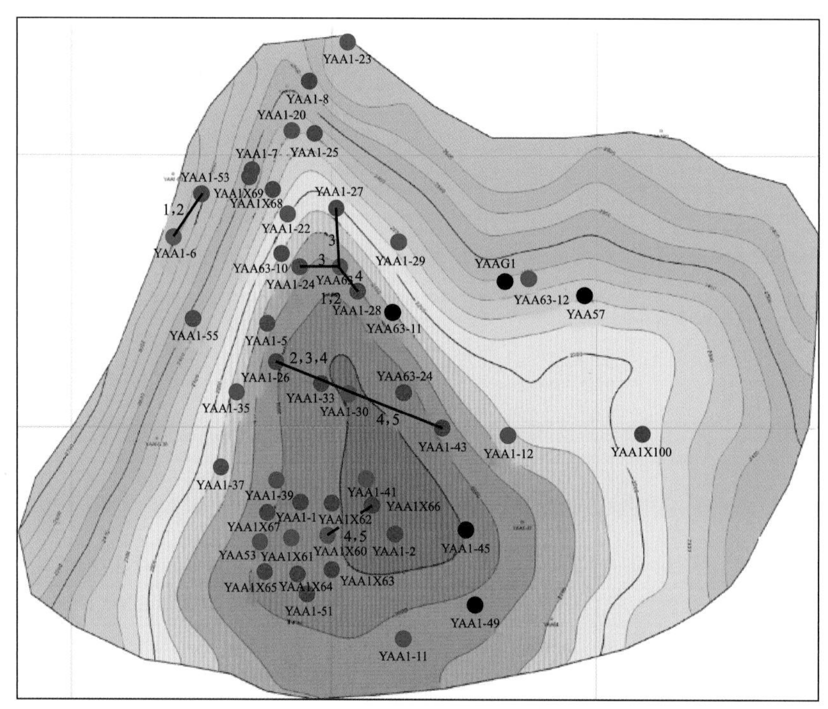

图 6-35　永 1 块砂砾岩油藏基于试井类方法确定的井间连通图

利用注采数据反演方法时，由于注采数据的质量受限，导致一些井的连通系数无法解释出来，但既有解释结果与试井解释结果均具有很好的吻合度。例如，YAA1-53 井与 YAA1-6 井连通；YAA1-43 井和 YAA1-30 井有很好的连通性，如图 6-34 和图 6-35 所示。以上结果证明了所提出方法的有效性及解释结果的可靠性。

结合试井类方法和注采数据反演方法，最终可以得到永 1 块砂砾岩油藏井间有效连通表(表 6-6)和井间有效连通图(图 6-36)。

表 6-6　永 1 块砂砾岩油藏井间有效连通表

注水井	生产井	$Es_4 1$	$Es_4 2$	$Es_4 3$	$Es_4 4$	$Es_4 5$
YAA1-6	YAA1-7	√	√			
YAA1-6	YAA1-53	√	√			
YAA1-20	YAA1-8	√	√			
YAA1-22	YAA1-7	√	√			

续表

注水井	生产井	$Es_4 1$	$Es_4 2$	$Es_4 3$	$Es_4 4$	$Es_4 5$
YAA1-22	YAA1-53	√	√			
YAA1-22	YAA1-25			√		
YAA1-22	YAA1-27			√		
YAA1-22	YAA1-5	√	√	√		
YAA1-22	YAA1-24	√	√			
YAA63-13	YAA1-24			√		
YAA63-13	YAA1-27			√		
YAA63-13	YAA1-28				√	
YAA1-35	YAA1-33				√	
YAA1-35	YAA1-37				√	
YAA1-30	YAA1-24	√	√	√		
YAA1-30	YAA1-28				√	
YAA1-30	YAA1-26		√	√	√	
YAA1-30	YAA1-5	√	√	√		
YAA1-30	YAA1-1				√	√
YAA1-30	YAA1-43				√	√
YAAX60	YAAX66				√	√

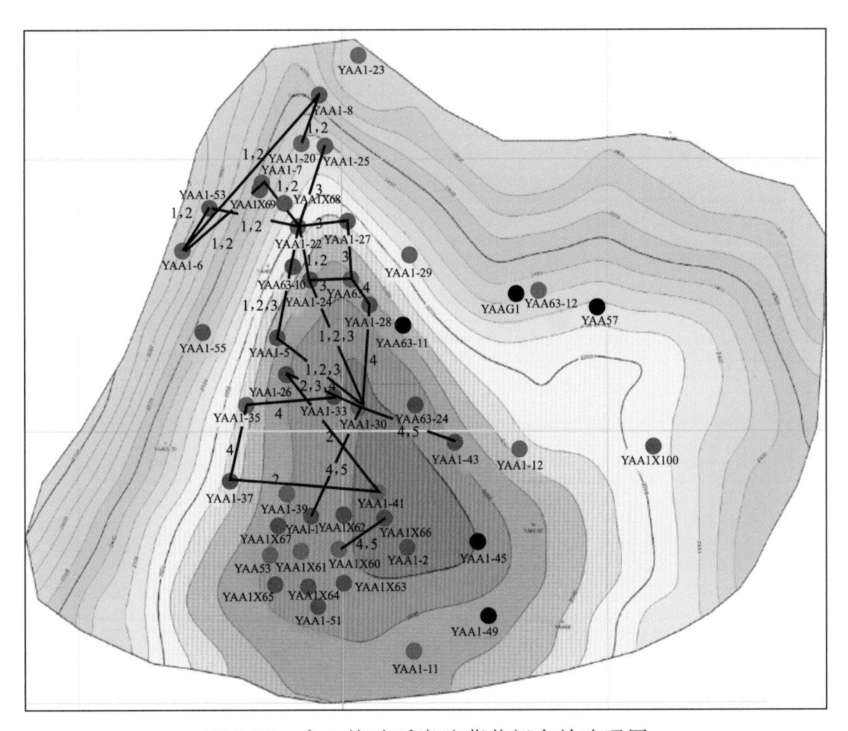

图 6-36　永 1 块砂砾岩油藏井间有效连通图

6.5.2 永1块砂砾岩油藏分层有效连通体的确定

地质研究是油气田开发的基础。在油藏描述的基础上，结合动态解释结果，可以对地质解释结果进行校对和提升。永1块砂砾岩油藏已经开展了一系列的地质研究工作，但砂砾岩油藏的非均质性严重，所得的地质解释结果不确定性高，因此需要与开发动态数据的解释结果相互对比、相互验证。地质工作人员在已知储层类型和沉积背景的基础上，控制结合沉积微相和地震属性，对全区8个砂组的有效储层连通体分布进行了预测。

结合试井类方法与注采数据反演的解释结果图(图6-36)，对每个层的动态解释结果与地质解释结果逐一进行对比和验证。以YAA1-6井与YAA1-7井、YAA1-53井的连通关系为例，生产动态的解释结果为YAA1-6井与YAA1-7井、YAA1-53井的连通层位为$Es_4$1和$Es_4$2(表6-6)。通过与地质解释结果进行对比可知，在沙$Es_4$1上，YAA1-6井与YAA1-7井、YAA1-53井连通；而在$Es_4$2上，YAA1-6井与YAA1-7井、YAA1-53井不连通。同样对所有井所有层位进行对比和验证，最终给出了永1块砂砾岩油藏分层连通体分布图。具体的分层井间有效连通表如表6-7所示。

表6-7　永1块砂砾岩油藏井间有效连通表

注水井	生产井	$Es_4$1	$Es_4$2	$Es_4$3	$Es_4$4	$Es_4$5
YAA1-6	YAA1-7	√				
YAA1-6	YAA1-53	√				
YAA1-20	YAA1-8		√			
YAA1-22	YAA1-7	√	√			
YAA1-22	YAA1-53	√	√			
YAA1-22	YAA1-25			√		
YAA1-22	YAA1-27			√		
YAA1-22	YAA1-5	√	√	√		
YAA1-22	YAA1-24		√			
YAA63-13	YAA1-24			√		
YAA63-13	YAA1-27			√		
YAA63-13	YAA1-28				√	
YAA1-35	YAA1-33				√	
YAA1-35	YAA1-37				√	
YAA1-30	YAA1-24		√	√		
YAA1-30	YAA1-28				√	
YAA1-30	YAA1-26		√	√	√	
YAA1-30	YAA1-5		√	√		
YAA1-30	YAA1-1				√	√
YAA1-30	YAA1-43				√	√
YAAX60	YAAX66					√

第7章

砂砾岩油藏注采井网合理配置

永1块沙四段砂砾岩油藏第1套、第2套砂砾岩体均呈背斜形态的隆起，内部多期砂砾岩叠置，与上覆地层呈不整合接触，各期次砂砾岩体呈背斜或单斜形态，各期次叠合性较差。

永1块沙四段第1套砂砾岩体平均孔隙度为15%，平均渗透率为$35\times10^{-3}\ \mu m^2$；由于钻遇第2套砂砾岩体的井较少，无取心井资料，第2套砂砾岩体储层物性参数参考与其深度相当的永921块沙四段砂砾岩体物性参数，即孔隙度11.4%，渗透率$10\times10^{-3}\ \mu m^2$。

目前第1套砂砾岩体已形成一定规模的注采井网，以不规则注采井网为主；第2套基本没有形成注采井网，井网对储量的控制程度非常低。

以永1块砂砾岩油藏的储层地质特征为基础，充分利用现有的动态监测资料和生产数据，研究适用于永1块砂砾岩油藏的注采井网配置优化方法，确定永1块砂砾岩油藏的合理井距及注采井网配置，为制定高效开发措施提供依据。

7.1 永1块砂砾岩油藏典型井组生产特征及影响因素

考虑储层非均质性、物源方向、裂缝发育方向、层间物性差异等，评价不同井组开发效果，总结井网部署特征，分析井网与储层的适应性。

7.1.1 永1块产能特征

永1块沙四段第1套砂砾岩体产能比第2套砂砾岩体相对较好，初期产量相对较高，各期次的基本产能特征如表7-1所示。

表 7-1　永 1 块沙四段第 1 套砂砾岩体产能评价表

期　次	面积/km^2	有效厚度/m	储量/(10^4 t)	渗透率/(10^{-3} μm^2)	自然产能/(t·d^{-1})
1	2.5	20	298	45	14.8
2	0.85	7	36	39	5.5
3	2.5	17	254	35	9.6
4	2.7	15	242	21	7.0

平面上，永 1 块油井具备一定的自然产能，但单井产液、产油能力有差异，且油井自然产能普遍较低，米采油指数在 0.02～0.08 t/(d·MPa·m)之间(表 7-2)。

表 7-2　永 1 块部分井自然产能统计表

井　号	层　位	生产厚度/m	日产油/(t·d^{-1})	生产压差/MPa	米采油指数/(t·d^{-1}·MPa^{-1}·m^{-1})	备　注
YAA63-11	$Es_4$4	16.8	9.3	10	0.06	自然产能
YAA63-13	$Es_4$4	20.3	6.2	16	0.02	自然产能
YAA1-1	$Es_4$3	19.2	8.6	12	0.04	自然产能
$Es_4$3—4小计(平均值)		18.8	8.0	12.7	0.04	
YAA1-2	$Es_4$1,$Es_4$2	18.4	18.0	12	0.08	自然产能
YAA1-55	$Es_4$1	35.2	12.6	12	0.03	自然产能
$Es_4$1—2小计(平均值)		24.1	12.9	12.2	0.06	

针对永 1 块物性差、自然产能低的特点，采取整体压裂措施，解决区块“采不出”的问题。统计部分压裂井生产数据(表 7-3)，结果表明：压裂后，$Es_4$1—2 的米采油指数由 0.06 t/(d·MPa·m)增加至 0.16 t/(d·MPa·m)，增产 1.7 倍；$Es_4$3—4 的米采油指数由 0.04 t/(d·MPa·m)增加至 0.13 t/(d·MPa·m)，增产 2.25 倍，增产效果明显，证明压裂是解决永 1 块自然产能低的有效措施。

表 7-3　永 1 块部分井压裂产能统计表

井　号	层　位	生产厚度/m	日产油/(t·d^{-1})	生产压差/MPa	米采油指数/(t·d^{-1}·MPa^{-1}·m^{-1})	备　注
YAA1-30	$Es_4$4	14.0	20.0	12.1	0.12	压裂产能
YAA63-11	$Es_4$3	12.4	17.7	9.5	0.15	压裂产能
$Es_4$3—4小计		13.2	18.9	10.8	0.13	
YAA1-37	$Es_4$1	13.0	33.3	16.0	0.16	压裂产能
$Es_4$1 小计		13.0	33.3	16.0	0.16	

7.1.2　永 1 块产能影响因素研究

1）注采井连线方向对产能的影响

永 1 块北部地区地应力呈南北分布，其他地区近东西向。受地应力影响，永 1 块生产井具有显著的方向性特征，统计各井产能特征，如表 7-4 所示。

表 7-4　永 1 块井生产特征

注采井连线与地应力方向	注采井距/m	产液量/($m^3 \cdot d^{-1}$)	井　数
平　行	150～300	水线急剧推进	4
斜　交	150～250	＞5，保持稳定	10
	250～350	2～5，间开生产	9
	＞350	＜2，停产	6

当注采井连线与地应力方向平行时，油井水线急剧推进，造成暴性水淹。当注采井连线与地应力方向斜交时，油井产液量与注采井距显著相关：注采井距为 150～250 m 时，油井保持稳产（5 m^3/d 以上）；注采井距为 250～350 m 时，油井产液量为 2～5 m^3/d，供给压力不足，导致油井只能间开生产；注采井距大于 350 m 时，油井产液量小于 2 m^3/d，最终停产。

永 1 块不规则井网注采总体特点表现出以下两个特征：

（1）水淹具有明显的方向性，水淹按主应力方向推进，因此井网部署时应避免注采井连线与地应力方向平行。

（2）注采井距大小影响油井产能。注采井距 150～250 m 时油井生产稳定，大于 250 m 时则注不进、采不出，注采矛盾突出，因此区块合理注采井距为 150～250 m。

2）储层非均质对产能的影响

$Es_4 1_4$ 层系部署近五点法实验井组 YAA1X60，以注水井 YAA1X60 为中心，周围部署油井 YAA1-1，YAA1X64 和 YAA1X66，试验井组井位如图 7-1 所示。

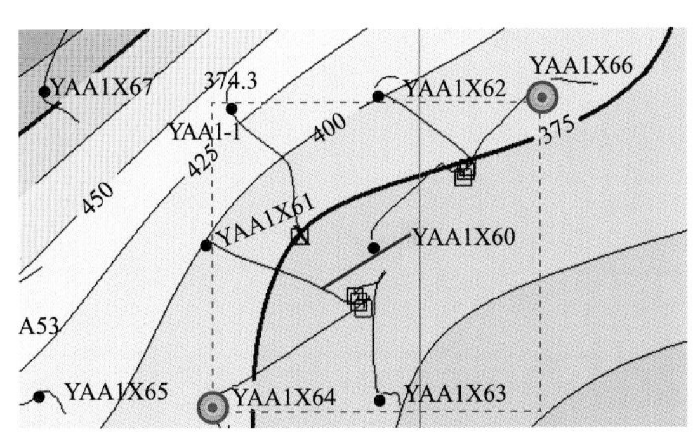

图 7-1　YAA1X60 试验井组井位图

YAA1X64 井和 YAA1X66 井注采井连线与地应力方向相同，且注采井距相同，但两井产能差异很大：YAA1X64 井产油、产液能力均约为 YAA1X66 井的 2.7 倍（表 7-5）。

表 7-5　YAA1X60 井组产能统计

井　号	日油能力/$(t \cdot d^{-1})$	日液能力/$(m^3 \cdot d^{-1})$	开始生产时间
YAA1X64	4.3	6.0	2011.12
YAA1X66	1.6	2.3	2011.11

进一步分析两井产能差异原因，YAA1X64 井附近物性明显优于 YAA1X66 井，表明油井产量受储层物性影响显著。永 1 块平面储层变化快，非均质严重，要使油井高产稳产，井网部署时必须考虑储层非均质特点。

7.2　注采井间动用程度计算方法及影响因素

7.2.1　均质储层注采井间动用程度研究

1）计算方法

假设储层为油水两相渗流，当油水两相稳定渗流时，对于油相有：

$$\nabla \cdot \left[\frac{kk_{ro}(S_w)}{\mu_o}\nabla p\right]=0 \tag{7-1}$$

对于水相有：

$$\nabla \cdot \left[\frac{kk_{rw}(S_w)}{\mu_w}\nabla p\right]=0 \tag{7-2}$$

式中　k——储层绝对渗透率，$10^{-3}\ \mu m^2$；

k_{ro}, k_{rw}——油、水相相对渗透率，小数；

μ_o, μ_w——油、水相黏度，mPa・s；

S_w——含水饱和度，小数；

∇p——压力梯度，MPa/m。

由此得到油水两相稳定渗流时的综合微分方程：

$$\nabla \cdot \left\{k\left[\frac{k_{rw}(S_w)}{\mu_w}+\frac{k_{ro}(S_w)}{\mu_o}\right]\nabla p\right\}=0 \tag{7-3}$$

定义视流度 λ_t 和拟势 Φ：

$$\lambda_t=\left[\frac{k_{rw}(S_w)}{\mu_w}+\frac{k_{ro}(S_w)}{\mu_o}\right]^{-1} \tag{7-4}$$

$$\Phi=k\lambda_t(p-Gd)+C \tag{7-5}$$

式中　G——压力梯度，MPa/m；

d——井距，m；

C——常数。

变量 Φ 满足 Laplace 方程，则有：

$$\nabla^2\Phi=0 \tag{7-6}$$

设注采井主流线上任意点 M，距离油井 r，注采井距 d，则注采井间 M 点的势为：

$$\Phi_M = \frac{q}{2\pi}\ln\frac{r}{d-r} + C = k\lambda_t(p - Gd) + C \tag{7-7}$$

注采井间的压力梯度为：

$$\frac{\partial p}{\partial r} = \frac{q}{2\pi\lambda_t kh}\frac{d}{r(d-r)} \tag{7-8}$$

根据注采井间的压力梯度，即可得到注采井间动用的难易程度。井间压力梯度与视流度相关，视流度是油藏及流体性质的体现，由永 1 块性质决定。

对永 1 块 10 块岩心的相渗曲线进行归一化处理，得到该区块的归一化相渗曲线(图 7-2)，进一步由相渗曲线得到不同含水饱和度下的视流度(图 7-3)。

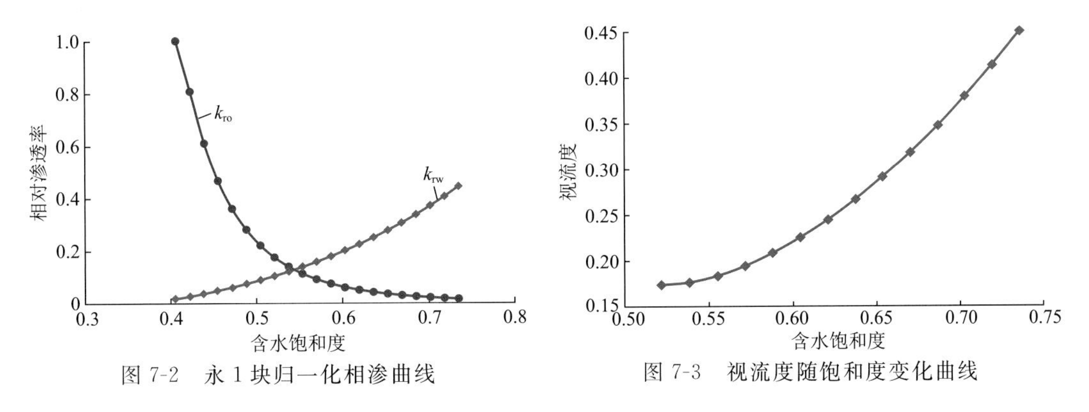

图 7-2　永 1 块归一化相渗曲线　　图 7-3　视流度随饱和度变化曲线

2) 影响因素

地质储层注采井间动用程度的影响因素主要有地质因素和开发因素，地质因素主要包括储层渗透率、储层厚度及地层平均含水饱和度(视流度)等；开发因素主要包括注采井距、注采压差等，因此主要研究这 5 个因素对注采井间动用程度的影响。

(1) 储层渗透率对注采井间动用程度的影响。

取储层渗透率分别为 $20\times10^{-3}\ \mu m^2$，$25\times10^{-3}\ \mu m^2$，$30\times10^{-3}\ \mu m^2$，$35\times10^{-3}\ \mu m^2$，$40\times10^{-3}\ \mu m^2$，油层厚度为 10 m，注采井距为 200 m，单井产液量为 10 m^3/d，当前地层平均含水饱和度为 0.5，得到注采井间最小压力梯度与储层渗透率的关系，如图 7-4 所示。

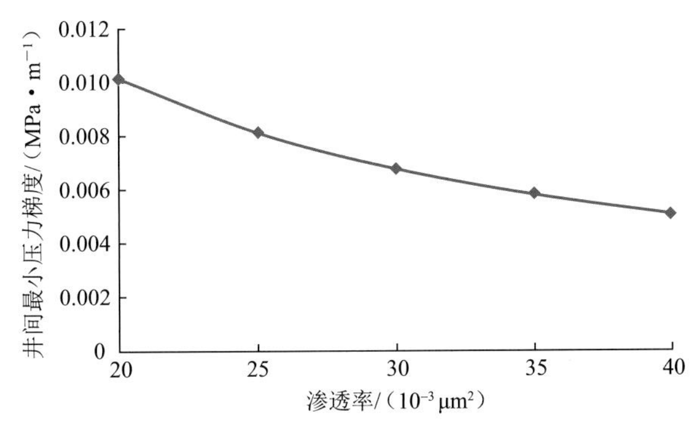

图 7-4　不同储层渗透率下注采井间最小压力梯度

从图中可以看出，定液量生产，其他储层参数相同时，注采井间最小压力梯度随储层渗透率的增大而减小，因此储层渗透率越大，注采井间越易得到动用。

（2）储层厚度对注采井间动用程度的影响。

取储层厚度分别为 8 m，10 m，12 m，14 m，16 m，储层渗透率为 35×10^{-3} μm^2，注采井距为 200 m，单井产液量为 10 m^3/d，当前地层平均含水饱和度为 0.5，得到注采井间最小压力梯度与储层厚度的关系，如图 7-5 所示。从图中可以看出，定液量生产，其他储层参数相同时，注采井间最小压力梯度随储层厚度的增大而减小，因此储层厚度越薄，注采井间越易得到动用。

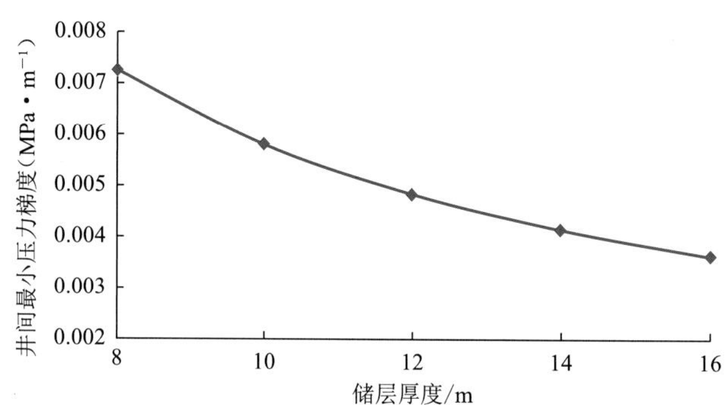

图 7-5　不同储层厚度下注采井间最小压力梯度

（3）地层平均含水饱和度对注采井间动用程度的影响。

取地层平均含水饱和度分别为 0.55，0.60，0.65，0.70，储层渗透率为 35×10^{-3} μm^2，储层厚度为 10 m，注采井距为 200 m，单井产液量为 10 m^3/d，得到注采井间最小压力梯度与地层平均含水饱和度的关系，如图 7-6 所示。从图中可以看出，定液量生产，其他储层参数相同时，注采井间的压力梯度随含水饱和度的增大而减小，因此地层平均含水饱和度越大，流体渗流阻力越小，流体流动所需的压力梯度越小，注采井间越易得到动用。

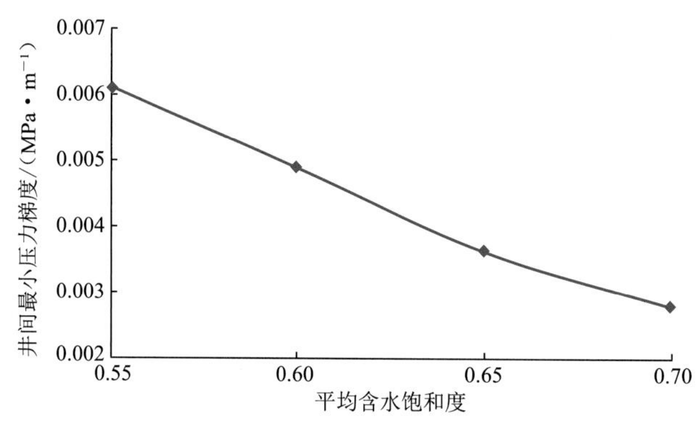

图 7-6　不同含水饱和度下注采井间最小压力梯度

（4）注采井距对注采井间动用程度的影响。

取注采井距分别为 100 m，120 m，140 m，160 m，180 m，200 m，储层渗透率为 35×10^{-3} μm^2，储层厚度为 10 m，地层平均含水饱和度为 0.5，单井产液量为 10 m^3/d，得到注采井间最小压力梯度与注采井距的关系，如图 7-7 所示。从图中可以看出，定液量生产，其他储层参数相同时，注采井间压力梯度随注采井距的增大而减小，因此注采井距越小，流体渗流阻力越小，流体流动所需的压力梯度越小，注采井间越易得到动用。

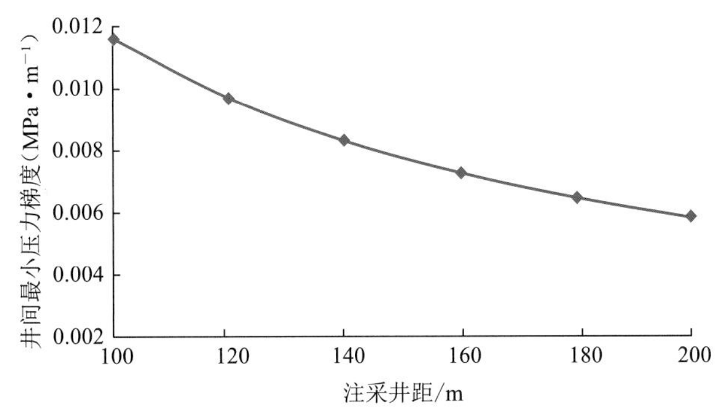

图 7-7　不同注采井距下注采井间最小压力梯度

（5）注采压差对注采井间动用程度的影响。

取注采压差分别为 10 MPa，15 MPa，20 MPa，25 MPa，30 MPa，储层渗透率为 $35\times10^{-3}\ \mu m^2$，储层厚度为 10 m，地层平均含水饱和度为 0.5，注采井距为 200 m，得到注采井间最小压力梯度与注采压差的关系，如图 7-8 所示。从图中可以看出，定液量生产，其他储层参数相同时，注采井间压力梯度随注采压差的增大而增大，因此注采压差越大，注采井间越易得到动用。

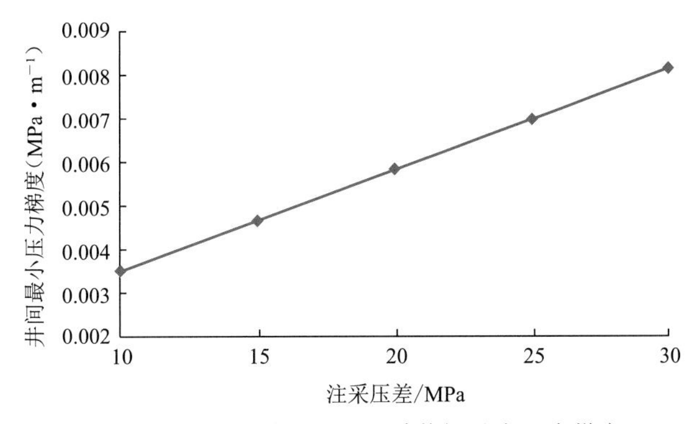

图 7-8　不同注采压差下注采井间最小压力梯度

7.2.2　非均质储层注采井间动用程度研究

永 1 块沙四段砂砾岩油藏属于低渗透油藏，且具有较强的非均质性，储层非均质性是影响储层动用的主要因素，弄清平面非均质性对储层动用的影响规律，对指导永 1 块沙四段砂砾岩油藏具有重要的意义。

1）计算方法

以五点法井网为例，假定 4 口生产井的储层参数相同，注水井的储层参数与生产井不同，从注水井到生产井储层参数呈现非均质性变化。当 4 口生产井采取相同的工作制度生产时，井网中的流线呈对称分布（图 7-9a）。现对五点法井网渗流过程进行近似简化处理，得到其理论模型（图 7-9b）：以注水井（INJ）为圆心，注采井距 d 为半径画圆，该圆作为井网的排油坑道；按照水线长度不变的原则，将井网的排油坑道均摊到每口生产井附近，作为每口生产井的渗流内阻区域。由此，可以将整个井网的渗流区域划分成两个渗流阻力区：从注水井到排油坑道的渗流外阻区和从排油坑道到生产井的渗流内阻区。

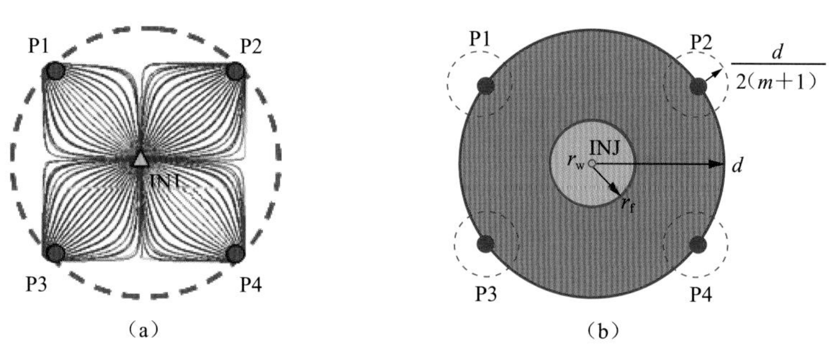

图 7-9　五点法井网理论近似模型

生产井见水前，注采井间包括注水井到油水前缘、油水前缘到排油坑道和排油坑道到生产井 3 个渗流阻力区。从注水井到油水前缘的渗流区中包括油相和水相，考虑到渗透率和厚度从注水井到生产井的非均质性，其渗流阻力可以分别表示为：

$$R_{1w}=\frac{\mu_w}{2\pi k_{rw}(S_{wf})}\int_{r_w}^{r_f}\frac{dr}{rk(r)h(r)} \tag{7-9}$$

$$R_{1o}=\frac{\mu_o}{2\pi k_{ro}(S_{wf})}\int_{r_w}^{r_f}\frac{dr}{rk(r)h(r)} \tag{7-10}$$

式中　R_{1w}，R_{1o}——注水井到油水前缘渗流区内水相和油相的渗流阻力，MPa；

r_w，r_f——注水井半径和注水井到油水前缘的距离，m；

h——油层厚度，m；

S_{wf}——油水前缘含水饱和度，小数。

根据水电相似原理，该区域总的渗流阻力 R_1 可以表示为油相阻力和水相阻力的并联，即

$$R_1=\frac{R_{1w}R_{1o}}{R_{1w}+R_{1o}}=\frac{1}{2\pi[k_{rw}(S_{wf})/\mu_w+k_{ro}(S_{wf})/\mu_o]}\int_{r_w}^{r_f}\frac{dr}{rk(r)h(r)} \tag{7-11}$$

此时，油水前缘到排油坑道、排油坑道到油井的渗流区域全部为油相，这两个区域的渗流阻力 R_2 和 R_3 可分别表示为：

$$R_2=\frac{\mu_o}{2\pi k_{ro}(S_{wc})}\int_{r_f}^{d}\frac{dr}{rk(r)h(r)} \tag{7-12}$$

$$R_3=\frac{\mu_o}{2\pi mk_{ro}(S_{wc})}\int_{r_w}^{\frac{d}{2(m+1)}}\frac{dr}{rk(r)h(r)} \tag{7-13}$$

式中　S_{wc}——束缚水饱和度，小数；

m——井数。

因此，见水前各油井的产量可以表示为注采压差与各部分渗流阻力的比值：

$$q_{po}=\frac{2\pi k_{ro}(S_{wc})(p_w-p_o-Gd)}{\mu_o m\left\{\frac{1}{m}\int_{r_w}^{\frac{d}{2(m+1)}}\frac{dr}{rk(r)h(r)}+\frac{k_{ro}(S_{wc})/\mu_o}{[k_{rw}(S_{wf})/\mu_w+k_{ro}(S_{wf})/\mu_o]}\int_{r_w}^{r_f}\frac{dr}{rk(r)h(r)}+\int_{r_f}^{d}\frac{dr}{rk(r)h(r)}\right\}} \tag{7-14}$$

式中　p_w,p_o——注水井和生产井井底压力,MPa。

式(7-14)是产量关于油水前缘 S_{wf} 变化的关系表达式,若要求得产量随时间的变化关系,还需建立油水前缘与时间的关系。根据物质平衡原理,注水井的注水量等于因地层中含水饱和度变化而增加的水量:

$$mq_{po}dt=2\pi r_f h(r)\phi(\overline{S}_w-S_{wc})dr_f \tag{7-15}$$

式中　$\overline{S}_w$——平均含水饱和度,小数。

记:

$$A=\frac{k_{ro}(S_{wc})/\mu_o}{k_{rw}(S_{wf})/\mu_w+k_{ro}(S_{wf})/\mu_o} \tag{7-16}$$

$$B=\frac{1}{m}\int_{r_w}^{\frac{d}{2(m+1)}}\frac{dr}{rk(r)h(r)} \tag{7-17}$$

$$C=\frac{\phi(\overline{S}_w-S_{wc})\mu_o}{\Delta p k_{ro}(S_{wc})} \tag{7-18}$$

式(7-15)对时间 t 积分可得:

$$t=\int_{r_w}^{r_f}\left[B+A\int_{r_w}^{r_f}\frac{dr}{rk(r)h(r)}+\int_{r_w}^{d}\frac{dr}{rk(r)h(r)}\right]Ch(r)r_f dr \tag{7-19}$$

联立式(7-14)与式(7-19)即可求得见水前产量随时间的变化关系。

2) 影响因素

当已知注采井间渗透率、储层厚度分布方式时,根据上述计算方法,即可确定不同注采井距下的油井产量。注采井间渗流阻力随井距的增大而增大,当驱替动力(即注采压差)一定时,注采井间存在最大动用井距,即超过此注采井距后,驱替动力小于渗流阻力,油井产量为零。因此,以最大动用井距为指标研究非均质储层注采井间动用程度。

储层平面非均质主要由储层渗透率和储层厚度体现,下面研究不同储层渗透率和储层厚度非均质情况下注采井间的动用程度。

(1) 储层渗透率对注采井间动用程度的影响。

取储层平均渗透率分别为 $15\times10^{-3}\ \mu m^2$,$20\times10^{-3}\ \mu m^2$,$25\times10^{-3}\ \mu m^2$,$30\times10^{-3}\ \mu m^2$,$35\times10^{-3}\ \mu m^2$,$40\times10^{-3}\ \mu m^2$,保持储层厚度 10 m 不变,改变注采压差,研究渗透率均质时,不同渗透率下的最大动用井距。由计算结果(图 7-10)可以看出:相同注采压差下,储层渗透率越大,最大动用井距越大;而储层渗透率相同时,注采压差越大,最大动用井距越大。

取储层平均渗透率为 $25\times10^{-3}\ \mu m^2$,保持储层厚度 10 m 不变,用如图 7-11 所示的 3 种模型,研究渗透率非均质对注采井间动用程度的影响。模型基本参数和计算结果如表 7-6 所示。

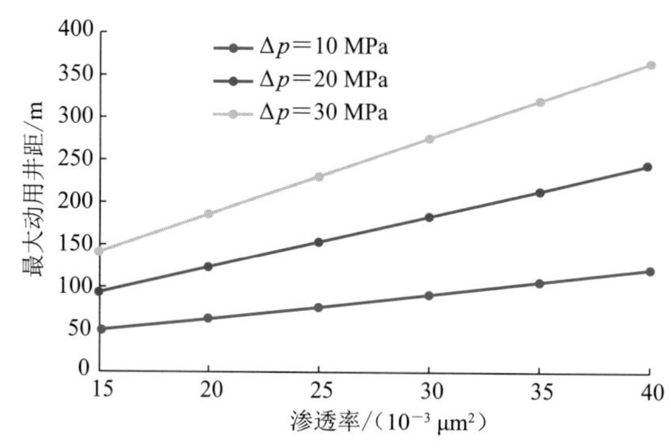

图 7-10 渗透率均质时不同注采压差对应的最大动用井距

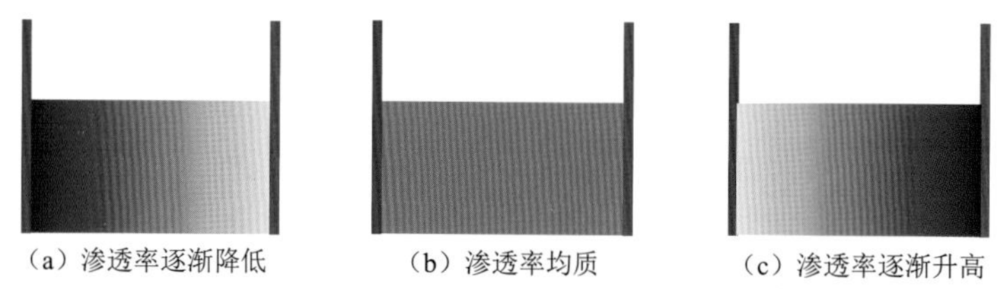

(a) 渗透率逐渐降低　(b) 渗透率均质　(c) 渗透率逐渐升高

图 7-11 3 种渗透率非均质模型

表 7-6 不同渗透率级差对应的最大动用井距

渗透率级差 k_r ($k_r=k_{max}/k_{min}$)	井间渗透率分布(注→采)/(10^{-3} μm²)	最大动用井距/m
2	33.3→16.7	148
	16.7→33.3	148
3	37.5→12.5	141
	12.5→37.5	141
4	40→10	135
	10→40	135
均　质	25	154

注:k_{max},k_{min}分别为最大、最小储层渗透率,10^{-3} μm²。

由表 7-6 可以看出:

① 相同注采压差下,储层渗透率级差越小,最大动用井距越大,即相同注采井距下,储层越均质越有利于油井生产;

② 相同渗透率级差时,井间渗透率分布方式并不影响最大动用井距。

(2) 储层厚度对注采井间动用程度的影响。

取储层平均厚度分别为 7 m,10 m,13 m,16 m,19 m,保持储层渗透率 25×10^{-3} μm² 不变,改变注采压差,研究厚度均质时,不同储层平均厚度下注采井间最大动用井距。由计算结果(图 7-12)可以看出:相同注采压差下,可动用最大注采井距与储层平均厚度无关;储层平均厚度相同时,注采压差越大,最大动用井距越大。

取储层平均厚度为 10 m,用如图 7-13 所示 3 种模型研究厚度非均质时储层厚度对注采井间的动用程度的影响。模型基本参数和计算结果如表 7-7 所示。

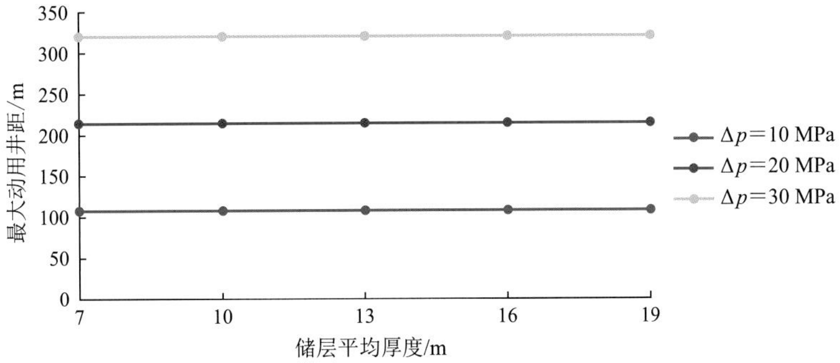

图 7-12　厚度均质时不同注采压差对应的最大动用井距

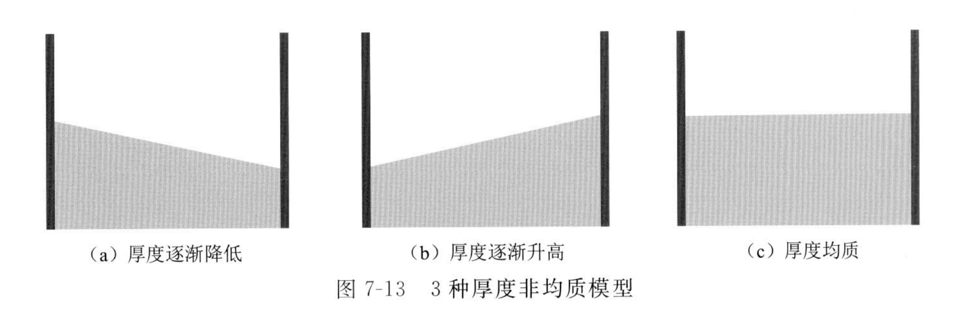

（a）厚度逐渐降低　（b）厚度逐渐升高　（c）厚度均质

图 7-13　3 种厚度非均质模型

表 7-7　不同厚度级差对应的最大动用井距

厚度级差 h_r($h_r = h_{max}/h_{min}$)	井间厚度分布(注→采)/m	最大动用井距/m
2	13.3→6.7	154
	6.7→13.3	154
3	15→5	154
	5→15	154
4	16→4	154
	4→16	154
均　质	10	154

注：h_{max}，h_{min} 分别为最大和最小储层厚度，m。

从表 7-7 可以看出：相同注采压差下，井间厚度非均质并不影响最大动用注采井距。

7.3　非均质极限井距确定

储层产量与井距密切相关，若实际井距小于注采所能提供的最大井距，则会导致油水井数目增加，部分油井开采区域重叠，可开采最大量降低，且影响后期的经济评价；若实际井距大于注采所能提供的最大井距，则实际油水井间并不能建立有效驱替，即出现砂砾岩油藏开发中的典型问题：注不进，采不出。

合理井距是井网部署的基础，合理井距必须保证储层得到最大限度的动用，因此合理井距需要处于极限井距范围内，确保注采范围内所有流体都能流动。

1）计算方法

考虑砂砾岩油藏储层特征，以油气渗流理论和油藏工程方法为指导，建立不同非均质情况下的极限井距确定方法。

通过前面研究可知，油藏开发效果与平面非均质性密切相关，因此重点研究渗透率非均质下的极限井距。

根据五点法井网理论模型，将注采井间划分为不同的渗流区域，进一步根据等值渗流阻力法，就可以得到不同非均质情况下注采井距与产量的关系。

（1）见水前，注水井注水量 q_{iw} 为：

$$q_{iw}=\frac{2\pi k_{ro}(S_{wc})\Delta p}{\mu_o\left[\frac{1}{m}\int_{r_w}^{\frac{d}{2(m+1)}}\frac{dr}{rk(r)h(r)}+\frac{k_{ro}(S_{wc})/\mu_o}{[k_{rw}(S_{wf})/\mu_w+k_{ro}(S_{wf})/\mu_o]}\int_{r_w}^{r_f}\frac{dr}{rk(r)h(r)}+\int_{r_f}^{d}\frac{dr}{rk(r)h(r)}\right]} \tag{7-20}$$

单井产油量 q_{po} 为：

$$q_{po}=\frac{q_{iw}}{m}=\frac{2\pi k_{ro}(S_{wc})\Delta p}{\mu_o m\left\{\frac{1}{m}\int_{r_w}^{\frac{d}{2(m+1)}}\frac{dr}{rk(r)h(r)}+\frac{k_{ro}(S_{wc})/\mu_o}{[k_{rw}(S_{wf})/\mu_w+k_{ro}(S_{wf})/\mu_o]}\int_{r_w}^{r_f}\frac{dr}{rk(r)h(r)}+\int_{r_f}^{d}\frac{dr}{rk(r)h(r)}\right\}} \tag{7-21}$$

（2）见水后，注水井瞬时注入量 q_{iw} 为：

$$q_{iw}=\frac{2\pi[k_{rw}(S_{we})/\mu_w+k_{ro}(S_{we})/\mu_o]\Delta p}{\frac{1}{m}\int_{r_w}^{\frac{d}{2(m+1)}}\frac{dr}{rk(r)h(r)}+\int_{r_w}^{\frac{d}{2(m+1)}}\frac{dr}{rk(r)h(r)}} \tag{7-22}$$

式中　S_{we}——出口端含水饱和度。

生产井瞬时产液量 q_p 为：

$$q_p=\frac{q_{iw}}{m}=\frac{2\pi[k_{rw}(S_{we})/\mu_w+k_{ro}(S_{we})/\mu_o]\Delta p}{\int_{r_w}^{\frac{d}{2(m+1)}}\frac{dr}{rk(r)h(r)}+\int_{r_w}^{\frac{d}{2(m+1)}}\frac{dr}{rk(r)h(r)}} \tag{7-23}$$

定义两种井距，即极限井距和合理井距。

（1）极限井距：既定生产条件下，产量为零（$q_l=0$）对应的井距。

（2）合理井距：既定生产条件下，满足要求产量（$q_l=q_{lim}$）对应的井距。

用渗透率级差表征储层非均质程度：

$$k_r=\frac{k_{max}(注水井)}{k_{min}(生产井)}$$

根据上述方法，可以得到不同平面非均质情况下的极限井距和合理井距。

2）影响因素

（1）不同渗透率非均质下的极限井距。

保持注采压差为20 MPa，研究渗透率级差为2，3，4时的极限井距，以地层平均渗透率$4\times10^{-3}\ \mu m^2$，$7\times10^{-3}\ \mu m^2$，$10\times10^{-3}\ \mu m^2$ 3种情况为例。

① 平均渗透率$4\times10^{-3}\ \mu m^2$对应的极限井距如图7-14所示。从图中可以看出，渗透率级差为2时，对应极限注采井距为46 m；渗透率级差为3时，对应极限注采井距为44 m；渗透率级差为4时，对应极限注采井距为42 m。

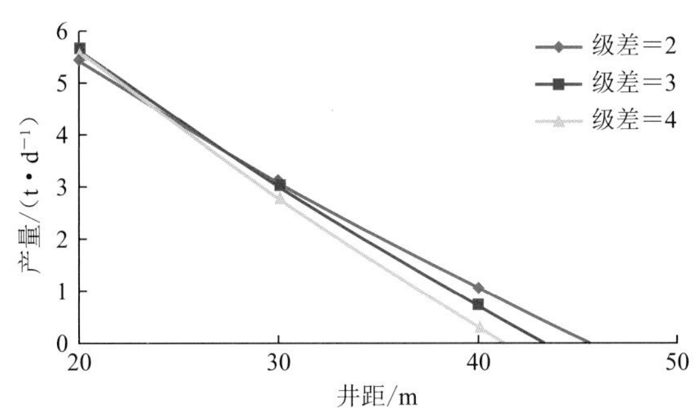

图7-14　平均渗透率为$4\times10^{-3}\ \mu m^2$时不同渗透率级差下的极限井距

② 平均渗透率$7\times10^{-3}\ \mu m^2$对应的极限井距如图7-15所示。从图中可以看出，渗透率级差为2时，对应极限注采井距为78 m；渗透率级差为3时，对应极限注采井距为75 m；渗透率级差为4时，对应极限注采井距为71 m。

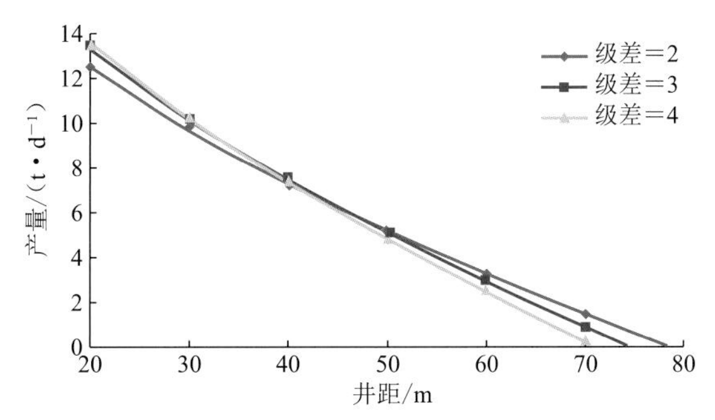

图7-15　平均渗透率为$7\times10^{-3}\ \mu m^2$时不同渗透率级差下的极限井距

③ 平均渗透率$10\times10^{-3}\ \mu m^2$对应的极限井距如图7-16所示。从图中可以看出，渗透率级差为2时，对应极限注采井距为111 m；渗透率级差为3时，对应极限注采井距为105 m；渗透率级差为4时，对应极限注采井距为100 m。

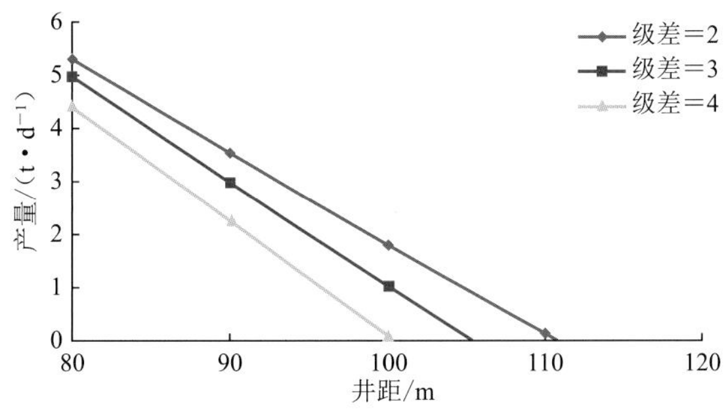

图7-16　平均渗透率为$10\times10^{-3}\ \mu m^2$时不同渗透率级差下的极限井距

将不同平均渗透率下的极限井距结果进行汇总(表 7-8)。综合以上对比分析可知:储层平均渗透率相等时,渗透率级差越小,极限井距越大;极限井距随渗透率的增大而显著增大。

表 7-8 不同平均渗透率下极限井距

平均渗透率/(10^{-3} μm²)	极限井距/m
4	42～46
7	71～78
10	100～111

(2) 不同注采压差下的极限井距。

保持平均渗透率 10×10^{-3} μm² 不变,得到不同注采压差下的极限井距,以注采压差 20 MPa 和 30 MPa 为例。不同注采压差下的极限井距结果如表 7-9 所示。从表中可以看出:注采压差越大,对应的极限井距越大;相同注采压差下,渗透率级差越小,对应极限井距越大。

表 7-9 注采压差 20 MPa 和 30 MPa 下不同渗透率级差对应的极限井距

注采压差/MPa	渗透率级差	极限井距/m	注采压差/MPa	渗透率级差	极限井距/m
20	2	74	30	2	110
	3	70		3	105
	4	68		4	100

根据上述计算方法,得到永 1 块第 1 套层系各期次不同渗透率级差下的极限井距,如表 7-10 所示。

表 7-10 永 1 块第 1 套层系各期次不同渗透率级差下的极限井距

层 号	渗透率/(10^{-3} μm²)	渗透率级差	极限井距/m
$Es_4 1$	45	1	270
		2	262
		3	250
		4	237
$Es_4 2$	39	1	235
		2	228
		3	217
		4	206
$Es_4 3$	35	1	210
		2	205
		3	195
		4	185

续表

层　号	渗透率/($10^{-3}\ \mu m^2$)	渗透率级差	极限井距/m
$Es_4 4$	21	1	130
		2	125
		3	118
		4	113

7.4　井网部署主控因素确定及井网形式优化

通过分析永 1 块砂砾岩油藏储层非均质性、物源及裂缝发育方向等对井网部署的影响，筛选主要影响因素，确定井网部署原则。

7.4.1　物源及裂缝发育方向对井网部署的影响

永 1 块砂砾岩油藏的强非均质性决定井网部署同时受物源及裂缝方向的影响，因此必须首先确定井网部署的主控因素。

针对永 1 块油藏地质特征，保持相对位置不变，建立模型以对不同井网部署情况进行模拟，其中注水井部署分 3 种情况：平行物源方向、垂直物源方向和平行裂缝方向（图 7-17）。

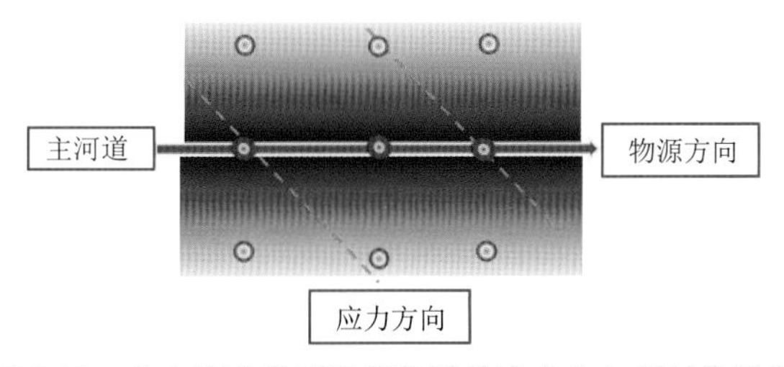

图 7-17　永 1 块砂砾岩油藏物源及应力方向相对位置图

建立网格数为 17×17×1 的模型，网格大小均为 50 m，X 方向的渗透率为 $35\times10^{-3}\ \mu m^2$，Y 方向的渗透率为$(20\sim50)\times10^{-3}\ \mu m^2$，$Z$ 方向的渗透率为 $3.5\times10^{-3}\ \mu m^2$，平均孔隙度为 14%，定压差模拟开采 15 年。

X 方向作为辫状河道主河道方向，裂缝与 X 方向呈 45°角。模拟裂缝半长 100 m，缝宽 1 cm，渗透率 $1\ 000\times10^{-3}\ \mu m^2$。

若临界压力梯度为 0.01 MPa/m，由不同井网形式（图 7-18）的压力梯度分布就能得到不同井网形式下的动用程度图（图 7-19）。

当注水井排平行于裂缝发育方向时，井网动用程度最大，为 78.5%；注水井排平行于物源方向时，井网动用程度最小，为 71.6%；注水井排垂直于物源方向时，井网动用程度介于前两者之间，为 75.8%。

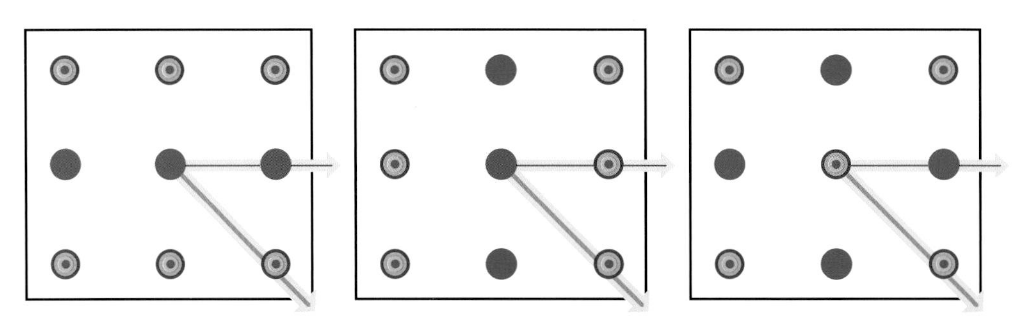

图 7-18　不同注水井部署下的井网形式

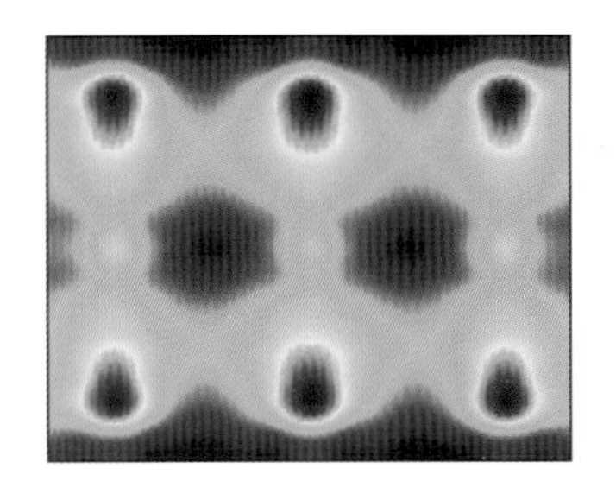
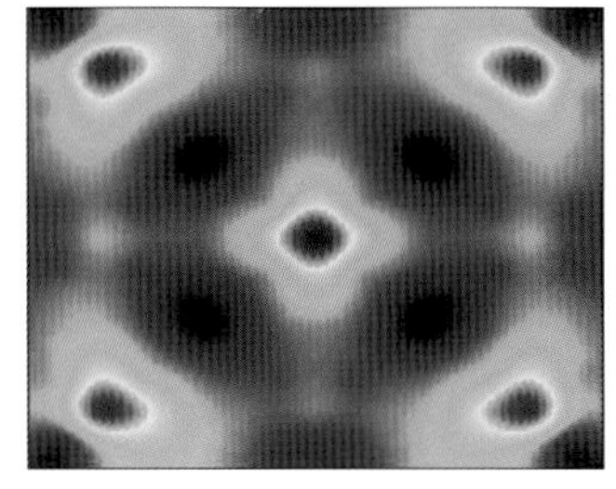
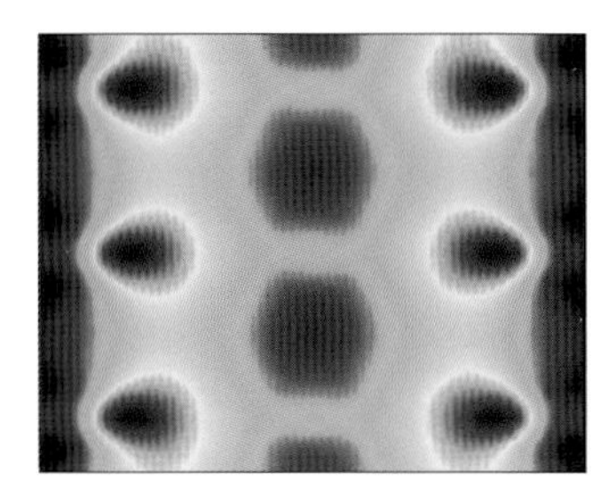

图 7-19　不同井网形式动用程度图

这主要是因为：平行于裂缝注水可形成线状驱替，注入水驱动范围大；而选择其他方向注水时，由于裂缝渗透率远高于储层渗透率，注入水沿裂缝突入油井，使油井过早见水。在油田开发生产过程中，地应力与物源共同作用，但地应力起主导作用，因此平行裂缝方向注水效果最好。

永 1 块地应力主要为北东 60°方向，因此注水井排应与该方向平行。

7.4.2　井网形式优选及后期调整

1）井网形式优选

根据油田的实际地质参数、开发参数等，给定沿物源五点法、沿应力五点法、反七点法和反九点法等 4 种井网形式，通过数值模拟方法研究各种井网形式的开发效果。图 7-20 给出了模拟时间为 10 年时不同井网形式下的剩余油分布。图 7-21 给出了不同井网形式下采出程度随着含水率变化的关系曲线，其中油井最终综合含水率均为 98%。

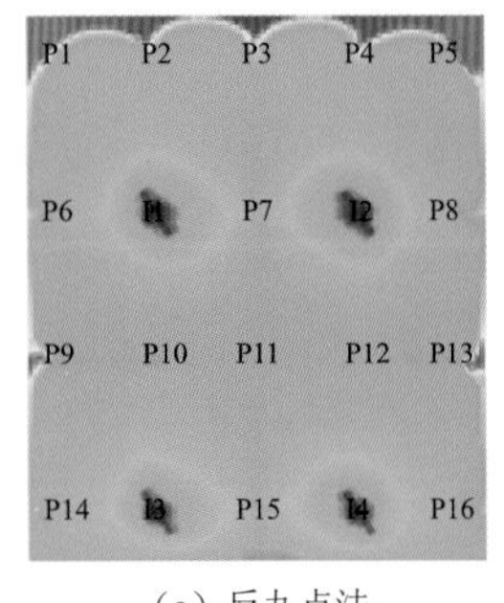

（a）反九点法

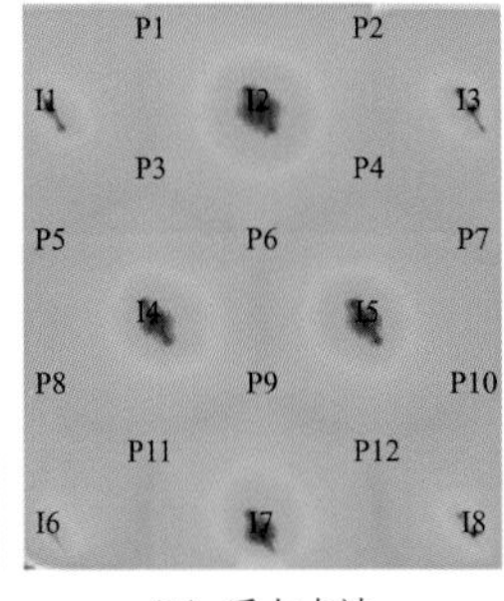

（b）反七点法

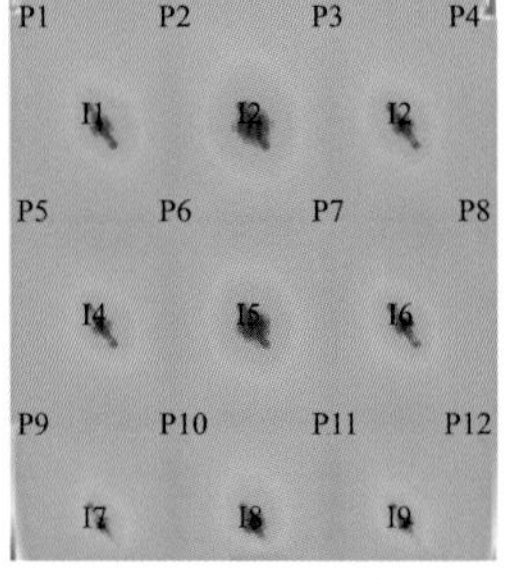

（c）沿物源五点法

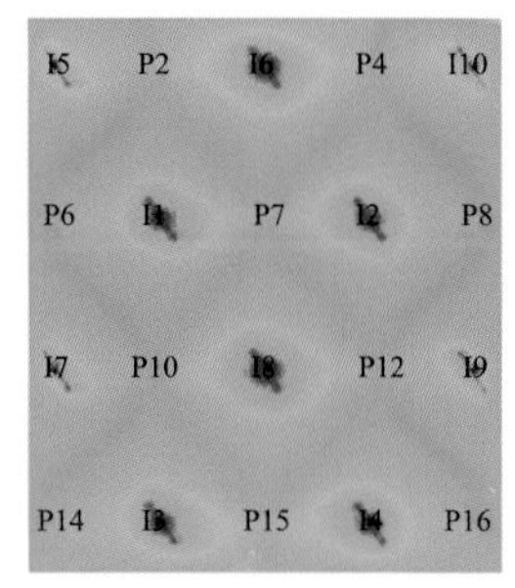

（d）沿应力五点法

图 7-20　不同井网形式下剩余油分布（生产 10 年）

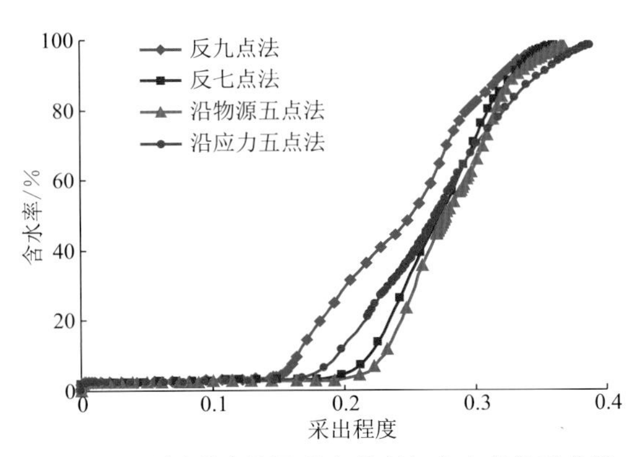

图 7-21　不同形式井网采出程度与含水率关系曲线

从图中可以看出，油田开发初期反七点法和沿物源五点法井网较好，但随着油田的开发，含水上升速度加快；开发后期沿应力方向五点法井网沿应力方向憋起较大压力，注入水能够“垂直均衡”地流向生产井排，总体开发效果较好，最后采出程度最高。

2）井网形式演变

井网形式需要随着油田开发的进行实施调整以适应不同的开发阶段。根据前面的研究，提出针对永 1 块砂砾岩油藏的井网调整方式：初期为反九点法井网生产，待角井进入高含水阶段后进行角井转注，反九点法井网演变为沿应力方向注水的五点法井网，然后根据井排距大小以及剩余油分布规律等分别加密生产井和注水井，最后形成沿最大主应力方向展布的排状注采井网。

具体的井网演变形式及对应的开发效果如图 7-22 和图 7-23 所示。

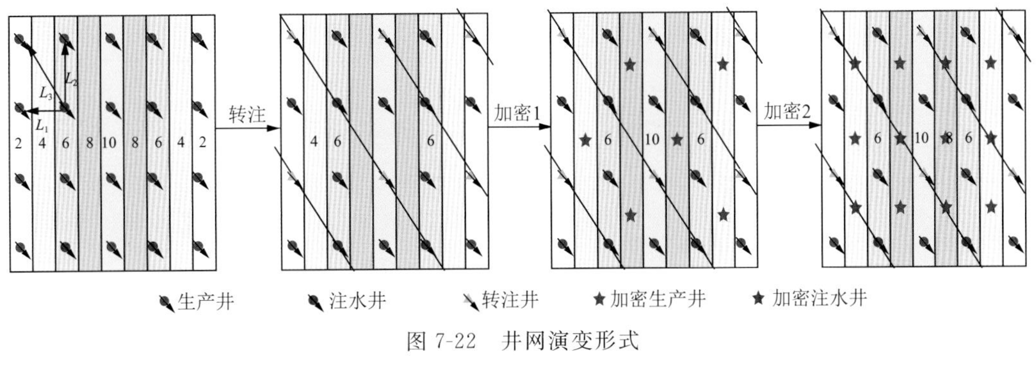

图 7-22　井网演变形式

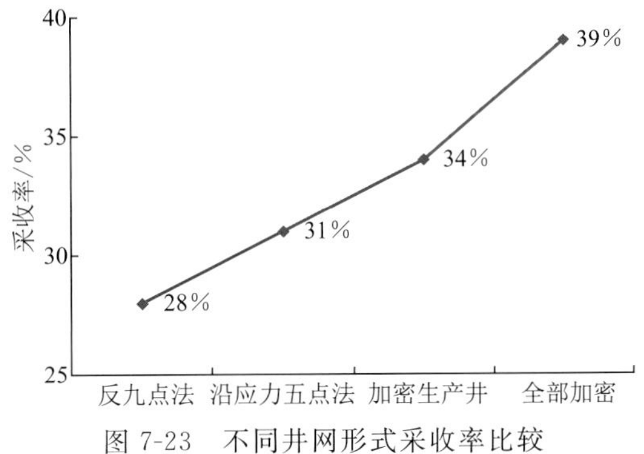

图 7-23　不同井网形式采收率比较

初期为矩形反九点法井网，其中3个方向上注采井距的关系为 $L_3>L_2>L_1$，注采井距沿最大主应力方向最大，沿物源方向次之，垂直于物源方向最小，注采井距的大小与各方向渗透率的大小相对应，能够取得减小各方向水窜差异、相对均衡驱替的效果。沿最大主应力方向的生产井水窜后转注（沿应力五点法井网），缩小了排距，沿最大主应力方向拉成水线，憋起较大压力，可向生产井排相对均匀地推进。在注水井之间和生产井之间剩余油分布较多，在这些区域打加密井开采剩余油，缩小井距，转变成沿最大主应力方向的交叉排状注采井网形式。通过这种调整、加密等方法，最后能够将油藏水驱采收率由28%提高到39%。

建立不同的非均质模型，研究4种井网形式对非均质储层的适应性。Y 方向渗透率为 $10\times10^{-3}\ \mu m^2$，X 方向渗透率分别为 Y 方向的2～5倍，定义非均质程度系数为 X 方向渗透率与 Y 方向渗透率的比值，该比值反映油藏的非均质程度。模拟结果如图7-24～图7-26所示。模拟结果表明，不同非均质程度下，沿应力五点法井网的采出程度最大。因此，建议永1块砂砾岩油藏井网演变最终形成沿应力五点法井网形式。

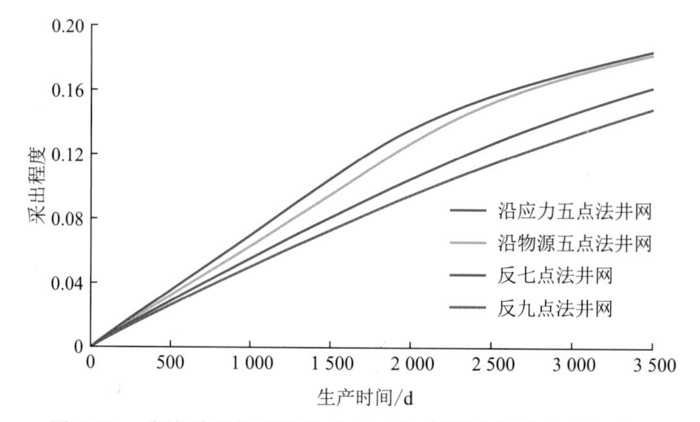

图7-24　非均质程度系数为2时4种井网形式采出程度对比

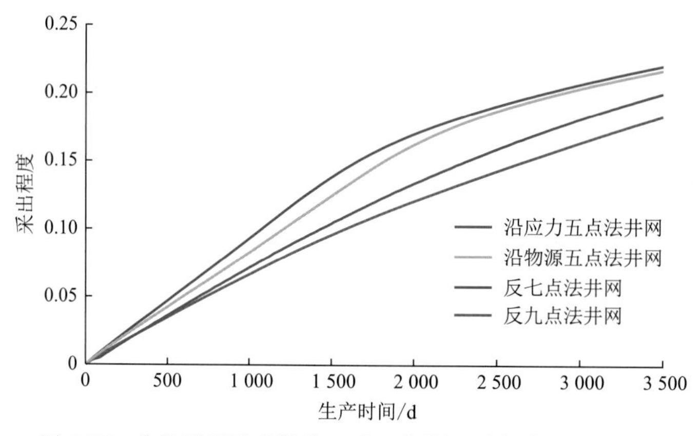

图7-25　非均质程度系数为3时4种井网形式采出程度对比

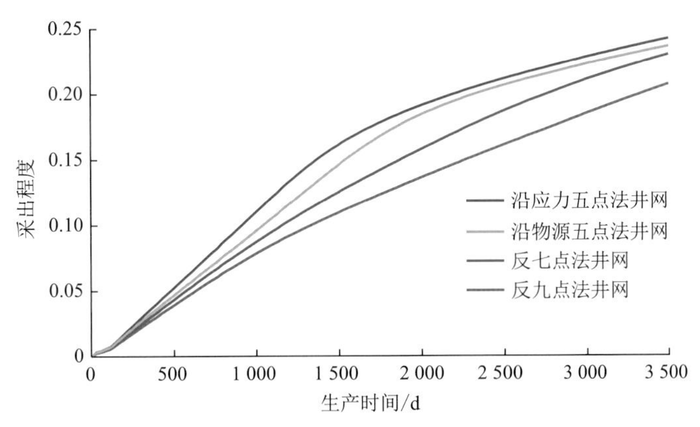

图 7-26　非均质程度系数为 5 时 4 种井网形式采出程度对比

根据以上研究成果，综合考虑永 1 块储层物性状况和地应力方向，设计了永 1 块砂砾岩油藏井网部署方式。

(1) 第 1 套层系($Es_4 1+Es_4 2$)井网井位如图 7-27 所示，五点法井网，油井井距为 330 m，排距为 165 m，预测采收率为 21.2%。

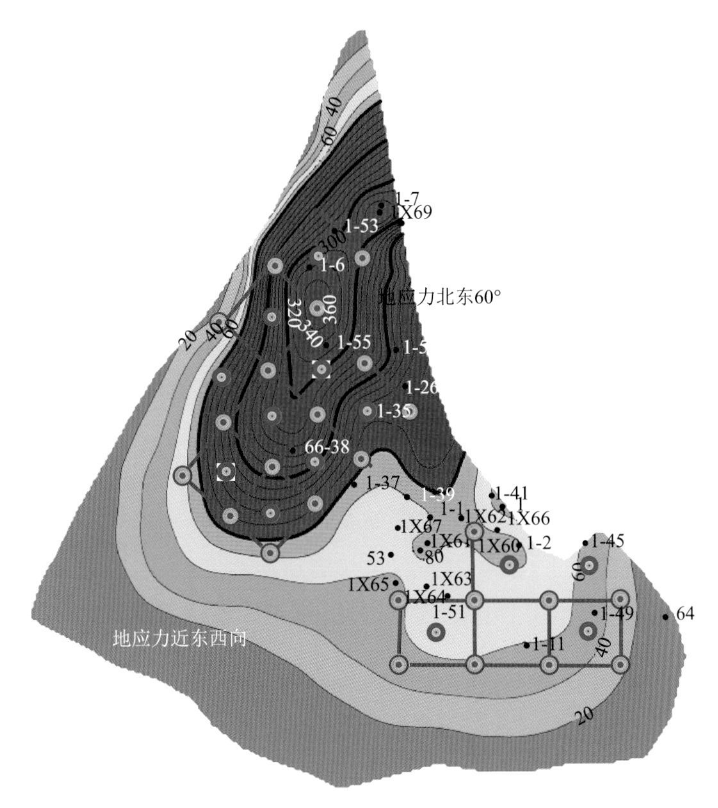

图 7-27　永 1 块第 1 套层系沿应力五点法井网井位图

(2) 第 2 套层系($Es_4 3+Es_4 4$)井网井位如图 7-28 所示，五点法井网，油井井距为 184 m，排距为 92 m，预测采收率为 20.9%。

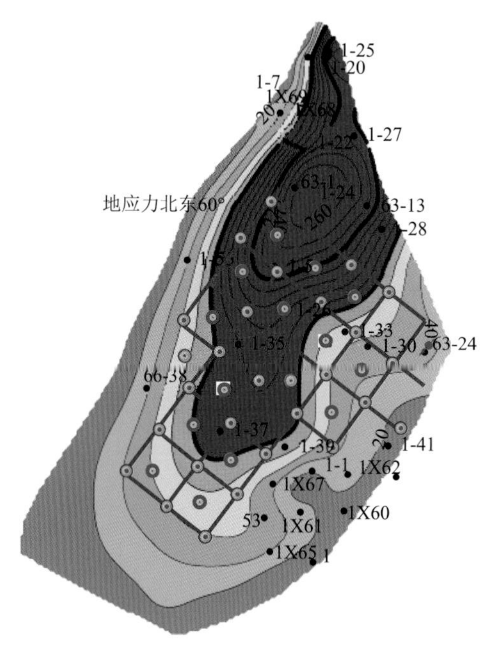

图 7-28　永 1 块第 2 套层系沿应力五点法井网井位图

7.4　小　结

(1) 注采井间动用程度受地质因素和开发因素影响。地质因素中,注采井间渗透率越大、储层厚度越薄、平均含水饱和度越高,储层越易得到动用;开发因素中,注采井距越小、注采压差越大,储层越易得到动用。

(2) 考虑平面非均质影响时,渗透率非均质对产量的影响远大于厚度非均质对产量的影响;根据储层非均质下的极限井距及满足产能的合理井距计算方法,得到永 1 块砂砾岩油藏不同层系的极限井距。

(3) 井网部署受地应力和物源共同作用,但地应力起主导作用。平行裂缝方向注水效果最好;油藏性质(渗透率)是影响开发效果的确定性因素。

(4) 储层整体压裂情况下,沿应力五点法井网动用程度最大,对储层非均质性适应性最强,相同生产工作制度下采出程度最大。因此,永 1 块砂砾岩油藏井网演变的最终形式是沿应力五点法井网。

参考文献

[1] 曹辉兰，华仁民，纪友亮，等. 扇三角洲砂砾岩储层沉积特征及与储层物性的关系——以罗家油田沙四段砂砾岩体为例[J]. 高校地质学报，2001，7(2)：222-229.

[2] FIELDING C R，WEBB J A. Sedimentology of the Permian Radok Conglomerate in the Beaver Lake Area of MacRobertson Land，East Antarctica[J]. Geol. Mag.，1995，1(132)：51-63.

[3] 邓强. 洪积扇砂砾岩储层地质建模——以克拉玛依油田五3中克下组为例[D]. 北京：中国石油大学(北京)，2009.

[4] MEEHAN D N，牛宝荣. 用地质统计模型改善低渗透储层评价[J]. 吐哈油气，1996(2)：92-98.

[5] 董越. 东营凹陷北带盐227块砂砾岩体内部非均质特征研究[D]. 北京：中国石油大学(北京)，2015.

[6] 房克志，王军. 埕南断裂带砂砾岩体的地震识别与描述[J]. 油气地质与采收率，2003，10(5)：41-43.

[7] 郭永强，刘洛夫. 辽河西部凹陷沙三段岩性油气藏主控因素研究[J]. 岩性油气藏，2009，21(2)：19-23.

[8] 韩宏伟，崔红庄，林松辉，等. 东营凹陷北部陡坡带砂砾岩扇体地震地质特征[J]. 特种油气藏，2003，10(4)：28-30.

[9] HIGGS R. Hummocky Cross-stratification-like Structures in Deep-sea Turbidites：Upper Cretaceous Basque basins(Western Pyrenees，France)[J]. Sedimentology，2011，58(2)：566-570.

[10] 黄辉才，刘凯. 盐家油田砂砾岩油藏注水开发现状与问题探讨[J]. 内江科技，2009(4)：91-92.

[11] 姬玉婷，杨洪. 克拉玛依油田与麦克阿瑟河油田砾岩油藏钻井工艺技术对比与分析[J]. 新疆石油科技，1994(2)：1-5.

[12] 蒋龙生，王向公，胥博文. 利用测录井资料定性评价油水层方法[J]. 山东理工大学学报(自然科学版)，2009，23(3)：88-90.

[13] 姜在兴. 沉积学[M]. 北京：石油工业出版社，2003.

[14] 昝灵，王顺华，张枝焕，等. 砂砾岩储层研究现状[J]. 长江大学学报(自然科学版)，2011，8(3)：63-66.

[15] 孔凡仙. 东营凹陷北部陡坡带砂砾岩体的勘探[J]. 石油地球物理勘探，2000，35(5)：669-676.

[16] 孔凡仙. 东营凹陷北带砂砾岩扇体勘探技术与实践[J]. 石油学报，2000，21(5)：27-31.

[17] 李联伍,等. 双河油田砂砾岩油藏[M]. 北京:石油工业出版社,1997.
[18] 林松辉,王华,王兴谋,等. 断陷盆地陡坡带砂砾岩扇体地震反射特征——以东营凹陷为例[J]. 地质科技情报,2005,24(4):55-59.
[19] 刘传虎. 砂砾岩扇体发育特征及地震描述技术[J]. 石油物探,2001,40(1):64-72.
[20] 刘国强,谭廷栋. 岩性和孔隙流体性质的弹性模量识别法[J]. 石油物探,1993,32(2):88-96.
[21] 刘书会,宋国奇,赵铭海. 复杂砂岩储集体地震地质综合解释技术[J]. 石油物探,2003,42(3):302-305.
[22] 刘书会,张繁昌,印兴耀,等. 砂砾岩储集层的地震反演方法[J]. 石油勘探与开发,2003,30(3):124-125.
[23] 马丽娟,何新贞,孙明江,等. 东营凹陷北部砂砾岩储层描述方法[J]. 石油物探,2002,41(3):354-358.
[24] 齐井顺,李广伟,孙立东,等. 徐家围子断陷白垩系营城组四段层序地层及沉积相[J]. 吉林大学学报(地球科学版),2009,39(6):983-990.
[25] 裘怿楠. 中国陆相油气储集层[M].北京:石油工业出版社,1997.
[26] SHANMUGAM G. 50 Years of the Turbidite Paradigm(1950s—1990s):Deep-water Processes and Facies Models—a Critical Perspective[J]. MARINE AND PETROLEUM GEOLOGY,2000,17(2):285-342.
[27] 隋风贵. 断陷湖盆陡坡带砂砾岩扇体成藏动力学特征——以东营凹陷为例[J]. 石油与天然气地质,2003,24(4):335-340.
[28] 孙海宁,王洪宝,欧浩文,等. 砂砾岩储层地震预测技术[J]. 天然气工业,2007,27(s1):397-398.
[29] 孙怡,鲜本忠,林会喜. 断陷湖盆陡坡带砂砾岩体沉积期次的划分技术[J]. 石油地球物理勘探,2007,42(4):468-473.
[30] 谭俊敏. 埕南地区砂砾岩扇体储层的预测及效果[J]. 石油地球物理勘探,2004,39(3):310-313.
[31] 王宝言,隋风贵. 济阳坳陷断陷湖盆陡坡带砂砾岩体分类及展布[J]. 特种油气藏,2003,10(3):38-41.
[32] 王秀玲,王延光,季玉新,等. 胜利油田盐家地区井间地震资料应用研究[J]. 石油物探,2005,44(4):362-366.
[33] 王永刚,杨国权. 砂砾岩油藏的地球物理特征[J]. 石油大学学报(自然科学版),2001,25(5):16-20.
[34] 吴海燕. 东营凹陷西部滩坝砂岩储层测井响应特征[J]. 油气地质与采收率,2009,16(1):41-43.
[35] 鲜本忠,路智勇,佘源琦,等. 东营凹陷陡坡带盐 18—永 921 地区砂砾岩沉积与储层特征[J]. 岩性油气藏,2014,26(4):28-35.
[36] 徐朝晖,徐怀民,林军,等. 常规测井资料识别砂砾岩储集层裂缝技术[J]. 科技导

报,2008(7):34-37.

[37] 鄢继华,陈世悦,姜在兴. 东营凹陷北部陡坡带近岸水下扇沉积特征[J]. 石油与天然气地质,2005,29(1):12-16.

[38] 杨婷婷. 永1沙四段砂砾岩储层测井评价研究[D]. 北京:中国石油大学(北京),2015.

[39] 杨勇,牛拴文,孟恩,等. 砂砾岩体内幕岩性识别方法初探——以东营凹陷盐家油田盐22断块砂砾岩体为例[J]. 现代地质,2009,23(5):987-992.

[40] 于建国. 砂砾岩体的内部结构研究与含油性预测[J]. 石油地球物理勘探,1997,32(s1):15-20.

[41] 于建群,姜东波. 永北地区砂、砾岩油藏油气富集规律及勘探开发实践[J]. 特种油气藏,2001,8(2):11-14.

[42] 于兴河. 碎屑岩系油气储层沉积学[M]. 北京:石油工业出版社,2002.

[43] 远光辉,操应长,王艳忠. 东营凹陷民丰地区沙河街组四段—三段中亚段沉积相与沉积演化特征[J]. 石油与天然气地质,2012,33(2):278-286.

[44] 袁庆. 利津油田沙四上段利853砂砾岩扇体内幕研究[J]. 特种油气藏,2003,10(3):18-21.

[45] 张春生,刘忠保,施冬,等. 涌流型浊流形成及发展的实验模拟[J]. 沉积学报,2002,20(1):25-29.

[46] 张海波. 东辛砂砾岩体内幕特征研究[D]. 北京:中国石油大学(北京),2010.

[47] 张丽艳,陈钢花. 砂砾岩储集层含油性解释方法[J]. 测井技术,2002,26(2):134-136.

[48] 张萌,田景春. "近岸水下扇"的命名、特征及其储集性[J]. 岩相古地理,1999,19(4):42-52.

[49] 张顺存,陈丽华,周新艳,等. 准噶尔盆地克百断裂下盘二叠系砂砾岩的沉积模式[J]. 石油与天然气地质,2009,30(6):740-746.

[50] 张宇晓. 核磁共振测井在低孔低渗油气层识别中的应用[J]. 新疆地质,2004,22(3):315-318.

[51] 赵华,姜秀清,朱应科. 砂砾岩体沉积期次划分方法研究——以东营凹陷北部陡坡带为例[J]. 油气地球物理,2010,8(4):22-26.

[52] 赵志超,罗运先,田景春. 中国东部陆相盆地砂砾岩成因类型及地震地质特征[J]. 石油物探,1996,35(4):76-86,96.

[53] 郑占,吴胜和,许长福,等. 克拉玛依油田六区克下组冲积扇岩石相及储层质量差异[J]. 石油与天然气地质,2010,31(4):463-471.

[54] 朱筱敏,张守鹏,韩雪芳,等. 济阳坳陷陡坡带沙河街组砂砾岩体储层质量差异性研究[J]. 沉积学报,2013,31(6):1 094-1 104.

[55] 邹婧芸. 永安镇油田永1块砂砾岩体有效储层分布规律研究[D]. 北京:中国石油大学(北京),2015.

图书在版编目(CIP)数据

永北地区中深层砂砾岩油藏开发技术/曹刚著. —东营:中国石油大学出版社,2016.4

ISBN 978-7-5636-5237-2

Ⅰ. ①永… Ⅱ. ①曹… Ⅲ. ①砾岩—岩性油气藏—油田开发 Ⅳ. ①TE34

中国版本图书馆 CIP 数据核字(2016)第 098442 号

书　　名: 永北地区中深层砂砾岩油藏开发技术

作　　者: 曹　刚

责任编辑: 穆丽娜(电话 0532—86981531)

封面设计: 悟本设计

出 版 者: 中国石油大学出版社(山东 东营　邮编 257061)

网　　址: http://www.uppbook.com.cn

电子信箱: shiyoujiaoyu@126.com

印 刷 者: 山东临沂新华印刷物流集团有限责任公司

发 行 者: 中国石油大学出版社(电话 0532—86981531,86983437)

开　　本: 185 mm×260 mm　印张:13.5　字数:327 千字

版　　次: 2016 年 4 月第 1 版第 1 次印刷

定　　价: 108.00 元